危险化学品安全丛书
（第二版）

“十三五”
国家重点出版物出版规划项目

应急管理部化学品登记中心
中国石油化工股份有限公司青岛安全工程研究院 ｜ 组织编写
清华大学

危险化学
安全总论

孙丽丽 等 编著

化学工业出版社

·北京·

内 容 简 介

《危险化学品安全总论》为"危险化学品安全丛书"（第二版）的一个分册。

本书全面阐述危险化学品分类、危险识别与风险评估、储运安全、法律法规与标准等最新成果和发展趋势，总结了化学品生产装置安全设计、建设、生产运行、事故防控与应急救援，直至生产装置报废的全生命周期的过程管控基础知识、主要措施和实践经验。本书由长期从事化学品生产装置开发、设计及安全技术管理的专家编写，具有系统性、理论性、新颖性，突出实用性。

《危险化学品安全总论》可供从事与危险化学品有关的开发、设计与建设、生产及技术管理人员，以及高等院校相关专业师生阅读与参考。

图书在版编目（CIP）数据

危险化学品安全总论/应急管理部化学品登记中心，中国石油化工股份有限公司青岛安全工程研究院，清华大学组织编写；孙丽丽等编著. —北京：化学工业出版社，2021.7（2023.1重印）

（危险化学品安全丛书：第二版）

"十三五"国家重点出版物出版规划项目

ISBN 978-7-122-39058-5

Ⅰ.①危…　Ⅱ.①应…②中…③清…④孙…　Ⅲ.①化学品-危险物品管理　Ⅳ.①TQ086.5

中国版本图书馆 CIP 数据核字（2021）第 080951 号

责任编辑：杜进祥　高　震　　　　文字编辑：段曰超　师明远
责任校对：王　静　　　　　　　　装帧设计：韩　飞

出版发行：化学工业出版社（北京市东城区青年湖南街 13 号　邮政编码 100011）
印　　装：北京建宏印刷有限公司
710mm×1000mm　1/16　印张 20¾　字数 365 千字
2023 年 1 月北京第 1 版第 2 次印刷

购书咨询：010-64518888　　　　　　售后服务：010-64518899
网　　址：http://www.cip.com.cn
凡购买本书，如有缺损质量问题，本社销售中心负责调换。

定　　价：99.00 元　　　　　　　　　　　　　版权所有　违者必究

"危险化学品安全丛书"（第二版）编委会

丛书序言

　　人类的生产和生活离不开化学品（包括医药品、农业杀虫剂、化学肥料、塑料、纺织纤维、电子化学品、家庭装饰材料、日用化学品和食品添加剂等）。化学品的生产和使用极大丰富了人类的物质生活，推进了社会文明的发展。如合成氨技术的发明使世界粮食产量翻倍，基本解决了全球粮食短缺问题；合成染料和纤维、橡胶、树脂三大合成材料的发明，带来了衣料和建材的革命，极大提高了人们生活质量……化学工业是国民经济的支柱产业之一，是美好生活的缔造者。近年来，我国已跃居全球化学品第一生产和消费国。在化学品中，有一大部分是危险化学品，而我国危险化学品安全基础薄弱的现状还没有得到根本改变，危险化学品安全生产形势依然严峻复杂，科技对危险化学品安全的支撑保障作用未得到充分发挥，制约危险化学品安全状况的部分重大共性关键技术尚未突破，化工过程安全管理、安全仪表系统等先进的管理方法和技术手段尚未在企业中得到全面应用。在化学品的生产、使用、储存、销售、运输直至作为废物处置的过程中，由于误用、滥用化学事故处理或处置不当，极易造成燃烧、爆炸、中毒、灼伤等事故。特别是天津港危险化学品仓库"8·12"爆炸及江苏响水"3·21"爆炸等一些危险化学品的重大着火爆炸事故，不仅造成了重大人员伤亡和财产损失，还造成了恶劣的社会影响，引起党中央国务院的重视和社会舆论广泛关注，使得"谈化色变""邻避效应"以及"一刀切"等问题日趋严重，严重阻碍了我国化学工业的健康可持续发展。

　　危险化学品的安全管理是当前各国普遍关注的重大国际性问题之一，危险化学品产业安全是政府监管的重点、企业工作的难点、公众关注的焦点。危险化学品的品种数量大，危险性类别多，生产和使用渗透到国民经济各个领域以及社会公众的日常生活中，安全管理范围包括劳动安全、健康安全和环境安全，危险化学品安全管理的范围包括从"摇篮"到"坟墓"的整个生命周期，即危险化学品生产、储存、销售、运输、使用以及废弃后的处理处置活动。"人民安全是国家安全的基石。"过去十余年来，科技部、国家自然科学基金委员会等围绕危险化学品安全设置了一批重大、重点项目，取得了示范性成果，愈来愈多的国内学者投身于危险化学品安全领域，推动了危险化学品安全技术与管理方法的不断创新。

自 2005 年"危险化学品安全丛书"出版以来，经过十余年的发展，危险化学品安全技术、管理方法等取得了诸多成就，为了系统总结、推广普及危险化学品安全领域的新技术、新方法及工程化成果，由应急管理部化学品登记中心、中国石油化工股份有限公司青岛安全工程研究院、清华大学联合组织编写了"十三五"国家重点出版物出版规划项目"危险化学品安全丛书"（第二版）。

丛书的编写以党的十九大精神为指引，以创新驱动推进我国化学工业高质量发展为目标，紧密围绕安全、环保、可持续发展等迫切需求，对危险化学品安全新技术、新方法进行阐述，为减少事故，践行以人民为中心的发展思想和"创新、协调、绿色、开放、共享"五大发展理念，树立化工（危险化学品）行业正面社会形象意义重大。丛书全面突出了危险化学品安全综合治理，着力解决基础性、源头性、瓶颈性问题，推进危险化学品安全生产治理体系和治理能力现代化，系统论述了危险化学品从"摇篮"到"坟墓"全过程的安全管理与安全技术。丛书包括危险化学品安全总论、化工过程安全管理、化学品环境安全、化学品分类与鉴定、工作场所化学品安全使用、化工过程本质安全化设计、精细化工反应风险与控制、化工过程安全评估、化工过程热风险、化工安全仪表系统、危险化学品储运、危险化学品消防、危险化学品企业事故应急管理、危险化学品污染防治等内容。丛书是众多专家多年潜心研究的结晶，反映了当今国内外危险化学品安全领域新发展和新成果，既有很高的学术价值，又对学术研究及工程实践有很好的指导意义。

相信丛书的出版，将有助于读者了解最新、较全的危险化学品安全技术和管理方法，对减少化学品事故、提高危险化学品安全科技支撑能力、改变人们"谈化色变"的观念、增强社会对化工行业的信心、保护环境、保障人民健康安全、实现化工行业的高质量发展具有重要意义。

中国工程院院士 陈丙珍

中国工程院院士

2020 年 10 月

丛书第一版序言

危险化学品，是指那些易燃、易爆、有毒、有害和具有腐蚀性的化学品。危险化学品是一把双刃剑，它一方面在发展生产、改变环境和改善生活中发挥着不可替代的积极作用；另一方面，当我们违背科学规律、疏于管理时，其固有的危险性将对人类生命、物质财产和生态环境的安全构成极大威胁。危险化学品的破坏力和危害性，已经引起世界各国、国际组织的高度重视和密切关注。

党中央和国务院对危险化学品的安全工作历来十分重视，全国各地区、各部门和各企事业单位为落实各项安全措施做了大量工作，使危险化学品的安全工作保持着总体稳定，但是安全形势依然十分严峻。近几年，在危险化学品生产、储存、运输、销售、使用和废弃危险化学品处置等环节上，火灾、爆炸、泄漏、中毒事故不断发生，造成了巨大的人员伤亡、财产损失及环境重大污染，危险化学品的安全防范任务仍然相当繁重。

安全是和谐社会的重要组成部分。各级领导干部必须树立以人为本的执政理念，树立全面、协调、可持续的科学发展观，把人民的生命财产安全放在第一位，建设安全文化，健全安全法制，强化安全责任，推进安全科技进步，加大安全投入，采取得力的措施，坚决遏制重特大事故，减少一般事故的发生，推动我国安全生产形势的逐步好转。

为防止和减少各类危险化学品事故的发生，保障人民群众生命、财产和环境安全，必须充分认识危险化学品安全工作的长期性、艰巨性和复杂性，警钟长鸣，常抓不懈，采取切实有效措施把这项"责任重于泰山"的工作抓紧抓好。必须对危险化学品的生产实行统一规划、合理布局和严格控制，加大危险化学品生产经营单位的安全技术改造力度，严格执行危险化学品生产、经营销售、储存、运输等审批制度。必须对危险化学品的安全工作进行总体部署，健全危险化学品的安全监管体系、法规标准体系、技术支撑体系、应急救援体系和安全监管信息管理系统，在各个环节上加强对危险化学品的管理、指导和监督，把各项安全保障措施落到实处。

做好危险化学品的安全工作，是一项关系重大、涉及面广、技术复杂的系统工程。普及危险化学品知识，提高安全意识，搞好科学防范，坚持化害为利，是各级党委、政府和社会各界的共同责任。化学工业出版社组织编写的"危险化学品安全丛书"，围绕危险化学品的生产、包装、运输、储存、营销、使用、消防、事故应急处理等方面，系统、详细地介绍了相关理论知识、先进工艺技术和科学管理制度。相信这套丛书的编辑出版，会对普及危险化学品基本知识、提高从业人员的技术业务素质、加强危险化学品的安全管理、防止和减少危险化学品事故的发生，起到应有的指导和推动作用。

2005 年 5 月

◈ 前 言 ◈

改革开放以来，经过高速发展，我国已经成为世界上最大的化学品生产国，已跨越了规模增长，进入了高质量发展阶段。在此发展过程中，我国建设了以千万吨级炼油、百万吨级乙烯和芳烃为代表的一大批大型现代化化学品生产项目。这些规模宏大、知识密集、技术复杂、高度集成、系统复杂工程项目的设计、建设和投产运行，践行了安全发展理念，积累了丰富的全过程安全管控经验。此外，随着改革开放的深入，尤其是"一带一路"倡议的提出，一批企业通过"走出去"，与国际一流公司"同台比武"，一批能源化工企业与国际能源化工企业合资建厂，加快了我国现代化化学品企业的设计、建设、生产、储存、运输与国际"接轨"的步伐。

目前，化学品生产总体形势较好，但仍时有事故发生，防控安全风险始终是重中之重的工作。有鉴于此，中国工程院院士、全国工程勘察设计专家孙丽丽院士牵头编写了这本著作。通过国内与国外相结合、理论与实践相结合的方法，全面阐述危险化学品分类、危险识别与风险评估、储运安全、法律法规与标准等最新成果和发展趋势，总结了化学品生产装置安全设计、建设、生产运行、事故防控与应急救援直至生产装置除役的全生命周期的过程管控基础知识、主要措施和实践经验。

本书收集和总结新形势下危险化学品生产和应用领域安全生产的知识和经验，利用国外的先进技术和成果，研究目前国内危险化学品生产运行中存在的主要问题，提出了过程防控的主要措施。内容主要包括危险化学品的分类、特性分析、技术鉴别、储存安全、包装安全、运输安全等，还阐述了生产装置设计安全、运行及检修安全、装置除役安全、事故防控以及事故状态下的应急与救援等。

本书由孙丽丽负责框架设计、设置编写要求并完成定稿工作，孙丽丽编写了第一章（绪论），孙丽丽、崔政斌、高莉萍编写了第二章（化学品分类与鉴定）、第五章（危险化学品生产装置运行安全）、第六章（危险化学品储存运输安全）和第七章（危险化学品事故防控及救援），胡晨编写了第三章（危险化学品项目安全设计）的第一节，周晓辉编写了第三章的第二节、第三节，李蕾、王文津编写了第四章（危险化学品生产装置设计与施工安全管理），刘文晖、周承胜编写了第八章（危险化学品生产装置除役安全）。蒋荣兴、高莉萍负责组织编写及审稿、统稿工作，齐青参加了审稿工作。林苹参加了第二章的编写工作，王天宇和应江宁为本书成稿做出了贡献，在此表示感谢。

本书编写人员都是长期工作在危险化学品安全技术开发、设计及技术管理领域的专家，具有较高的理论水平和丰富的实践经验，他们以严谨认真、一丝不苟的态度为书稿付出了艰辛的努力。本书在编写过程中，还得到了中国化工学会、化学工业出版社等单位的大力帮助，在此对他们表示诚挚的谢意。

本书力求内容全面、技术实用、资料新颖、图文并茂，以确保体现学术性、系统性、新颖性和实用性。但由于作者水平所限，书中恐有疏漏，敬请广大读者批评指正。

编著者
2021 年 5 月

目 录

第一章

绪　论

　　化学工业是生产过程中化学方法占主要地位的过程工业，是利用物质发生化学变化的规律改变物质结构、成分、形态等生产化学品的工业部门，是国家的基础工业和支柱产业之一，在国民经济中起着不可或缺的重要作用。化学工业生产的化学品直接关系到人类生存和人们日常生活的各方面，并在应对当前世界范围内所面临的人口膨胀、资源匮乏和环境污染等挑战方面发挥着不可替代的重要作用。文献 [1] 从清洁生产技术采用、产品结构优化调整、本质安全环保打造、智能工厂平台构建等方面，提出了"源头消减＋过程控制＋末端治理"的全生命周期的现代化提升思路，以改善化学品工业安全环保状况，提高企业经济效益和抗风险能力。但作为化学工业原料和产品的危险化学品量大面广、品种繁多，掌握其特性对于化学工业生产、储存、运输的安全性具有举足轻重的作用。本套丛书从危险化学品的概念开始，阐述了化工过程风险及安全评估方法，并就化工过程本质安全化设计，危险化学品的生产、储运，以及化学品装置的运行、检维修及除役等全生命周期的安全管理进行了科学分析。

第一节　化学品的重要地位与主要特征

一、化学品的地位

　　化学品产业给人们的生活及相关产业带来了巨大的变化，极大地改善了现代人的生活质量，加速了社会发展的进程，与国民经济息息相关。化学品为各行各业提供物质基础，在国民经济中具有不可或缺的重要地位。

　　(1) 化学品及化学工业与能源工业的关系　能源既是化学工业的原料，又是化学工业的燃料和动力。因此，能源对于化学工业比其他工业部门更具重要性。化学工业是采用化学方法实现物质转换的过程，其中伴随着能量的变化。目前化学工业有几十个行业、数万个品种，应用范围渗透到国民经济各个部门。在世界范围内，化学工业的发展日益突出，产值在国民经济总产值中也是名列前茅。化学工业是能源最大的消费部门之一，能源是国民经济发展的基础，是化学工业的原料、燃料和动力的源泉。

（2）化学品及化学工业与国防工业的关系　国防工业是一个加工工业部门，它的生产和发展离不开化学工业提供的机器设备和原材料。在常规战争中所用的各种炸药都是化工制品。军舰、潜艇、鱼雷及军用飞机等装备都离不开化学工业的支持。导弹、原子弹、氢弹、飞机、核动力舰艇等也需要质量优异的高级化工材料。

（3）化学品及化学工业与冶金、建筑业的关系　冶金工业使用的原材料是大量的矿石及焦炭。冶金用的不少辅助材料都是化工产品。目前高分子化学建材已形成相当规模的产业，其主要有建筑塑料、建筑涂料、建筑粘贴剂、建筑防水材料以及混凝土外加剂等。

（4）化学品及化学工业与农业的关系　化学工业为农业提供化肥、农药、塑料薄膜、饲料添加剂和生物促进剂等产品，反过来又利用农副产品作原料，如淀粉、油脂、纤维素、天然香料、色素及生物药材等制造工农业所需要的化工产品，形成良性循环。化学工业与农业形成天然联盟。农业是国民经济的基础，而农业问题涉及人们的吃穿问题，它制约着工业的发展，这就决定了化学工业特别是其中的化肥、农药、塑料工业在国民经济中的突出重要地位。化学工业为农业技术改造和发展社会主义农业经济提供物质条件。化学工业促进实现农业的机械化、现代化，把农业转移到现代化机器大生产的基础上，以不断提高农业的劳动生产率。

（5）化学品及化学工业与制药业的关系　制药业是现代化工业，与化学工业有许多共性，彼此之间有密切的关系。高技术、高要求、高速度已成为世界制药业的发展动向。化学药品属于精细化工产业，合成药离不开中间体和化工原料。某些合成药技术水平的提高有赖于化工中间体水平的提高。所以与化学工业密切结合开发中间体大有可为，可大大提高合成药的国际竞争力。

（6）化学品及化学工业与环境的关系　在21世纪的今天，随着人类改造自然的能力和规模的巨大发展，尤其是化学品与化学工业的飞速发展所带来的"三废"，对环境的污染达到空前严重的程度，并转化为影响人类生存的一个尖锐的社会问题。人们在经历了环境与经济的双收益后，更多的目光和精力投入到绿色化学技术的发展，随着科技的进步，绿色生产技术必将进一步发展和优化。

不同的产业、行业和企业相互联系在一起。化学工业与各产业、行业之间既有分工又相互联系，在国民经济发展过程中发挥重要的作用。

总之，化学品及化学工业是国民经济基础产业和支柱产业之一，是工业革命的助手、农业发展的支柱，为工农业生产提供重要的原料保障，在国民经济中占有重要的地位。

二、危险化学品的主要特征

危险化学品是指具有毒害、腐蚀爆炸、燃烧助燃等性质，对人体、设施、环境具有危害的化学品。

《化学品分类和危险性公示 通则》（GB 13690—2009）按照理化危险性、健康危害性和环境危害性对化学品共设 28 个分类，包括 16 个理化危险性分类、10 个健康危险性分类及 2 个环境危险性分类。其中，具有理化危险性的16 类分别为爆炸物、易燃气体、易燃气溶胶、氧化性气体、压力下气体、易燃液体、易燃固体、自反应物质、自热物质和混合物、自燃液体、自燃固体、遇水放出易燃气体的物质、氧化性液体、氧化性固体、有机过氧化物和金属腐蚀物；具有健康危险性的 10 类分别为急性毒性、皮肤腐蚀/刺激、严重眼损伤/眼刺激、呼吸道或皮肤致敏、生殖细胞突变性、致癌性、生殖毒性、特异性靶器官系统毒性（一次接触）、特异性靶器官系统毒性（反复接触）和吸入危害；具有环境危险性的 2 类分别为危害水生环境和危害臭氧层。

《危险货物分类和品名编号》（GB 6944—2012）在 28 个分类的基础上进行了整合，把危险化学品分为 9 类，分别为：爆炸品、气体、易燃液体、易燃固体及易于自燃的物质和遇水放出易燃气体的物质、氧化性物质和有机过氧化物、毒性物质和感染性物质、放射性物质、腐蚀性物质、杂项危险物质和物品。

1. 化学品活性的危险性

化学品活性反应指两种或两种以上物质相互接触或混合发生的化学反应，也包括化学品单独存放时受热、光照、摩擦或接触空气等外界条件引发的分解、爆炸、聚合反应，还包括与水或其他禁忌物接触时产生的放热、燃烧、爆炸及释放出有毒气体等反应。化学品与其他在化学性质上相抵触的物质混合、混储、混放或接触时可能发生的燃烧、爆炸或其他化学反应，称混配危险性。化学品活性有酿成灾害事故的危险。许多具有爆炸特性物质的活性很强，活性越强的物质其危险性就越大。活性反应易引起的事故有生成不稳定或具有爆炸性的过氧化物引发的事故、生产或储存过程中的聚合反应事故、自由基聚合失控引发的爆聚事故、微量杂质降低活性物质稳定性导致的事故、放热反应中压力快速升高导致的事故、密闭容器中生成气体超压引发的事故、缩聚反应引发的事故、不稳定吸热化合物的爆炸性分解事故、反应诱导期发生失控引发的事故、可过氧化的溶剂和中间体等化合物引发的事故、过氧化事故、冷焰引发的事故、中和反应事故以及失控反应导致的火灾爆炸事故等。

2. 危险化学品的燃烧危险

压缩气体和液化气体、易燃液体、易燃固体、自燃物品和遇湿易燃物品、氧化剂和有机过氧化物等均可能发生燃烧而导致火灾事故。

(1) 固体化学品的燃烧爆炸危险性　　固体燃烧分两种情况：硫、磷等简单物质无分解过程，受热时首先熔化，继而蒸发变为蒸气进行燃烧；复杂物质受热时首先分解为物质的组成部分，生成气态和液态产物，然后气态、液态产物蒸发着火燃烧。

固体物质的燃烧、爆炸危险性的评价指标主要有燃点、自燃点、撞击感度、摩擦感度、静电火花感度、火焰感度、冲击波感度、最大爆炸压力和最大爆炸压力上升速度等。

固体物质的燃点与自燃点愈低，愈易燃。撞击感度、摩擦感度、静电火花感度、火焰感度、冲击波感度等是评价化学品爆炸危险性的重要指标，分别指该物品对撞击、摩擦、静电火花、火焰、冲击波等因素的敏感程度。如有机过氧化物对撞击、摩擦敏感，当受外来撞击或摩擦时，很容易引起物品的燃烧爆炸，故对有机过氧化物进行操作时，要轻拿轻放，切忌摔、碰、拖、拉、抛、掷等动作。最大爆炸压力和最大爆炸压力上升速度体现了爆炸时的爆炸威力大小。氧化性固体物与还原性固体物接触后，在大气中水分参与下，会发生激烈反应、放热，甚至燃烧。因此强调危险化学品要分类储存。

(2) 液体化学品的燃烧危险性　　液体具有受热膨胀性。易燃液体的膨胀系数一般较大。储存在密闭容器中的易燃液体，受热后体积容易膨胀，同时蒸气压力增加，容器内部压力增大，若超过了容器所能承受的压力就会造成容器的鼓胀，甚至破裂。

易燃液体大都是黏度较小的液体，流动性较好。一旦泄漏，则会很快向四周流散，从而加快液体的蒸发速度，使空气中的蒸气浓度提高，进而加大了燃烧爆炸的危险性。

大多数易燃液体的分子量小，挥发性大，蒸气压大，液面的蒸气浓度较大，遇明火即能使其表面的蒸气闪燃。达到燃点时，燃烧不只局限于液体表面蒸气的闪燃，而是由于液体源源不断供应可燃蒸气而持续燃烧。

易燃液体具有高度易燃易爆性，液体易燃的程度通常用闪点来表示，闪点越低，则表示该液体越易燃烧。在常温条件下，闪点在 60℃ 以下的易燃液体遇点火源极易燃烧，当易燃液体表面蒸气浓度达到其爆炸浓度极限范围时，遇点火源即发生爆炸。

（3）气体化学品的燃烧危险性　易燃气体是指一种在 20℃ 和标准压力 101.3kPa 时与空气混合有一定易燃范围的气体。

① 易燃气体的火灾危险性　易燃气体的主要危险性是易燃易爆性，所有处于燃烧浓度范围之内的易燃气体遇火源都可能发生着火或爆炸，有的易燃气体遇到极微小能量着火源的作用即可引爆。

易燃气体着火或爆炸的难易程度，除受着火源能量大小的影响外，主要取决于其化学组成，而其化学组成又决定着气体燃烧浓度范围的大小、自燃点的高低、燃烧速度的快慢和发热量的多少。由于一般气体分子间引力小，容易断键，无须熔化分解过程，也无须用以熔化、分解所消耗的热量，易燃气体具有比液体和固体易燃、燃速快及一燃即尽的特点。一般来说，简单成分的气体比复杂成分的气体易燃，燃速快，火焰温度高，着火爆炸危险性大。以氢气（H_2）、一氧化碳（CO）、甲烷（CH_4）为例，其火灾危险性比较如表 1-1 所示。

表 1-1　气体火灾危险性比较

气体名称	化学式	最大直线燃烧速度 /(cm/s)	最高火焰温度 /℃	爆炸极限 (体积分数)/%
氢气	H_2	210	2130	4～75
一氧化碳	CO	39	1680	12.5～74
甲烷	CH_4	33.8	1800	5～15

由于不饱和气体的分子结构中有双键或三键存在，化学活性强，在通常条件下即能与氯、氧等氧化性气体起反应而发生着火或爆炸，所以价键不饱和的易燃气体比相对应价键饱和的易燃气体的火灾危险性大。

② 处于气体状态的任何物质都没有固定的形状和体积，且能自发地充满任何容器。由于气体的分子间距大、相互作用力小，具有较强的扩散性。

比空气轻的气体逸散在空气中，与空气形成爆炸性混合物，并能够顺风飘荡，迅速蔓延和扩展。比空气重的气体泄漏出来时，往往飘浮于地表、沟渠、隧道、厂房死角等处，长时间聚集不散，易与空气在局部形成爆炸性混合气体，遇着火源发生着火或爆炸；同时，密度大的易燃气体一般有较大的发热量，在火灾条件下易于造成火势扩大。

掌握气体的相对密度及其扩散性，对评价其火灾危险性的大小、选择通风门的位置、确定防火间距以及采取防止火势蔓延的措施都具有实际意义。

③ 可缩性和膨胀性　任何物体都有热胀冷缩的性质，气体也不例外，其体积也会因温度的升降而胀缩，且胀缩的幅度比液体要大得多。气体的可缩性和膨胀性特点如下。

当压力不变时，气体的体积与温度成正比；当温度不变时，气体的体积与压力成反比；当体积不变时，气体的压力与温度成正比。当储存在固定容积容器内的气体被加热时，温度越高，其膨胀后形成的压力就越大。如果盛装压缩或液化气体的容器（如钢瓶）在储运过程中受到高温、暴晒等热源作用时，容器内的气体就会急剧膨胀，产生的压力超过了容器的耐压强度时，会引起容器的膨胀，甚至爆裂，造成伤亡事故。因此，在储存、运输和使用压缩气体和液化气体的过程中，一定要注意防火、防晒、隔热等措施；在向容器内充装时，要注意极限温度和压力，严格控制充装量，防止超装、超温、超压。

④ 带电性　任何物体的摩擦都会产生静电。气体从管口或破损处高速喷出时也同样能产生静电。多数情况下，气体中所含的液体或固体杂质越多、气体的流速越快，产生的静电荷也越多。

据实验数据显示，液化石油气喷出时，产生的静电电压可达 9000V，其放电火花足以引起燃烧。因此，压力容器内的可燃气体在容器、管道破损时或放空速度过快时，都易因静电引起着火或爆炸事故。带电性是评定可燃气体火灾危险性的参数之一，掌握了可燃气体的带电性，可采取设备接地、控制流速等相应的防范措施。

3. 危险化学品的爆炸危险

除了爆炸品之外，可燃性气体、压缩气体和液化气体、易燃液体、易燃固体、自燃物品、遇湿易燃物品、氧化剂和有机过氧化物等都有可能引发爆炸。爆炸危险特性有闪点、燃点、自燃点、爆炸极限、最小点火能和爆炸压力 6 个指标。

易燃、可燃液体和具有升华性的可燃固体表面挥发的蒸气与空气形成混合气，当火源接近时会产生瞬间燃烧，这种现象称为闪燃。引起闪燃的最低温度称闪点。当可燃液体温度高于其闪点时则随时都有被火焰点燃的危险。闪点是评定可燃液体火灾爆炸危险性的主要标志。就火灾和爆炸来说，化学物质的闪点越低，危险性越大。

可燃物质在空气充足条件下，达到某一温度与火焰接触即行着火，并在移去火焰之后仍能继续燃烧的最低温度称为该物质的燃点或着火点。易燃液体的燃点，约高于其闪点 $1\sim5℃$。

自燃点指可燃物质在没有火焰、电火花等明火源的作用下，由于本身受空气氧化而放出热量，或受外界温度、湿度影响温度升高而引起燃烧的最低温度，或称引燃温度。自燃有受热自燃和自热自燃两种情况：在外部热源作用下，可燃物质温度升高，达到自燃点而自行燃烧，称为受热自燃；在无外部热源影响下，可燃物质内部发生物理的、化学的或生化过程而产生热量，并经长时间积累达到该物质的自燃点而自行燃烧的现象称为自热自燃。自热自燃是化工产品储存运输中较常见的现象，危害性极大。自燃点越低，自燃的危险性越大。

可燃气体、可燃液体蒸气或可燃粉尘与空气混合并达到一定浓度时，遇火源就会燃烧或爆炸，这个浓度范围称为爆炸极限。发生燃烧或爆炸有一个最低浓度（爆炸下限）和一个最高浓度（爆炸上限）。只有在这两个浓度之间，才有爆炸危险。爆炸极限是在常温、常压等标准条件下测定出来的，这一范围随着温度、压力的变化而变化。爆炸极限范围越宽、下限越低，爆炸危险性也就越大。

最小点火能是指能引起爆炸性混合物燃烧爆炸时所需的最小能量。最小点火能数值愈小，说明该物质愈易被引燃。

可燃气体、可燃液体蒸气或可燃粉尘与空气的混合物、爆炸物品在密闭容器中着火爆炸时所产生的压力称为爆炸压力。爆炸压力的最大值称为最大爆炸压力。

爆炸压力通常是测量出来的，也可以根据燃烧反应方程式或气体的内能进行计算。物质不同，爆炸压力也不同。即使是同一种物质，因周围环境、原始压力、温度等不同，其爆炸压力也不同。

4. 危险化学品的毒性危险

危险化学品作用于人体达到一定量时，便会引起机体损伤，破坏正常的生理功能，引起中毒。我国对职业性接触毒物危害程度分级制定了国家标准，根据化学品的急性毒性试验、急性中毒发病状况、慢性中毒患病情况、慢性中毒后果、致癌性和车间最高容许浓度等，对我国 56 种常见毒性化学品的危害程度进行了分级。

化学品可以通过皮肤吸收、消化道吸收及呼吸道吸收三种方式对人体健康产生危害。采用正确的操作方法，避免误接触及误食等，能降低前两种方式的中毒概率。由于看不见、摸不着，通过呼吸道吸收的毒物往往容易对身体造成伤害。应通过改进生产、实验等方式或规程来降低有害物质在空气中的浓度，同时应重视个人防护。我国发布了车间空气卫生标准，规定了毒物的最高容许浓度，由此可以了解常见化学品的毒性大小，以便引起足够的重视。

5. 危险化学品的腐蚀性危险

强酸、强碱等物质接触人的皮肤、眼睛、肺部、食道等部位时，会破坏表皮组织而造成灼伤。内部器官被灼伤后可引起炎症，甚至会造成死亡。常见的腐蚀性化学品分为酸性腐蚀物、碱性腐蚀物、其他腐蚀物等，在做相关实验时应注意保护措施。

酸性腐蚀物危险性较大，能使动物皮肤受腐蚀，也能腐蚀金属。其中强酸可使皮肤立即出现坏死现象。酸性腐蚀物主要包括各种强酸和遇水能生成强酸的物质，常见的有硝酸、硫酸、盐酸、甲酸、冰醋酸等，腐蚀性最强的酸性物质是魔酸（$SbF_5 \cdot HSO_3F$）。碱性腐蚀物危险性也较大。其中强碱易起皂化作用，故易腐蚀皮肤，可使动物皮肤很快出现可见坏死现象，常见的有氢氧化钠、硫化钠等。腐蚀性最强的碱性物质是氢氧化钾。还有如甲醛溶液、次氯酸钠溶液、苯酚钠、氟化铬等腐蚀物。

腐蚀其实就是一种化学反应。酸中的氢离子具有氧化性，易和橡胶、皮肤等有机物反应；碱中的氢氧根容易得到有机物中的电子。所以这两者都具有腐蚀性。

6. 危险化学品的放射性危险

放射性危险化学品可阻碍和伤害人体细胞活动机能并导致细胞死亡。放射性物品是指含有放射性元素，并且其活度和比活度均高于国家规定豁免值的物品。根据放射性物品的特性及其对人体健康和环境的潜在危害程度，将放射性物品分为一类、二类和三类。一类放射性物品，是指 I 类放射源、高水平放射性废物、乏燃料等释放到环境后对人体健康和环境产生重大辐射影响的放射性物品。二类放射性物品，是指 II 类和 III 类放射源、中等水平放射性废物等释放到环境后对人体健康和环境产生一般辐射影响的放射性物品。三类放射性物品，是指 IV 类和 V 类放射源、低水平放射性废物、放射性药品等释放到环境后对人体健康和环境产生较小辐射影响的放射性物品。放射性物品的具体分类和名录，由国务院核安全监管部门会同国务院公安、卫生、海关、交通运输、铁路、民航、核工业行业主管部门制定。

三、化学品的生产特征

化学工业是知识密集、资金密集、原料和产品大多易燃易爆的行业。化学品生产过程具有以下特征：

（1）各个环节都可能发生事故。危险化学品从出生到消亡的整个过程涉及生产、使用、储存、经营、运输、废弃 6 个主要环节，每个环节都有发生事故的可能性。

（2）化学品生产中涉及物料危险性大，发生火灾、爆炸、群死群伤事故概率高。化学品生产过程中所使用的大多数原材料、辅助材料、半成品和成品属于易燃、可燃物质，易形成爆炸性混合物发生燃烧、爆炸。许多物料是高毒和剧毒物质，如果处置不当或发生泄漏，容易导致人员伤亡；生产过程中还要使用、产生多种强腐蚀性的酸、碱类物质，如硫酸、盐酸、烧碱等，设备、管线腐蚀出现问题的可能性高。某些物料还具有自燃、爆聚特性，如金属有机催化剂、乙烯等。

（3）工艺技术复杂，运行条件苛刻，易出现突发灾难性事故。化学品生产过程中，需要经历很多物理、化学过程和传质、传热单元操作，一些过程控制条件异常苛刻，如高温、高压，低温、真空等。如蒸汽裂解的温度高达 1100℃，而一些深冷分离过程的温度低至 -100℃ 以下；高压聚乙烯的聚合压力达 350MPa，涤纶原料聚酯的生产压力仅 1～2mmHg（1mmHg=133.322Pa）。这些苛刻条件对化学品生产设备的制造、维护以及人员素质都提出了严格要求，任何一个小的失误就有可能导致灾难性后果。

（4）生产装置的复杂性决定了安全生产的重要性。化学品生产过程中所使用的原材料、辅助材料、半成品和成品，绝大多数属易燃、可燃物质。化学品生产过程是一个系统的、连续的过程，系统中的各个因素如装置之间和物料反应等都相互制约、相互作用、相互关联、相互依存、相互影响。同时，生产过程工艺技术复杂，运行条件异常苛刻，这些对生产设备的制造、维护以及人员素质都提出了严格要求。一个微小的不正常的化学反应可能引发一个特大的爆炸事故，一个小的失误就有可能导致灾难性后果，引起连锁反应。

燃烧、爆炸、泄漏等很容易造成化学品扩散，有毒有害物质泄漏量大，涉及范围很广。危险化学品本身的特性决定了它对温度、压力等参数的要求很严格。同时，危险化学品和其他物质之间还会发生化学反应，使系统温度或压力陡然升高，引发突发事故。

在高温、高湿条件下易发生危险化学品事故。夏季气温高、雨水多，许多危险化学品受热、受潮后易发生分解，产生热量或释放出可燃气体，从而造成火灾或爆炸。每年夏季，政府有关部门和企业都对危险化学品进行更加严格的监管，加强防范，以防万一。

（5）装置大型化，生产规模大，连续性强，个别事故影响全局。化学品生产装置自动化程度高，只要有某一部位、某一环节发生故障或操作失误，就会牵一发而动全身。化学品生产装置正朝大型化发展，大型化将带来系统内危险物料储存量的上升，增加风险。同时，由于化学品生产过程的连续性强，在一些大型一体化装置区，装置之间相互关联，物料互供关系密切，局部的问题往往会影响到全局。

（6）装置技术复杂，资金密集，发生事故财产损失大。由于技术复杂，设备制造、安装成本高，装置资金量大，化学品生产装置发生事故造成的财产损失巨大。

（7）事故救援难度大。危险化学品方面的事故救援难度大，既需要有专门的救援队伍，也需要专门的知识技能。发生事故时，往往不仅仅是企业内部受到损害，企业外部相关环境的人员或社区居民也会受到伤害，危险化学品事故具有广泛的社会性。

第二节　危险化学品安全管理发展历程

20 世纪 80 年代以来，震惊世界的印度博帕尔光气泄漏事故、美国得克萨斯州石油公司的重大爆炸事故等多起危险化学品灾难性事故的发生，催生了国外化学品行业对"过程安全管理"以及"风险管理体系"的需求，推动了一系列与过程安全有关的法律法规、标准规范以及技术指南的制定和颁布。最具代表性的是美国职业安全与健康管理局（Occupational Safety and Health Administration，OSHA）1992 年颁布的《高危险化学品过程安全管理》（OSHA 29 CFR1910.119）。

一、过程安全管理体系

OSHA 法规是在美国司法权力管理范围内推行的职业安全与健康技术法规，在国际工程领域得到全世界的广泛认可。为了预防和控制重大危险化学品事故，该法规提出了过程安全管理的理念和原则，即通过对全生命周期危险源的风险评价与控制，尽可能消除或降低风险，从成本和效率的角度出发，将风险降低到可以容忍的程度，达到确保安全的目的。

　　该法规对过程安全的实施和要求做出了全面的规定，提出了系统安全的完整概念，给出了系统安全分析、设计、评价的基本原则、内容及要求，是过程安全产生和发展的重要里程碑。OSHA 法规通过总结归纳 14 个管理要素构建了过程安全管理体系（process safety management，PSM），如图 1-1 所示。

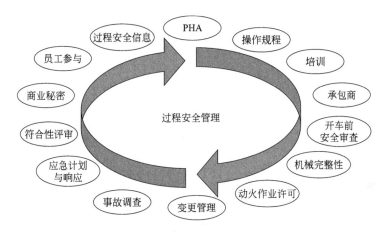

图 1-1　过程安全管理（PSM）体系框图

　　美国化学工程师学会（American Institute of Chemical Engineers，AIChE）下设的化学品过程安全中心（Center for Chemical Process Safety，CCPS）在 1993 年出版的《过程安全管理体系审计指南》一书中，将过程安全定义为"使人员和财产免于由于工艺过程条件的非计划或不期望偏离所导致的偶然的、灾难性事故的保护措施和设施"。这里的"过程"（process）是指任何涉及危险化学品的活动过程，包括危险化学品的生产、储存、使用、处置或搬运，或者与这些活动有关的活动。过程安全是针对涉及危险化学品过程所采取的一系列管理和技术措施，以达到避免或减少灾难性事故的目的。过程安全管理应贯穿于化学品及其相关设施的全生命周期。

　　过程安全（process safety）在国内最初被翻译为"工艺安全"，易将过程范围局限于工艺技术本身，而忽略了更大范围的化工操作生产、储存、使用、处置或搬运等全过程。因为过程安全不仅与工艺技术密切相关，也与危险化学品的使用、储存、运输等各个环节和过程相关，涉及总图布置、设备、管道、仪表、电气、储运、土建、公用工程等各个方面。任何一个环节的失误或不足都可能留下安全隐患，严重的甚至可能直接导致事故发生。

　　从管理角度看，过程安全管理体系（PSM）主要针对的是高危险化学品，包括 136 种特定的具有毒性、反应性、易燃性的液体和气体以及其他易燃液体和气体。当这些物质在工艺过程中不能被有效控制时，就有可能引发重大的灾难性事故。PSM 的实施是为了规范高危险化学品从业单位的安全管理，预防化学品重大事故。PSM 涵盖了过程安全信息、过程危险分析、操作规程、变更管理、机械完整性、开车前安全检查、承包商管理、培训、事故调查、应急响应等 14 个要素，任何一个要素的缺失或缺陷均可能导致过程安全管理的失控，其中与工程设计直接相关的要素是过程安全信息和过程危险分析。

我国于 20 世纪 80 年代开始逐步引入安全系统工程、风险分析等概念，并在不断加深对过程安全的认识和理解。安全生产行业标准《化工企业工艺安全管理实施导则》（AQ/T 3034），在借鉴国外过程安全管理经验的基础上，结合我国国情搭建了化工企业的工艺过程安全管理模式与框架，该标准其实就是中国化的"过程安全管理体系"（PSM）。PSM 管理要素重点简述如下：

（1）过程安全信息　过程安全信息包括化学品危害信息、工艺技术信息和工艺设备信息三方面。

化学品危害信息主要包括：毒性、允许暴露限值、物理参数（如沸点、蒸气压、密度、溶解度、闪点、爆炸极限）、反应特性（如分解反应、聚合反应）、腐蚀性数据（如腐蚀性以及材质的不相容性）、热稳定性和化学稳定性（如受热是否分解、暴露于空气中或被撞击时是否稳定、与其他物质混合时的不良后果、混合后是否发生反应）、泄漏化学品的处置方法等。

工艺技术信息主要包括：工艺流程简图、工艺化学原理资料、设计的物料最大存储量、安全操作范围（如温度、压力、流量、液位或组分等）、偏离正常工况后果的评估（包括对员工的安全和健康的影响）等。工艺技术信息通常可包含在技术手册、操作规程、操作法、培训材料或其他类似文件中。

工艺设备信息主要包括：设备与管道材质、工艺控制流程图（P&ID）、爆炸危险区域划分图、泄压系统设计和设计基础、通风系统设计、设计标准、物料平衡表、能量平衡表、计量控制系统、安全控制系统（如联锁、监测或控制系统）等。

（2）过程危险分析　过程危险分析（PHA）可采取一种或几种方法，如故障假设分析、检查表、"如果-怎么样？"、"如果-怎么样？"+"检查表"、初步危险分析、危险与可操作性分析（HAZOP）、故障类型及影响分析、事故树分析或者等效的其他方法。无论选用哪种方法，过程危险分析都应涵盖工艺过程系统的危险、对以往发生的导致严重后果的事件调查、控制危险的工程措施和管理措施及措施失效时的后果。同时还应考虑现场设施、人为因素、失控后可能对人员安全和健康造成的影响程度和范围。在装置投产后，需要与设计阶段的危险分析进行比较。由于经常需要对工艺系统进行更新改造，对于复杂的变更或者变更后可能增加危险的情况，应当对发生变更的部分进行危险分析。在役装置的危险分析还需要审查过去几年发生的变更、本企业或同行业发生的事故和严重未遂事件。

（3）操作规程　应至少包括初始开车、正常操作、临时操作、应急操作、正常停车、紧急停车等各个操作阶段的操作步骤；正常工况控制范围、偏离正常工况的后果；纠正或防止偏离正常工况的步骤；安全、健康和环境相关的事项。如危险化学品的特性与危害、防止暴露的必要措施、发生身体接触或暴露后的处理措施、安全系统及其功能（联锁、监测和控制系统）等。

（4）培训　应建立并实施过程安全培训管理程序。根据岗位特点和应具备的技能，明确制定各个岗位的具体培训要求，编制培训计划，并定期对培训计划进行审查和演练，确保员工了解工艺系统的危害。

（5）承包商管理　承包商可以为企业提供设备设施维护、维修、安装等多种类型的作业和服务。PSM应包括对承包商的特殊规定，确保每名工人谨慎操作而不危及工艺过程和人员的安全。在选择承包商时，要获取并评估承包商目前和以往的安全表现和安全管理信息。告知承包商与他们作业过程有关的潜在的火灾、爆炸或有毒有害方面的信息，进行相关的培训，定期评估承包商表现，保存承包商在工作过程中的伤亡、职业病记录。

（6）开车前安全审查　安全审查小组可根据检查表对现场安装的设备、管道、仪表及其他辅助设施进行检查，确认是否已按设计要求完成了相关设备、仪表的安装和功能测试。安全审查小组应确认工艺危害分析报告中的改进措施和安全保障措施是否已按要求落实，包括员工培训、操作程序、维修程序、应急反应程序是否完成。

（7）机械完整性（MI）　应建立适当的程序确保设备的现场安装符合设备设计规格要求和制造商提出的安装指南，如防止材质误用、安装过程中的检验和测试。国家有强制要求的压力容器、压力管道、特种设备等，必须满足法规要求。应建立并实施预防性维修程序，对关键的工艺设备进行有计划的测试和检验。及早识别工艺设备存在的缺陷，并及时修复或替换。

（8）作业许可　对具有重大风险的作业实施作业许可管理，如动火、破土、开启工艺设备或管道、起重吊装、进入防爆区域等，明确工作程序和控制准则，并对作业过程进行监督。应保留作业许可证，了解作业许可程序执行的情况。

（9）变更管理（MOC）　强化对化学品、工艺技术、设备、程序以及操作过程等永久性或临时性的变更控制，确定变更的类型、等级、实施步骤等。变更管理应考虑变更的技术基础、变更对员工安全和健康的影响、是否修改操作规程、为变更选择正确的时间、为计划变更授权以及相应的工艺安全信息更新。

(10) 应急管理 建立一套整体应急预案，规定如何应对异常或紧急情况。除整体应急预案外，还需要针对各种具体的假想事故场景制定具体的应对措施，以便了解工厂可能发生的紧急情况、如何报告所发生的紧急情况、工厂的平面位置、紧急撤离路线和紧急出口、安全警报及其应急响应的要求、紧急集合点的位置及清点人数的要求。

(11) 工艺事故/事件管理 通过事故/事件调查识别性质和原因，制定纠正和预防措施，防止类似事故的再次发生。制定未遂事故/事件管理程序，鼓励员工报告未遂事故/事件，组织对未遂事故/事件进行调查、分析，找出事故根源，预防事故发生。同时注重外部事故信息和教训的引入，增强风险意识和提高控制水平。

(12) 符合性审核 在确定符合性审核频率时需要考虑的因素包括：法规要求、标准规定、企业的政策、工厂风险的大小、工厂的历史情况、工厂安全状况、类似工厂或工艺出现的安全事故等。

20 世纪末以来，随着现代科学技术的飞跃发展，我国对安全管理的认识也发生了很大变化。安全生产成本、环境成本等成为产品成本的重要组成部分，安全问题成为非官方贸易壁垒的利器。在这种背景下，"持续改进""以人为本"的安全健康管理理念逐渐被企业管理者所接受，以职业安全健康管理体系为代表的企业安全生产风险管理思想开始形成，现代安全生产管理的内容更加丰富，现代安全生产管理理论、方法、模式以及相应的标准、规范更成熟。

现代安全生产管理理论、方法、模式是 20 世纪 50 年代进入我国的。在 20 世纪六七十年代，我国开始吸收并研究事故致因理论、事故预防理论和现代安全生产管理思想。20 世纪八九十年代，开始研究企业安全生产风险评价、危险源辨识和监控，我国一些企业管理者尝试安全生产风险管理。在 20 世纪末，我国几乎与世界工业化国家同步，研究并推行了职业安全健康管理体系。进入 21 世纪以来，我国提出了系统化企业安全生产风险管理的理论雏形，该理论认为企业安全生产管理是风险管理，管理的内容包括：危险源辨识、风险评价、危险预警与监测管理、事故预防与风险控制管理以及应急管理，该理论将现代风险管理完全融入安全生产管理之中。中国自从加入世界贸易组织（WTO）以来，各行各业正严阵以待，准备迎接挑战。现代安全管理也不例外，积极与国际接轨。现代安全管理的发展主要体现在以下四个方面：

(1) 树立现代安全管理新观念 俗话说："观念一变，天地宽。"要改变安全生产的现状，首先要变的就是人们的观念。近些年来，虽然政府、社会在安全管理上做了不少的工作，也取得了很大成绩，但也必须看到，由于生产力的发展和经济生活规模的扩大，我们传统的安全观念已经落伍，因此，必须抛弃传统的、陈旧的安全管理观念，树立现代安全管理新观念。安全管理必须以人为本，安全管理必须依靠人、针对人和为了人，中心是人身安全。建立全面安全管理，一是指上至上层领导，下至普通员工，全体人员齐抓共管讲安全，安全不能只是安全员和安全部门的事；二是指全过程的安全管理。安全就是效益。企业要做到高效益，必须舍得在安全设施上投资，搞好安全生产管理，防止各类事故的发生，保证企业生产安全运行，才能获得高效益。

（2）建立安全管理新体制　建立健全城乡安全管理系统。一方面要按行政区域，建立起从上至下以至于农村的、个体私营企业的安全管理机构；另一方面要建立行业的安全管理组织，发挥各种行业协会、工会群众组织的安全管理功能，建立起一个立体化、网络化的安全管理系统，不留死角与空白，使全社会的生产、生活全部纳入安全管理的轨道。建立安全管理信息系统，强化安全生产的宣传教育。应加大媒体对安全生产的关注力度，及时报道各行业的安全生产情况，倾听社会各界及专家学者对安全问题的见解，以提高全社会的安全意识，降低事故发生率，确保人们生命财产安全。

（3）建立安全管理新制度　安全管理要依法管理、依法而治，而不能靠人治，这就要加强安全立法与司法。对于单位或企业而言，则要建立健全安全管理规章制度。建立安全责任制度，建立健全各级各类安全技术人员和安全部门的安全责任制度，使其工作有所约束，责权分明，奖罚分明；同时也应建立健全各级领导人员及部门、责任部门的安全责任制度，安全问题与各级领导的政绩挂钩，出现问题追究有关当事人的责任，确实发挥"安全一票否决"的作用。完善安全检查考核制度。检查工作是长期性、经常性的工作，检查本身就起到监督、督促作用，检查工作做得好，才能及时发现问题，消除隐患。检查的结果要与考核结合，要与企业的经济效益挂钩，真正做到以安全促生产，以安全保效益。强化伤亡事故报告处理制度的落实。建立健全员工培训制度。科学技术在飞速发展，新产品、新工艺在不断涌现，人们的思想、观念、技术也要不断更新，才能适应新形势的发展需要。为使安全管理适应现代化大生产的需要，很有必要对安全管理人员、企业员工进行定期的安全知识培训学习，有条件的也可以"走出去、请进来"，相互交流，培训考核结果可作为员工晋升评比的依据之一。

（4）培养造就一支高素质的安全技术人员队伍　要搞好安全管理，思想观念、组织领导以及法规制度固然重要，但更重要的还是人，要选拔招收、培养造就一支高素质的安全技术人员队伍。要选拔招收爱好安全工作、责任心强、懂技术的专业人员从事安全管理工作。建立良好的人员使用与交流机制。安全技术人员是安全生产的管理员，更应是安全生产的指挥员。安全技术人员责任重大，事故处理应奖罚分明。

任何科学的东西，必须要不断发展和更新，今天现代的管理方法会成为将来传统的管理方法，一门科学只有不断创新和发展，才会有生命力。因此，现代是相对的，科学是永恒的，我们只有不断创新和进步，现代安全管理才能满足现代企业安全生产管理的需要，才能为降低人类因利用技术而在生命、健康、经济、环境中形成的风险代价，从而促进社会的发展，以及为构建和谐社会做出贡献。

二、危险化学品安全法律法规与标准发展

与国外多年发展的化学品安全法规及标准体系相比，我国的危险化学品法规及标准体系起步较晚，经历了不同的发展阶段。

1. 我国化学品安全法律法规体系与标准

我国的安全生产法制建设可分成四个阶段：

第一个阶段，从新中国成立到十一届三中全会。这一阶段，我国实行计划经济体制，计划经济主要是依靠行政和行政手段来调控经济和管理社会。这个阶段安全生产的立法很少，主要是通过一些政府的文件、一些行政措施来加强安全管理。

第二个阶段，改革开放开始至 20 世纪 80 年代。这是我国安全生产法制建设初级阶段，该阶段整个国家以经济建设为中心，搞经济建设必须实现安全生产，必须加快法制进程。这个时期我国安全生产法制的建立是与经济建设同步进行的。

第三个阶段，20 世纪 90 年代。这是我国安全生产法制，特别是安全生产立法一个快速发展的阶段。由于经济快速发展，所以各种安全问题也随之增加，国家对安全生产法制的认识和法制建设的力度超过以往。这一阶段出台了重要的安全生产法律、法规。

第四个阶段，21 世纪以来。2000 年至今是我国安全生产法律建设全面发展的一个阶段。20 世纪 90 年代虽然也有所发展，那个阶段的安全生产立法侧重于一些高危行业，重点解决一些突出问题。2000 年以后国家致力于构建安全生产法律体系，全面加强安全生产法制建设，比如加强立法，加大执法力度以及法制宣传，着眼于法律体系建设的科学性、系统性，为我们整个安全生产

提供法律规范。同时，更加注重安全生产执法工作，建立安全生产法治秩序，为实现本质安全提供了强有力的法律保障。

（1）危险化学品建设项目安全管理发展历程 我国对危险化学品建设项目实施过程安全管理经历了以下几个阶段：

① 安全评价与安全设计专篇 劳动部发文提出了建设项目中的劳动安全卫生设施必须符合国家规定的标准，必须与主体工程同时设计、同时施工、同时投入生产和使用（简称"三同时"）的要求。同时提出了编制《建设项目劳动安全卫生预评价报告》应"根据建设项目可行性研究报告的内容，运用科学的评价方法，分析和预测该建设项目存在的职业危险、危害因素的种类和危险、危害程度，提出合理可行的劳动安全卫生技术和管理对策，作为该建设项目初步设计中劳动安全卫生设计和建设项目劳动安全卫生管理、监察的主要依据。"这是我国第一次将安全监督管理纳入危险化学品建设项目管理程序中，是我国危险化学品建设项目安全设计管理的起始点。

2006年国家安全生产监督管理总局颁布了《危险化学品建设项目安全许可实施办法》（国家安全生产监督管理总局令第8号），规定建设项目安全许可是指建设项目设立（审批、核准、备案）前的安全审查、建设项目安全设施设计的审查和竣工验收。同期发布的《危险化学品建设项目安全设施目录（试行）》和《危险化学品建设项目安全设施设计专篇编制导则（试行）》（安监总危化〔2007〕225号）规定，安全设施设计专篇应当包括：定性分析建设项目涉及具有爆炸性、可燃性、毒性、腐蚀性的化学品的固有危险程度；定量分析建设项目涉及具有爆炸性、可燃性、毒性、腐蚀性的化学品的各个作业场所的固有危险程度及预测建设项目的风险程度。这是我国第一次将危险分析和预测风险纳入安全设计的内容中，开创了我国危险化学品建设项目安全设计的新阶段。

2012年国家安全生产监督管理总局颁布了《危险化学品建设项目安全监督管理办法》（国家安全生产监督管理总局令第45号），规定建设项目安全审查是指建设项目安全条件审查、安全设施的设计审查和竣工验收。建设项目未经安全审查的，不得开工建设或者投入生产（使用）。规定"设计单位应当根据有关安全生产的法律、法规、规章和国家标准、行业标准以及建设项目安全条件审查意见书，按照安全生产行业标准《化工建设项目安全设计管理导则》（AQ/T 3033），对建设项目安全设施进行设计，并编制建设项目安全设施设计专篇"。《危险化学品建设项目安全设施设计专篇编制导则》（安监总管三〔2013〕39号）规定，安全设计应开展建设项目过程危险源及危险和有害因素分析，说明建设项目工艺过程可能导致泄漏、爆炸、火灾、中毒事故的危险源，再一次突出了对过程危险源的分析和评估要求。

随着国家对危险化学品建设项目安全设施设计专篇编制要求的不断深化和细化，推动了我国危险化学品建设项目安全设计水平的不断提升。应当承认，几十年来加强安全设施设计专篇的编制与审查对满足政府安全监督管理、推动设计过程风险管理、项目全生命周期的安全平稳运行起到了重要的积极意义。

② "两重点一重大" 安全监管体系　从 2009 年以来，国家安全生产监督管理总局发布了一系列文件，从化学品性质的危险性、化工工艺操作的危险性和危险化学品的加工数量三个方面构建了危险化学品 "两重点一重大" 的重点安全监管体系，即重点监管的危险化学品、重点监管的危险化工工艺和重大危险源，其主要内容包括：

2009 年国家安全生产监督管理总局公布的《首批重点监管的危险化工工艺目录》（安监总管三〔2009〕116 号）规定了光气及光气化、电解（氯碱）、氯化、硝化、合成氨、裂解（裂化）、氟化、加氢、重氮化、氧化、过氧化、氨基化、磺化、聚合、烷基化 15 种首批重点监管的危险化工工艺。2013 年国家安全生产监督管理总局公布了《第二批重点监管的危险化工工艺目录》（安监总管三〔2013〕3 号），增加了新型煤化工工艺、电石生产工艺和偶氮化工艺 3 种重点监管的危险化工工艺。明确规定，凡是属于重点监管的危险化工工艺，应对照本企业采用的危险化工工艺及其特点，确定重点监控的工艺参数、装备和完善自动控制系统，大型和高度危险化工装置要按照推荐的控制方案装备紧急停车系统。

2011 年国家安全生产监督管理总局公布《首批重点监管的危险化学品名录》（安监总管三〔2011〕95 号），规定了氯、氨、液化石油气、硫化氢、光气等 60 种首批重点监管的危险化学品。2013 年国家安全生产监督管理总局公布了《第二批重点监管危险化学品名录》（安监总管三〔2013〕12 号），增加了氯酸钠、硝化甘油等 14 种重点监管的危险化学品。规定应当将生产、储存、使用、经营重点监管的危险化学品企业优先纳入年度执法检查计划，实施重点监管。属于重点监管的危险化学品企业，应根据本企业工艺特点，装备功能完善的自动控制系统，严格工艺、设备管理。对使用重点监管的危险化学品数量构成重大危险源的企业的生产储存装置，应装备自动控制系统，实现对温度、压力、液位等重要参数的实时监测。

《危险化学品重大危险源辨识》（GB 18218—2018）对重大危险源的定义是：长期地或临时地生产、储存使用和经营危险化学品，且危险化学品的数量等于或超过临界量的单元。该标准对确定危险化学品临界量的方法分两种：一种是对氯、甲烷、汽油等 85 种危险化学品直接给出具体的临界量，另一种是按照急性毒性、易燃液体等危险化学品类别确定临界量。根据厂外暴露人员数量、校正系数、危险化学品实际存量及临界量等计算重大危险源的级别，并根据四级分级标准确定重大危险源的等级。

2011年国家安全生产监督管理总局颁布了《危险化学品重大危险源监督管理暂行规定》（国家安全生产监督管理总局令第40号），规定危险化学品重大危险源是指按照《危险化学品重大危险源辨识》（GB 18218）辨识确定生产、储存、使用或者搬运危险化学品的数量等于或者超过临界量的单元（包括场所和设施）。40号令规定了重大危险源的辨识与评估以及安全管理的要求，要求通过定量风险评价确定项目的个人风险和社会风险。在其附录中参照国外标准并结合我国国情，第一次提出了我国的可容许个人风险标准和可容许社会风险标准。

个人风险是指因危险化学品重大危险源各种潜在的火灾、爆炸、有毒气体泄漏事故造成区域内某一固定位置人员的个体死亡概率，即单位时间（通常为年）内的个体死亡率，通常用个人风险等值线表示。社会风险是指能够引起大于或等于 N 人死亡的事故累积频率（F），即单位时间（通常为年）内的死亡人数，通常用社会风险曲线（F-N 曲线）表示。可容许社会风险标准采用ALARP原则作为可接受原则。ALARP原则通过两个风险分界线将风险划分为3个区域，即不可容许区、尽可能降低区（ALARP）和可容许区。若社会风险曲线落在不可容许区，除特殊情况外，该风险无论如何不能被接受。若落在可容许区，风险处于很低的水平，该风险是可以被接受的，无须采取安全改进措施。若落在尽可能降低区，则需要在可能的情况下尽量减小风险，即通过对各种风险处理措施方案进行成本效益分析来决定是否采取这些措施。

2014年国家安全生产监督管理总局发布《危险化学品生产、储存装置个人可接受风险标准和社会可接受风险标准（试行）》，提出该可接受风险标准用于确定陆上危险化学品企业新建、改建、扩建和在役生产、储存装置的外部安全防护距离。《危险化学品生产装置和储存设施风险基准》（GB 36894—2018）和《危险化学品生产装置和储存设施外部安全防护距离确定方法》（GB/T 37243—2019）将上述公告进行了更新和完善，使我国的风险管理标准更加规范化、合理化，是开展国内危险化学品建设项目安全设计的重要依据。

（2）我国危险化学品安全法律法规体系　我国的安全生产法律体系可分为国家法律、行政法规、部门规章等层级。

第一层：国家法律。2002年我国颁布了《中华人民共和国安全生产法》（简称《安全生产法》），突出了生产经营单位的安全主体责任，规定了从业人员的安全生产权利义务、安全生产的监督管理和生产安全事故的应急救援与调查处理。规定危险化学品建设项目应进行安全评价，设计人和设计单位应当对安全设施设计负责，审查部门及其负责审查的人员对审查结果负责。

第二层：行政法规。国务院发布的《危险化学品管理条例》是我国对危险化学品进行安全管理的核心法规，规定了危险化学品生产、储存、使用、经营和运输等多个环节的安全管理要求。国务院发布的相关安全行政法规还包括《特种设备安全监察条例》《建设工程安全生产管理条例》等。

第三层：部门规章。国家各部委根据上位法的规定和要求，单独或联合出台了一系列相关安全管理的具体规章制度等文件，如《危险化学品建设项目安全监督管理办法》（国家安监总局令第45号）、《危险化学品重大危险源监督管理暂行规定》（国家安监总局令第40号）、《建设工程消防监督管理规定》（公安部令第119号）等。

（3）我国化学品建设项目安全标准　20世纪70年代以前，我国技术标准主要以引进和采用苏联标准为主，标准化管理是一元化领导和集中式管理，以行政指令为基本管理手段，各级各类标准均属于强制性标准。20世纪80年代以来，国家标准分为强制性标准和推荐性标准。《建设工程质量管理条例》（国务院令第279号，2000年）催生了后来的工程建设强制性标准。《实施工程建设强制性标准监督规定》（建设部令第81号，2000年）规定工程建设强制性标准是指直接涉及工程质量、安全、卫生及环境保护等方面的工程建设标准强制性条文。2000年中国加入世界贸易组织，促进了我国标准体制过渡到"技术法规与技术标准相结合"。2017年发布的《中华人民共和国标准化法》确立了新型的中国标准化体系，规定中国标准分为五类标准：国家标准（又分为强制性国家标准和推荐性国家标准）、推荐性行业标准、推荐性地方标准、市场自主制定的团体标准和企业标准。政府主导制定的标准侧重于保基本，市场自主制定的标准侧重于提高竞争力，同时建立完善与新型标准体系配套的标准化管理体制。

我国专门的化学品安全标准起步较晚，但发展迅速。2013年国家安全生产监督管理总局组织了危险化学品行业国内外安全标准的对标工作，推动了与国外安全标准的接轨，尤其重点发展了化学品过程安全管理与风险管理的相关标准，包括近年来发布的一系列安全技术标准与管理标准。如：安全生产行业标准《化工建设项目安全设计管理导则》（AQ/T 3033）、《化工企业工艺安全管理实施导则》（AQ/T 3034）、《化工企业定量风险评价导则》（AQ/T 3046）、《保护层分析（LOPA）方法应用导则》（AQ/T 3054）等。

2010年发布的《化工建设项目安全设计管理导则》（AQ/T 3033）是我国第一个工程建设项目安全设计管理标准，该标准参照国外标准引进了本质安全设计理念，从项目安全设计程序、项目安全设计策划、工艺危险分析、项目安全对策措施、项目安全设计审查及项目安全设计变更控制 6 个方面说明了安全设计的管理模式和基本要素，对倡导国外安全设计的先进理念，提高工程本质安全设计质量，从设计源头防止和减少化工企业安全事故等方面起到了积极作用。

2. 国外化学品安全法律法规与标准

（1）美国化学品安全法律法规体系　美国联邦法是由美国宪法、联邦法律和联邦法规所组成的法律总称。根据美国国会通过的决议，美国的法律和行政法规都进行法典化。所有的法律法规都可以在《美国联邦法典》（United States Code，USC）和《联邦法规法典》（Code of Federal Regulation，CFR）中查到。例如，第 29 篇 1910 章是由 OSHA 发布的法规，名称为《职业安全健康局法规和标准》（Occupational Safety and Health Administration Regulations and Standards，OSHA）。《高危险化学品过程安全管理》（PSM）编号为：29CFR 1910.119，说明这是由 OSHA 发布的一项行政法规。

在美国联邦法规中，与化学品安全相关的技术法规见表 1-2。

表 1-2　与化学品安全相关的美国联邦法规

美国联邦法规	相关因素	美国联邦法规	相关因素
第 29 部分	劳工	第 44 部分	社会公益
第 41 部分	公共合同和财产管理	第 49 部分	运输
第 42 部分	公众健康		

美国与化学品有关的主要安全法律法规如下：

①《有毒物质控制法》（TSCA），由美国环保署发布，是美国化学品管理中一部重要的法规，范围涵盖了化学品的整个生命周期。

②《应急计划与公众知情权法》（EPCRA）。该法引入了《重大危险源设施通报及应急泄漏和排放报告》制度和《有毒化学物质排放清单》（TRD 制度）。

③《联邦危险物质法案》（FHSA），要求有害物质必须提供安全标签，以警示用户该产品的潜在危害及防护措施。

④《职业健康安全法规》（OSHA），要求保护人员的安全健康，劳动者的劳动条件应尽可能安全和卫生，为劳动者提供全面福利设施。

⑤《高危险化学品过程安全管理》（29 CFR1910.119），从工人的职业安全和健康角度提出了明确的过程安全规定。

⑥《危险物品运输法》（HMTA），是增强运输部门的立法与执行权力，以充分保护公民在运输危险货物过程中免受可能受到的生命或财产危害。

（2）美国化学品安全消防标准　美国现行的标准体系按照法律效力可划分为两大类：由政府部门根据法律授权而制定的政府标准或技术法规体系和由民间组织或非政府组织制定的自愿性标准体系。这两类标准的法律效力、功能和作用不同，但在美国社会管理中都发挥着重要作用，两者之间有着密切的联系。美国的技术法规由政府部门制定，绝大多数技术法规是以自愿性标准为基础。

美国自愿性标准体系，包括国家标准、协（学）会标准、联盟标准和企业（公司）标准。美国的自愿性标准是一个市场驱动，由公共部门和私营部门共同参与、发起制定的。自愿性标准的特性是利益相关方自愿参加制定，采取协商一致的原则自愿采用。因此，美国的自愿性标准是与该标准有关的各个利益相关方相互协商和相互妥协的结果，不具有强制性效力。在美国有关化学品的工程设计、建设安装、生产运行直至报废拆除的全部生命周期中，所涉及的大量标准主要是自愿性标准。

美国国会通过颁布一系列相关法律推动政府各部门在技术法规中采用自愿性标准。随着标准在经济、科技和贸易中地位的不断提升，美国联邦政府越来越依赖于自愿性标准这种有价值的私有部门资源。如 1992 年发布的《高危险化学品过程安全管理》（29 CFR1910.119）就是参照美国石油协会于 1990 年制定的《过程危险管理标准》（Management of Process Hazards）（API RP 750）。29 CFR1910.119 中的 14 个要素与 API RP 750 完全对应。

美国劳动部职业安全与健康管理局颁布的 OSHA 法规是在美国司法权力管理范围内推行的职业安全与健康的管理要求。该法规在美国具有至高的权威性，美国所有协会、标准化组织或州制定的相关法规标准都依从 OSHA 法规，其技术的权威性已经得到国际的公认和广泛推崇，被国外各大公司的标准所引用或作为依据，特别是在国际工程建设领域。

美国消防协会（National Fire Protection Association，NFPA）始建于 1896 年，是一个国际化的非营利性组织，作为世界消防技术的引领者，也是公共安全的权威资源。拥有世界上近 100 个国家的 7 万余名会员，设有 200 多个标准规范编委会，目前已发布了约 300 项 NFPA 标准规范。通过建立对建筑物、工艺过程、设计、服务和美国及其他国家的工厂设施的消防要求，实现降低火灾风险和危害的目的。

美国石油协会（American Petroleum Institute，API）标准委员会于 1924 年发布了第一批 API 标准，接着发布了石油开采、炼油、设备材料等 11 个方面的大约 550 个标准，其中包括安全消防方面的标准几十余项，并不断更新和补充。比如：《工艺装置永久性建筑物布置危险管理》（API RP 752）、《炼油厂防火》（API RP 2001）、《石油石化厂固定水喷雾系统消防》（API RP 2030）、《石油石化厂耐火保护实践》（API RP 2218）等。

（3）欧盟化学品安全法律法规及标准　欧盟法律是一个独立的法律体系，高于各成员国的国家法律。基础条约是欧盟法律主要渊源，是欧洲共同体存在、运作和发展的法律基础，其地位相当于主权国家的宪法。欧盟法规是欧洲共同体法律体系中的主要内容，但在法律效力上低于欧洲共同体的基础条约，由欧盟理事会和委员会依据基础条约授权而制定，其主要形式有四种，其重要性逐级降低。欧盟法规指令贯穿化学品的生产和使用及废弃各环节，其中重要的安全法规如《实施提高员工工作场所安全健康工作水平措施 89/391/EEC 指令》（又称《框架指令》，Framework Directive）《工业排放指令》（IED）《塞维索（Seveso）指令》《REACH 法规》《CLP 法规》等。

欧盟关于职业安全健康的立法主要有三个方面。指令提供最低要求和基础原则，如事故预防和风险评估原则、雇主和工人的责任和义务等。欧盟也制定一系列的指南和标准，有助于指令的实施和执行。欧盟成员国根据自身情况将欧盟指令转化为本国的法律法规，欧盟职业安全健康法令是对职业安全健康的最低标准。这些指令（涉及大约 20 个主题）都有相似的结构，要求雇主评估工作场所风险，并根据控制层级采取相应预防措施，包括从消除工作场所危险源直到使用个人防护设备等各个控制层级。

欧盟技术法规强调对欧洲标准的支持。1985 年 5 月 7 日欧盟理事会通过的《关于技术协调与标准新方法决议》正式确立了在制定技术协调指令中采用标准的方法。新方法指令是一种特殊的法律形式，只规定产品的"基本安全要求"。欧洲标准化组织为实现这些"基本要求"而制定自愿性标准。欧盟理事会每批准一个新方法指令，就给欧洲标准化组织下达一份标准化委托书，要求依据新方法指令的"基本要求"制定协调标准。

欧盟标准和法规之间的关系是清晰的，即标准是自愿采用的。只有在涉及产品安全、工业安全、人身健康和安全、保护消费者权益、保护环境等方面的技术要求时，才制定相应的技术法规（或指令）。在欧盟内部，为便于统一市场的商品、劳务、资本和人员的自由流动，彻底改变以往欧洲共同体技术法规过细的做法，把技术法规的内容限定在"基本要求"和做出"基本规定"，具体的技术细节由技术标准规定，使技术法规（指令）与标准之间出现了协调和交叉关系。当标准为市场普遍接受、为合同所引用或为法律法规所引用时，欧盟标准可转化为具有强制性的法规性质，例如欧洲 EMC 指令、电气安全指令等。

世界上各类标准化组织很多，国际标准也很多，由于技术标准采用的自愿性，为了统一企业的技术标准和生产技术水平，便于企业的可持续发展，各知名企业都制定了适合自己的标准体系。同时，良好工程实践的企业标准也可逐渐转化为国际标准，如美国保险商实验所（UL）标准。

3. 国内外化学品安全标准主要差异

（1）标准管理体制的差异 多年来，国外建立了"政府授权、民间机构主导"，适应市场经济和国际贸易发展需要的标准管理体制。政府授权并委托标准化协会或标准化学会统一管理，协调标准化事务。政府负责监督和财务扶持，对标准制定机构有一套严格的管理程序和制度。建立有统一的管理组织，对标准管理具有权威性。民间组织在标准起草、审查、批准、发布、出版、发行以及信息服务等方面有充分自主权。

国外标准管理体制具有开放、民主、透明的特点，在以下方面更为突出。

① 及时持续的改进机制 美国标准的更新和修订非常及时，一般5年一个修订周期，与时俱进，保证了标准的先进性和有效性。

② 注重标准间的协调性和兼容性 协会标准的制定十分重视兼顾体系中现有其他行业的技术标准规定和研究报告。编制组成员积极吸纳政府相关部门、生产企业、工程咨询公司、行业协会等利益相关方的专家技术人员，保证标准规范的编制与其他协会标准的衔接一致和兼容性。

③ 追求标准的完整性和系统性 国外标准体系具有较强的系统性和完整性，各标准之间互相支撑，保证了有效实施。例如，美国技术法规《LNG设施》（49 CFR193），提出的安全要求引用了5个美国行业协会的相关标准。各行业标准规范的制定也同样会参考、引用其他行业的技术标准规范。在标准之间尽可能做到互相引用，对有交叉的领域不再重复规定。

我国标准化工作一直实行的是统一管理与分工负责相结合的管理体制。在实行统一领导的前提下，分别按国家、行业、地方和企业四个层级管理。各标准之间没有直接联系，各自为政，缺乏有效的协调和沟通。虽然我国对标准的更新和修订年限有明确规定，但由于多方面原因更新很慢，尤其越是影响大的重要标准越不能及时发布，说明我国标准修编效率低。报批手续烦琐和严重滞后，不能满足和适应新形势下工程建设和安全生产的需要。

（2）自愿性与强制性的差异 国外普遍采用以自愿性原则为主导的标准体系，其中美国最为突出。所谓自愿性原则是指自愿编写，自愿采用，具有科学性和民主性。各企业可以按照本企业的管理目标和经济实力，自愿采用相关标准。在不违反国家法律和技术法规的前提下，国家不干预企业采用哪些技术标准，但企业的行为必须是合法的。

在我国的标准体系中，对保障人员健康、生命财产安全、国家安全、生态环境安全以及满足经济社会管理基本需要技术要求，应制定强制性国家标准。通过《安全生产法》《中华人民共和国消防法》（简称《消防法》）等有关法律法规的明确规定，赋予这些强制性标准法规的强制力，一旦没有执行这些强制性标准造成人身伤亡等重大事故后果时，将作为事故追究的法律责任判据。

（3）基于风险的安全标准体系差异 欧洲和美国安全标准体系从 20 世纪 80 年代开始建立，并不断扩充和完善，现已形成了较成熟的标准体系。1982 年欧洲首次颁布了《工业活动的重大事故危害》的指令，被称为"赛维索指令Ⅰ"；1996 年颁布了《危险物料的重大事故危害控制》，被称为"赛维索指令Ⅱ"，取代了"赛维索指令Ⅰ"。美国职业安全和健康管理署 1992 年发布了 OSHA 29 CFR1910.119《高危险化学品过程安全管理》。围绕此法规，美国石油学会颁布了一系列标准和推荐做法，作为自愿性标准推广使用，从风险评估和控制的角度指导设计、建设和运营等开展，如《基于风险的检验》（API RP 580）、《基于风险的检验方法》（API RP 581）、《过程危险管理》（API RP 750）等。

我国一直在积极学习和吸收国外先进风险管理经验，近年来也颁布了一些加强风险管理的相关标准和规定。比如，《危险化学品生产装置和储存设施风险基准》（GB 36894）参照国外标准和惯例，将防护目标按照使用的主要性质分为高敏感防护目标、重要防护目标和一般防护目标，按照不同防护目标类别规定了我国可接受的个人风险基准和社会风险基准。《危险化学品生产装置和储存设施外部安全防护距离确定方法》（GB/T 37243）规定，为了预防和减缓危险化学品生产装置和储存设施潜在事故（火灾、爆炸和中毒等）对厂外防护目标的影响，在装置和设施与防护目标之间应设置防护距离或风险控制线的要求。但总体来说，我国基于风险的安全标准还缺乏系统化，也还没有形成基本构架体系。

第三节 危险化学品管理面临的风险与防范

随着化学工业的发展，各种危险化学品的产量大幅度增加，新危险化学品、新工艺也不断涌现[2,3]。在化学品装置的建设施工、检维修及除役过程中，都存在着生产、应用和储存过程；在装置运行过程中，其原料、中间物质及产品都是化学品；人们在充分利用危险化学品的同时，也产生了大量的化学废物。危险化学品具有爆炸危险性，灾难发生对人类的生命、财产造成不可估量的后果。卢林刚等在《危险化学品消防》[4]一书中分析了危险化学品的危险性，阐述了防火原理及措施、危险化学品泄漏控制与处置措施和火灾扑救措施、事故现场急救等内容。该书还详细分析了危险化学品消防安全管理方法和消防事故处置。

危险化学品进入环境的途径主要有 4 种：在生产、储存和运输过程中，由于着火、爆炸、泄漏等突发性化学事故，大量有害危险化学品外泄进入环境；在生产、加工、储存及装置除役过程中，以废水、废气、废渣形式排放进入环境；人为使用直接进入环境，如农药、化肥的施用等；人类活动中废物的排放，在石油、煤炭等燃料燃烧过程中以及家庭装饰等日常生活使用中直接排入或者使用后作为废物进入环境。有毒有害物质通过对环境的侵蚀，进一步危害人类。本丛书中的《危险化学品污染防治》一书全面完整地描述了国内外危险化学品废物污染预防和处理处置的新理论、新技术以及最新成果[5]。

一、环境风险与防范措施

人类在享受化学品带来的便宜条件的同时，也在污染着身边的环境。如果不规范危险化学品的排放途径，将会严重污染环境。如何认识危险化学品的污染危害，最大限度地降低危险化学品的污染，加强环境保护力度，已是人们亟待解决的重大问题。孙丽丽院士在其文献[1,6-8]中论述了优化生产方案等从源头降低环境、安全风险的途径。

1. 环境风险

危险化学品进入环境后会对大气、土壤、水体产生污染危害；同时，还会引发人体健康危害。

危险化学品对大气的危害首先体现在破坏臭氧层。含氯、N_2O、CH_4等化学物质能够破坏臭氧，增加紫外线辐射量，从而导致皮肤癌和白内障的发病率大幅增加。CO_2、CH_4、N_2O、氟氯烷烃等温室气体引发温室效应，使全球气候变暖、海平面上升，海平面的升高将严重威胁低地势岛屿和沿海地区人民的生产和生活。排放的硫氧化物和氮氧化物，在空气中遇水蒸气形成酸雨，还可能形成光化学烟雾，对动物、植物、人类等均会造成严重影响。

大量化学废物进入土壤，可导致土壤酸化、土壤碱化和土壤板结。含氮、磷及其他有机物的生活污水、工业废水排入水体，使水中养分过多，形成植物营养物污染危害。藻类大量繁殖，海水变红，称为"赤潮"，由于造成水中溶解氧的急剧减少，严重影响鱼类生存。重金属、农药、挥发酚类、氧化物、砷化合物等污染物可在水中生物体内富集，造成其损害、死亡，破坏生态环境。石油类污染不仅可导致水生生物死亡，还可引起水上火灾。

当环境受到污染后，污染物通过各种途径侵入人体，将会毒害人体的各种器官组织，导致其功能失调或者发生障碍，甚至引起各种疾病。我国每年癌症新发患者有 150 万人，死亡 110 万人，而造成人类癌症的原因中 80%～85% 与化学因素有关。化学物质还可通过遗传影响到子孙后代，引起胎儿畸形、基因突变等，造成远期危害。

装置除役过程对环境的影响不可忽视，设备内残留物料的排放，在切割、拆解设备设施过程中可能会产生粉尘等污染物的废气排放，施工车辆运输过程产生的扬尘、砂石料堆存过程中的风吹扬尘等均可能造成大气环境的污染。排空的液态物料以及采用溶剂稀释或溶解残留物料的清理过程、采用水清洗设备设施过程中产生的有毒有害废液，可能造成场地地下水和场地土壤污染。危险化学品生产装置所在场地中潜在污染具有隐蔽性和滞后性、累积性及不可逆转性等特性。装置除役后的环境修复难度大。由于危险化学品的危险特性，整个修复工艺及装备需经过特殊设计，才能保障顺利完成修复的同时防止危险化学品再次进入环境。

近几年，我国危险化学品、废弃危险化学品环境污染及突发事故不断加剧，引起全社会的普遍关注。相关的管理政策法规也不断出台，管理得到了一定的加强，但存在的问题仍然很多。废弃危险化学品属于危险废物范畴，相比一般危险废物，它具有明显的特殊性，主要表现在：

（1）具有商品特性，可利用性高。废弃危险化学品再利用、资源化的空间较大，如分析纯级的废弃危险化学品不再作实验室分析用，但仍可满足工业需求；多数收缴的危险化学品也是可利用的产品。因此，废弃危险化学品虽是危险废物，更是宝贵的资源，需要各层次部门采取有效措施促进其合理利用。

（2）来源广泛、数量大、种类繁多、特性复杂、监管难度大、处置技术复杂。由于废弃危险化学品的产生、转移、处置或排放活动在时间、空间上都有较大的弹性，导致管理部门实施监管难度较大。此外，种类繁多以及复杂多样的固有特性致使废弃危险化学品处置的技术难度和风险大，无论对从业单位还是管理部门都提出了较高的要求。

国外普遍将废弃化学品作为危险废物中的一类实施管理，但少有对废弃化学品建立专项管理法规。美国关于废弃危险化学品的界定比较明确，将危险废物分为 F、K、P 和 U 共计 4 大类。其中，F 类（28 种）、K 类（116 种）为工业产生的固体废物；P 类（239 种）、U 类（521 种）为废弃危险化学品。将危险废物产生源分为大源、小源和豁免小源。对于数量较多的小源，鼓励将其废物运输到集中处置设施去处置。对大源，政府规定危险废物产生者须承担识别废物种类、确定废物产生量、运输前适宜包装、转移联单签署、申请识别号、现场废物管理、双年申报、记录保存等一系列法定义务。对危险废物处理处置设施的监管和环境责任追究极其严格。美国的废物管理制度为跟踪制度（即转移联单制度）和经营许可制度。其管理原则体现了危险废物从产生到消亡的全过程管理思路，基本出发点遵从源头减量—回收利用—安全焚烧/填埋的管理目标序列，特别强调减少废物产生、提高资源化回用比率，减少进入环境、需要处理处置的废物量。

国家环境保护总局发布的《废弃危险化学品污染环境防治办法》，对废弃危险化学品与危险废物的隶属关系和管理范围进行了明确。我国的危险化学品管理模式与美国类似，但是管理措施细化程度不足。全国还没有建立起健全的危险废物管理体系，随着管理工作的不断深入，技术支持力量薄弱的问题也越来越暴露出来，如危险废物鉴别、危险废物焚烧设施的性能测试等。扩大执法队伍、技术队伍，提高人员素质和能力任务迫切。废弃危险化学品的综合利用、环境无害化处置是一项技术含量高、设施要求高、管理要求严的复杂工程，现有的处置技术和能力很难满足国内危险废物及废弃危险化学品处置的需求。针对废弃危险化学品单个数量少、品种多且分布广泛的特点，还需制定针对性的处置措施。

我国废弃危险化学品底数尚不清楚，包括产生源、产生地点、各产生源产生废弃危险化学品的种类、数量、流向、利用和处置方式等，直接导致了管理部门对其实施宏观管理、日常监管和应急反应缺乏强有力的数据支持。

2. 风险防范措施

"十三五"环保总体目标之一也是要构建全过程、多层级的环境风险防范体系。从政府层面入手，在监管措施、方法、机制上对企业及公众行为进行引导和管理。加强管理队伍、技术队伍建设，全面提升管理的能力和水平。细化管理程序和标准，加大法规执行力和效果。将危险化学品自诞生至除役的全生命周期的轨迹纳入风险过程管理之中。

（1）应加强顶层设计和体制机制建设。在借鉴国外先进经验和国际惯例基础上，制定化学品综合性环境安全管理的基本法律法规，将化学品环境风险、生产安全和人类健康等方面有机结合。完善化学品环境风险防控体系，将风险评价、环境准入、化学品产业结构调整、布局优化、清洁生产、绿色化学等纳入法规管理。以法律形式明确牵头部门和协同部门的权责，保证各部门协作顺畅，实现化学品各环节无缝监管。在化学品监测、监管规程类标准基础上，制定执行操作所需要的检测方法标准，统一现存的各种化学品相关标准，加强执行标准的可操作性。我国危险废物的法规体系虽然相对完整，但操作程序和要求亟待细化，制度执行中深层次的问题和解决方法有待研究。

（2）发挥规划环评对化学品的管理作用。将环境影响评价贯彻在项目建设的全过程，加强对化学品相关建设项目设计、施工、运行以及除役阶段的过程管理，推动园区建设项目环评审批制度改革。

（3）应加强化学品环境风险管理技术支撑。建立并逐步完善化学品测试鉴别、风险评价、全球化学品统一分类和标签、化学品行业准入与规划布局、环境监测及预防预警技术，推动国家良好实验室规范建设。建立完善化学品环境检测、检测方法与标准体系，推进有毒化学品替代、绿色化学、废弃化学品最佳安全处理处置技术等领域的研究。尽快建立化学品基础信息收集与管理体系，建立完善化学品信息公开体系，建立国家级化学品基础信息的管理平台以及化学品风险预警平台。

（4）加快废弃危险化学品处置设施建设，加强管理队伍、技术队伍建设，全面提升管理的能力和水平。细化管理程序和标准，加大法规执行力和效果，细化管理要求及执行标准，如废物申报、转移跟踪、经营资质审查、处置设施评价等。在政策措施中体现全过程管理思路，形成一整套针对性方案，真正实现我国危险废物管理的基本原则：减量化、资源化、无害化。

（5）建设化学品应急救援队伍，提高化学品突发事件应急处理能力。由于化学品特殊的理化性质、新物质不断出现和相关突发事件环境风险的不确定性，当化学品相关环境污染突发事件出现时，首先应及时准确评估环境污染的危害程度，快速评估此次突发事件是否存在潜在连锁事故风险。在此基础上，评估此次环境污染事件对环境可能造成的中长期影响，并有针对性地提出减轻环境污染压力和保护方案；提出相应的环境修复、生态补偿方案和环境污染赔偿方案；检查本次环境污染事件发生前的预警机制以及决策的制定是否妥当，并及时加以改进和完善，建立及时、有效的公众信任机制。

二、安全风险与防范措施

除了化学品可能导致直接的火灾爆炸危险，在化学品装置中，还存在粉尘、腐蚀、噪声、高温、低温、物理伤害、放射性辐射等危害。只有早期识别其危害性，并采取相应措施，实施过程安全管理，才能保证危险化学品全生命周期的安全性。

1. 安全风险

危险化学品生产过程的危险性主要表现在原料、中间体和产品的燃烧、爆炸、毒害、腐蚀等的危险性以及生产装置的危险性两方面。装置运行过程中，由于操作条件变化、容器和管道的制造质量问题或超期使用、性能降低等问题，可能出现缺陷而导致物料泄漏。若物料为易燃易爆、有毒介质，设备发生泄漏或破裂不仅可造成中毒、烫伤、烧伤等人身事故，还能产生火灾、爆炸和环境污染等事故。设备本身还可能产生碰撞、打击、夹击、跌落等机械性伤害，也存在电击、发生火灾爆炸等危害。另外，设备设施产生尘、毒、噪声、高温等职业性危害。

装置检维修作业通常涉及易燃易爆、有毒有害物质，又经常进行动火、进入受限空间、盲板抽堵等危险作业，极易导致火灾、爆炸、中毒、窒息事故的发生。

在储存过程中，如果安全措施不当，具有易燃、易爆、毒害、腐蚀、放射性等危险性的化学品发生事故，容易造成人身伤亡、财产毁损、污染环境。在运输过程中的化学品是一种危险源，存在交通事故导致危险化学品爆炸、腐蚀、泄漏和污染的风险。发生事故涉及面广，由于其突发性的特点，救援困难。

危险化学品项目建设阶段以及废弃除役过程中，由于使用大型机械、动火、高处作业等，存在火灾、爆炸、坍塌、物体打击、高处坠落等风险，还存在中毒、窒息、灼伤、施工机械噪声等人身伤害风险。如果安全措施和安全管理不到位，事故发生可能导致人员死亡、受伤、环境破坏、财产损失和声誉受损等风险。

2. 风险防范措施

为降低化学品安全风险，应自源头进行安全管理。在化学品装置设计阶段，可以从物料特性和工艺过程两方面着手进行危险识别。对建设项目所在地的自然灾害、极端恶劣天气、社会动乱、周边设施、周边环境等的不利影响等方面开展有关安全、环保、健康的重大危险源和危险有害因素辨识；针对火灾爆炸危害、工艺危害、公用工程系统进行危险源辨识。同时识别建设项目可能造成作业人员伤亡的危险和有害因素，如粉尘、窒息、腐蚀、噪声、高温、低温、物理伤害、放射性辐射等。

在设计早期阶段开展工艺过程的危险有害分析以帮助进行工艺技术路线选择、厂址选择、总图布置、产品储运、建筑结构设计方案等。通过削减、替代、缓解、简化等方法，优化工艺过程，尽可能降低工艺过程本身的安全风险。

工艺安全设计贯穿装置设计的全过程，但最重要的是初始阶段工艺技术方案选择。由于生产装置中原材料、产品等存在潜在的危险性和过程条件的苛刻性，很难实现真正意义上的安全性，但可以实现本质更安全。本质更安全设计优化策略主要有选择更安全的替代物以降低潜在的危险性、减少危险物料的用量和存藏量、简化生产操作程序以缓和操作条件、减少过程产生的有害废料以及设备和管道小型化等。

无论是新建装置、在役装置、改造装置等，装置的设计、建设、运行周期中的各个阶段均可采用危险与可操作性分析（HAZOP）等方法识别系统中潜在的危险或偏差，分析偏差产生的外部事件、设备故障和人员行为失误等原因，确定合适的补救措施。分析偏差可能对人员、财产和环境造成的不良后果，分析现有的保护措施，评估风险等级，提出建议措施，从而降低装置风险，使装置更加安全可靠。

火灾安全评估可以采用安全检查表的方法对消防安全系统进行符合性检查，包括火灾气体探测器、固定式灭火器、主动防火系统、固定消防水系统、水喷淋系统、气体灭火系统、固定和半固定式泡沫灭火系统、消火栓、移动式消防设备、便携式消防设备和被动防护设备等，确保消防设计符合火灾安全系统的标准规范，从而为预防火灾、控制火灾和扑灭火灾提供依据和支持。

影响装置安全运行的主要因素有人为因素、设备因素、物料因素、工艺因素、作业环境因素和自然灾害的影响等。树立以人为本的管理理念，针对不同的因素采取相应的措施，编制相应的规程和应急预案，降低事故发生概率。

投料试车前应严格检查试车条件。严格执行"条件不具备不开车，程序不清楚不开车，指挥不在场不开车，出现问题不解决不开车"的"四不开车"原则。装置停车有常规停车和紧急停车两种方式，也是容易发生安全事故的一个重要环节。提前编制开、停车方案，预先制定检维修方案，使参加的人员熟悉方案实施步骤。加强项目管理人员与作业人员管理，加强作业前准备工作及现场安全管理，编制应急预案，通过培训提高现场人员的安全意识与能力，可以充分降低风险。

随着数字化工厂的建设，通过及时准确的在线诊断和风险评估，可提高企业管理水平，降低事故风险[9,10]。

20世纪70～80年代国外化学品行业中多次重大的火灾和爆炸事故催生了国外对"过程安全管理"以及"风险管理程序"的需求，发达国家开始不断修订完善法律法规，建立了系统的安全标准体系，实现了对化学品的全生命周期管理，确保在各个环节对风险的控制。国外知名企业秉承"本质安全"的理念，将基于风险的管理理念落实到规划、设计、建设、运行、维修、报废全生命周期中。在项目建设和企业运营过程中运用风险评估工具和科学的评估方法，充分辨识和评估风险，依据风险评估的结果制定风险防控措施和应急预案。坚持预防为主，确保设备与设施的可靠性与完整性，形成基于风险的设备完整性管理模式，设备管理从定期检测、隐患排查的管理方法转化为单台设备精准量化、风险预防的管理方法。国外企业非常注重过程安全文化和事故分享文化的建设，将过程安全绩效指标作为推动过程安全管理提升的主要工具，始终保持过程安全绩效指标与过程安全标准一致，全员支持过程安全管理体系的执行。鼓励未遂事件上报、事故根原因调查、经验教训分享，将自己工厂发生的事件经验教训分享至其他工厂，并从其他工厂的事件教训中吸取经验。随着信息技术的飞速发展，在近20年来逐步推行企业信息化管理平台，利用最新的物联网技术、智能监控技术、智能感知技术、云计算技术等最新信息化手段，有效提升危险化学品安全监管水平，由物物互联层、对象感知层、数据分析层、业务应用层和云端服务层五个层次和一个大数据中心构成的智慧工厂已初见成效。

基于多年工作经验，美国国家化学品安全与危害调查委员会主席 John Bresland 先生总结的过程安全管理十大规则适用于所有危险化学品企业的过程管理。其十大管理规则具体内容体现在[11]：

（1）领导者应高度重视并致力于过程安全。员工的安全以及公司的成功经营都取决于过程安全领导力。安全领导力不是企业负责人的个人领导力，不是主管安全领导的个人领导力，更不是专业安全管理人员的领导力，而是以企业负责人为领导核心、各业务单元相辅相成和专业安全支持力量形成的团队合力，应建立正确的组织并把过程安全落到实处。

（2）各个岗位均应配备最有责任心的员工。无论是高级管理人员还是设备控制室的一线操作员，都应具有足够的能力胜任其工作。将培训和教育贯穿于员工的整个职业生涯。

（3）制订有效的资产完整性计划来确保设备的可靠性。现代化设备可靠性管理的核心任务是保证设备的安全可靠性和提高设备经济运行水平。配备专业人才，确保所有的设备不会出现故障，让工厂持续安全运转。

（4）关注细节。大型化工设施的内部构造极其复杂，关键设备的安全、平稳运行是装置长周期、安全生产运行的关键。

（5）制定并严格跟踪过程安全指标来监测工厂的生产运营。安全指标可以有效地指导管理层了解工厂设施的运营情况。滞后指标指的是回顾性指标，可以直接反映出事故数量和严重程度，如报告的事件数量、死亡人数、减压阀启动的次数等。领先指标指前瞻性指标，关注于企业运行的每个管理环节，并不直接表征事故的数量和严重程度，但从中可以看出一个企业中不安全生产活动所带来的不良后果。在企业过程安全管理中，牢牢抓住滞后指标的同时，也要充分关注领先指标，管理和控制整个工艺过程和运营管理。

（6）从长远角度看待风险和隐患。认真对待所有识别出的安全风险和事故隐患，及时采取相应措施，防止发生安全事故。采取安全防护措施可能会影响企业的短期经济效益，但应考虑到若未对发现的风险和隐患进行整改而导致事故发生时的巨大经济和社会影响。

（7）制定应急预案，做好应急准备。企业确保制定完善的应急预案，熟悉当地的应急救援组织，定期展开应急演练。与当地政府机构、事故调查机构、医疗机构、律师、保险理算师、新闻媒体以及其他相关方保持及时良好的沟通。

（8）彻底调查所有事件。永远记住一般事故往往很容易升级为灾难性的事件并造成致命的后果。企业应建立事故调查专业团队，负责找出导致事件发生的根本原因。除"工程"或"技术"原因外，实际上企业管理方面的问题，如安全文化、组织和管理问题、员工胜任能力等，才是事故的根本原因，是潜在、深层次的原因。在调查报告中申明"阀门失效"并不能解决根本问题，只有认真分析阀门失效的根本原因，才有可能找到事故深层次的根由，吸取教训，避免将来发生类似事件。

（9）时刻警惕，保持忧患意识。企业要时刻保持"如坐针毡、如履薄冰、如走钢丝"的心态，保持永不懈怠、积极向上的姿态，以最大的决心把安全管理抓实、抓细。将"过程安全"的理念贯穿到日常管理和作业中，以最坚决的态度守住安全红线，以常态化的严格管理形成安全生产的稳定规则。只有以缜密的规则尽可能消除各种隐患，才不会因小纰漏引发事故。

（10）在企业内部建设强大的过程安全文化。积极的安全文化对企业全员共同支持过程安全管理体系的成功执行和改进产生积极影响，从而预防过程安全事件的发生。一个积极的安全文化始于积极的企业文化。

安全生产事关人民福祉，事关经济社会发展大局。习近平总书记站在党和国家事业发展全局的战略高度，对安全生产工作做出一系列重要指示。深刻论述安全生产红线、安全发展战略、安全生产责任制等重大理论和实践问题，对安全生产提出了明确要求，为推进安全生产法治化指明了方向。多次强调生命重于泰山。要求各级党委和政府要牢固树立安全发展理念，坚持人民利益至上，始终把安全生产放在首要位置，切实维护人民群众生命财产安全。绝不能只重发展不顾安全，更不能将其视作无关痛痒的事，搞形式主义、官僚主义。

要针对安全生产事故主要特点和突出问题，层层压实责任，狠抓整改落实，强化风险防控。坚决落实安全生产责任制，健全预警应急机制，加大安全监管执法力度，深入排查和有效化解各类安全生产风险，提高安全生产保障水平。落实安全生产主体责任，加强安全生产基础能力建设，坚决遏制重特大安全生产事故发生。2016 年 12 月，《关于推进安全生产领域改革发展的意见》发布实施，这是新中国成立以来第一个以党中央、国务院名义出台的安全生产工作的纲领性文件。这个第一，充分体现了以习近平同志为核心的党中央对安全生产工作的高度重视，标志着我国安全生产领域的改革发展进入了崭新阶段。

参考文献

[1] 孙丽丽. 炼化企业现代化提升研究与实践 [J]. 当代石油石化, 2018, 26（7）: 1-7.

[2] 崔政斌, 赵海波. 危险化学品泄漏预防与处置 [M]. 北京: 化学工业出版社, 2018.

[3] 曹湘洪, 袁晴棠, 刘佩成. 中国石化工程科技 2035 发展战略研究 [J]. 中国工程科学, 2017, 19（1）: 57-63.

[4] 卢林刚, 杨守生, 李向欣. 危险化学品消防 [M]. 北京: 化学工业出版社, 2020.

[5] 王罗春, 唐圣钧, 李强, 等. 危险化学品污染防治 [M]. 北京: 化学工业出版社, 2020.

[6] 孙丽丽. 清洁汽柴油生产方案的优化选择 [J]. 炼油技术与工程, 2012, 42（2）: 1-7.

[7] 孙丽丽. 高硫天然气净化处理技术的集成开发与工业应用 [J]. 中国工程科学, 2010, 12（10）: 76-81.

[8] 赵伟凡, 孙丽丽, 鞠林青. 海南炼油项目总加工流程的优化 [J]. 石油炼制与化工, 2007（7）: 1-5.

[9] 钱锋, 杜文莉, 钟伟民, 等. 石油和化工行业智能优化制造若干问题及挑战 [J]. 自动化学报, 2017, 43（6）: 893-901.

[10] 林融. 中国石化工业实现智能生产的构想与实践 [J]. 中国仪器仪表, 2016,（1）: 21-27.

[11] 中国化学品安全协会. 过程安全管理如何成功有效？ CSB 主席告诉你这十个规则. https://www.sohu.com/a/394063628_684748.

第二章

化学品分类与鉴定

　　了解化学品的分类，有利于保障化学品的生产、运输、储存等过程的安全。通过适当的措施，可避免发生安全事故，影响环境安全。《化学品分类与鉴定》[1]一书详细地论述了化学品危险性鉴定的管理及相关要求、国际分类概况、危险性分类数据的获取和质量评估，并描述了我国危险化学品的确定原则和分类标准，分析了国内外化学品理化危险、健康危险、环境危险的测试方法分析与比对方法和测试试验方法概要。该书还详细叙述了化学品安全技术说明书、安全标签以及作业场所安全警示标志的相关法律法规、编写以及格式要求。

第一节　化学品分类

一、危险化学品分类及其危险特性

　　《化学品分类和标签规范》（GB 30000.2～30000.29—2013）将化学品危险性分为28类95个类别。以此为基础，《危险化学品目录》选取了28类中危险性较大的81个类别作为危险化学品。14个危险性较小的危险性类别的化学品不纳入《危险化学品目录》管理，其中理化危险性类别8个、健康危险性类别4个、环境危险性类别2个。

　　28类危险化学品分为理化危险性类别、健康危险性类别和环境危险性类别。属于理化危险性类别的有：爆炸物、易燃气体、气溶胶、氧化性气体、加压气体、易燃液体、易燃固体、自反应物质和混合物、自热物质和混合物、自燃液体、自燃固体、遇水放出易燃气体的物质和混合物、金属腐蚀物、氧化性液体、氧化性固体和有机过氧化物16个；属于健康危险性类别的有：急性毒性、皮肤腐蚀/刺激、严重眼损伤/眼刺激、呼吸道或皮肤致敏、生殖细胞致突变性、致癌性、生殖毒性、特异性靶器官毒性-一次接触、特异性靶器官毒性-反复接触和吸入危害 10 个；环境危险性类别有危害水生环境和危害臭氧层 2 个[1,2]。

1. 化学品危险性分类及分类标准

针对 28 类危险化学品的定义进行初步介绍，以便于系统了解分类情况。

(1) 爆炸物的分类及定义源自《化学品分类和标签规范 第 2 部分：爆炸物》(GB 30000.2—2013)。

爆炸性物质或混合物指能通过化学反应在内部产生一定速度、一定温度与压力的气体，且对周围环境具有破坏作用的一种固体或液体物质（或其混合物）。

烟火物质或混合物属于爆炸性物质，是指能发生非爆轰且自供氧放热化学反应的物质或混合物，并产生热、光、声、气、烟或几种效果的组合。

包含一种或多种爆炸性物质或其混合物的物品称为爆炸性物品，包含一种或多种烟火物质或其混合物的物品称为烟火制品。

爆炸物分为 6 项。

1.1 项：具有整体爆炸危险的物质、混合物和物品（整体爆炸是瞬间引燃几乎所有内装物的爆炸）。如三硝基甲苯（TNT）、黑火药（火药）、二硝基重氮苯酚、二硝基苯酚、高氯酸铵。

1.2 项：具有迸射危险但无整体爆炸危险的物质、混合物和物品。

1.3 项：具有燃烧危险和较小的爆轰危险或较小的迸射危险或两者兼有，但没有整体爆炸危险的物质、混合物和物品。燃烧产生显著辐射热；一个接一个燃烧，同时产生较小的爆轰或迸射作用或两者兼有。如二硝基苯酚的碱金属盐、二硝基邻甲苯酚钠、苦氨酸钠、二亚硝基苯。

1.4 项：不存在显著爆炸危险的物质、混合物和物品，如被点燃或引爆也只存在较小危险，并且可以最大限度地控制在包件内，抛出碎片的质量和抛射距离不超过有关规定；外部火烧不会引发包装件内装物发生整体爆炸。如四唑-1-乙酸、5-巯基四唑-1-乙酸。

1.5 项：具有整体爆炸危险，但本身又很不敏感的物质或混合物，虽然具有整体爆炸危险，但极不敏感，以至于在正常条件下引爆或由燃烧转至爆轰的可能性非常小。

1.6 项：极不敏感且无整体爆炸危险的物品，这些物品只含极不敏感爆轰物质或混合物和那些被证明意外引发的可能性几乎为零的物品。

（2）易燃气体是指在 20℃ 和标准压力（101.3kPa）时与空气混合有一定易燃范围的气体。化学不稳定气体指在没有空气或氧气时也能极为迅速地反应的易燃气体，如乙炔、丙二烯等。

化学不稳定性应按照联合国《关于危险货物运输的建议书—试验和标准手册》第三部分通过试验或计算来确定。如果按《化学品危险性分类试验方法 气体和气体混合物燃烧潜力和氧化能力》（GB/T 27862）计算结果显示不是易燃气体混合物的，则不必进行为分类目的测定化学不稳定性的试验。

（3）气溶胶（气雾剂）是指喷雾器内装压缩、液化或加压溶解的气体，并配有释放装置以便于气体喷射出来，形成悬浮的固态或液态微粒或形成泡沫、膏剂、粉末。

如果含有任何《全球化学品统一分类和标签制度》（GHS）规定的易燃物成分时，该气溶胶应考虑分类为易燃物。

根据其成分、化学燃烧热以及试验结果，气溶胶分为极易燃气溶胶、易燃气溶胶及不易燃气溶胶三类。

（4）氧化性气体指采用《化学品危险性分类试验方法 气体和气体混合物燃烧潜力和氧化能力》（GB/T 27862—2011）规定方法确定的氧化能力大于 23.5% 的纯净气体或气体混合物。

（5）压力下气体指在 20℃、压力不小于 200kPa(G) 下装入储器的气体，或液化气体、冷冻液化气体。压力下气体包括压缩气体、液化气体、溶解气体、冷冻液化气体。

（6）易燃液体是指闪点不大于 93℃ 的液体。根据闪点，易燃液体分为 4 类。

（7）易燃固体指容易燃烧的或可通过摩擦引起或促进着火的固体。其与点火源（如着火的火柴）短暂接触容易点燃且火焰迅速蔓延。根据燃烧速率试验结果分为两类。

（8）自反应物质和混合物指即使没有氧气（空气）也容易发生激烈放热分解的热不稳定液态、固态物质或者混合物。该定义不包括根据 GHS 分类为爆炸物、有机过氧化物或氧化性物质及其混合物。

如果在实验室试验中容易起爆、迅速爆燃或在封闭条件下加热时显示剧烈效应，这种自反应物质或混合物应视为具有爆炸性质。根据自反应物质和混合物的爆炸特性，可划分为 A～G 七个类别。

（9）自燃液体指即使数量小也能在与空气接触 5min 内着火的液体，如三溴化三甲基二铝、二甲基锌、二氯化乙基铝、三异丁基铝等。

（10）自燃固体指即使数量小也能在与空气接触 5min 内着火的固体，如白磷、二苯基镁、二甲基镁、金属锶等。

（11）自热物质和混合物指除自燃液体或自燃固体外，在空气中不需要能量供应就能够自热的固态、液态物质或混合物，如甲醇钾、连二亚硫酸钠和金属钙粉等。与自燃液体或自燃固体不同之处在于：自热物质和混合物只有当大量（公斤级）存在并经过长时间（数小时或数天）才会发生自燃。

（12）遇水放出易燃气体的物质和混合物指在环境温度下，通过与水作用，容易具有自燃性或放出危险数量的易燃气体的固态或液态物质和混合物。根据其发生反应时释放易燃气体的速度和数量分为三类，如金属钠属于一类、金属钡属于二类、硅铝属于三类。

（13）氧化性液体指本身未必可燃，但通常会放出氧气可能引起或促使其他物质燃烧的液体。根据其燃烧性或试验时的平均压力上升时间分为三类，如硝酸属于一类、氯酸钙溶液属于三类。

（14）氧化性固体指本身未必可燃，但通常会放出氧气引起或促使其他物质燃烧的固体。根据试验时的燃烧时间分为三类，如高氯酸钾属于一类、碘酸钾属于二类、硝酸钠属于三类。

（15）有机过氧化物是可发生放热自加速分解、热不稳定的物质或混合物。具有下列性质一种或多种：易于爆炸分解、迅速燃烧、对撞击或摩擦敏感及与其他物质发生危险反应。

如果其配制品在实验室试验中容易爆炸、迅速爆燃或在封闭条件下加热时显示剧烈效应，则认为有机过氧化物具有爆炸性质。根据其爆炸特性由强到弱，有机过氧化物可划分为 A～G 七个类别。

（16）金属腐蚀物指通过化学作用会显著损伤甚至毁坏金属的物质或混合物。

（17）急性毒性指经口或经皮肤给予物质的单次剂量或在 24h 内给予的多次剂量，或者 4h 吸入接触发生的急性有害影响。根据其导致危害发生所需浓度由低到高分为五类。

（18）皮肤腐蚀是指对皮肤能造成不可逆损害的结果，即施用试验物质 4h 内，可观察到表皮和真皮坏死。典型的腐蚀反应具有溃疡、出血、血痂的特征，而且在 14d 观察期结束时，皮肤、完全脱发区域和结痂处由于漂白而褪色。应通过组织病理学检查来评估可疑的病变。根据出现腐蚀所需要的时间，分为三个子类。

皮肤刺激指施用试验物质达到 4h 后对皮肤造成可逆损害的结果，分为刺激和轻度刺激两类。

（19）严重眼损伤指将受试物施用于眼睛前部表面进行暴露接触，引起了眼部组织损伤，或出现严重的视觉衰退，且在暴露后的 21d 内尚不能完全恢复。眼刺激指将受试物滴入眼内表面，眼睛产生变化，但在 21d 内可完全恢复。眼部损伤分可逆效应和不可逆效应两类。

（20）呼吸道致敏物指吸入后会导致呼吸道过敏的物质。皮肤致敏物指皮肤接触后会导致过敏的物质。根据其在人群中的发生率高低分别分为两类。

（21）细胞中遗传物质的数量或结构发生的永久性改变称为突变。生殖细胞突变性指化学品引起人类生殖细胞发生可遗传给后代的突变，分为已知或可能引起人类细胞可遗传突变的物质和由于其可诱发突变的可能性而引起人们关注的物质两类。

（22）致癌性是能导致癌症或增加癌症发病率的物质或混合物，分为已知或假定的人类致癌物和可疑的人类致癌物两类。

（23）生殖毒性指对成年雄性和雌性的性功能和生育能力的有害影响，以及对子代的发育毒性。生殖毒性物质分为已知或假定的人类生殖毒物、可疑的人类生殖毒物以及影响哺乳或通过哺乳产生影响的哺乳效应三类。

（24）特异性靶器官毒性（一次接触）指一次接触物质和混合物引起的特异性、非致死性靶器官毒性作用，包括所有明显的健康效应，可逆的和不可逆的、即时的和迟发的功能损害。分为对人类产生显著毒性的物质、根据动物研究可假定在一次接触之后可能对人类健康产生危害的物质以及暂时性靶器官效应三类。

（25）特异性靶器官毒性（反复接触）指反复接触物质和混合物引起的特异性、非致死性的靶器官毒性作用，包括所有明显的健康效应，可逆的和不可逆的、即时的和迟发的功能损害。分为对人类产生显著毒性的物质和根据动物研究可假定在反复接触之后有可能危害人类健康的物质两类。

（26）吸入危害指液态或固态化学品通过口腔或鼻腔直接进入或者因呕吐间接进入气管和下呼吸道系统。分为已知引起人类吸入毒性危险的化学品以及因假定会引起危险而令人关注的化学品两类。

（27）对水生环境的危害分为：

① 急性水生毒性：可对水中短期接触该物质的生物体造成伤害，是物质本身的性质。

② 急性（短期）危害：化学品的急性毒性对在水中短时间暴露的水生生物造成的危害。根据造成危害的化学品浓度由低到高分为三类。

③ 慢性水生毒性：可对水中接触该物质的生物体造成有害影响，接触时间根据生物体的生命周期确定，是物质本身的性质。根据造成危害的化学品浓度由低到高分为两类。

④ 长期危害：化学品的慢性毒性对在水中长期暴露的水生生物造成的危害。根据造成危害的化学品浓度由低到高分为三类。

⑤ 无可见效应浓度（NOEC）：试验浓度刚好低于在统计上有效的有害影响的最低侧的浓度。NOEC 不产生在统计上有效的应受管制的有害影响。

（28）对臭氧层的危害物包括《蒙特利尔议定书》附件中列出的任何受管制物质，或任何混合物至少含有一种浓度不小于 0.1% 的被列入《蒙特利尔议定书》附件的组分。

2. 危险化学品的危险特性

不同危险化学品的危险特性各有特点，同一化学品在不同条件下的危险特性也有变化。

（1）爆炸物的危险特性　爆炸物具有化学不稳定性，在一定的作用下能以极快的速度发生猛烈的化学反应，产生的大量气体和热量在短时间内无法逸散开去，致使周围的温度迅速上升和产生巨大的压力而引起爆炸。爆炸需要外界供给一定的能量，即起爆能。不同的爆炸品需要不同的起爆能。

爆炸还有殉爆和毒害性等危险特性。当炸药爆炸时，能引起位于一定距离之外的炸药也发生爆炸，这种现象称为殉爆。殉爆发生的原因是冲击波的传播作用，距离越近冲击波强度越大。如苦味酸、TNT、硝化甘油、雷汞、氮化铅等炸药本身具有一定的毒性。

（2）气体类化学品的危险特性　气体类化学品包括易燃气体、易燃气溶胶、氧化性气体、压力下气体 4 类。

硫化氢、氯气、一氧化碳、氮气等气体具有毒性、窒息性或腐蚀性，不仅引起人畜中毒、窒息，还会使皮肤、呼吸道黏膜等受到严重刺激和灼伤而危及生命。当大量压缩或液化气体及其燃烧后的直接生成物扩散到空气中时，空气中氧的含量降低，人也会因缺氧而窒息。

气体无固定的形状和体积，泄漏后在空气中能够很快地扩散，易燃气体遇火源能燃烧，与空气混合到一定浓度会发生爆炸。爆炸下限越低，爆炸范围越宽，爆炸危险性越大。比空气重的气体，往往沿地面扩散、聚集在房间死角中或低洼处，长时间积聚不散，燃烧、爆炸危险性很大；毒性气体容易造成大面积人员中毒。

有些气体的化学性质很活泼，可与很多物质发生反应。例如，乙炔、乙烯与氯气混合遇日光会发生爆炸；液态氧与有机物接触能发生爆炸；压缩氧与油脂接触能发生自燃。氧化性气体具有助燃作用，在火场中能增大火势，同时使一些不易燃烧的物质容易燃烧，加剧燃烧。

当化学品受热、撞击或强烈震动时，容器内压会急剧增大，致使容器破裂爆炸，或导致气瓶阀门松动漏气，酿成火灾或中毒事故。

（3）易燃液体的危险特性 易燃液体具有高度的易燃易爆性和一定的毒害性。

易燃液体通常容易挥发，闪点和燃点较低，其蒸气与空气易形成爆炸性混合物，遇火源、火花容易发生燃烧或爆炸。有些液体蒸气的密度比空气大，容易聚集在低洼处，更增加了着火、爆炸的危险。易燃液体闪点越低，着火危险性越大。

易燃液体的黏度都很小，容易流淌，还因渗透、浸润及毛细现象等作用扩大其表面积，加快挥发速率，使空气中的蒸气浓度增大，增加了燃烧爆炸的危险。

易燃液体电阻率较大，在受到摩擦、震动或流速较高时极易产生静电，聚集到一定程度，就会因放电产生电火花而引起燃烧爆炸事故。一般情况下，电阻率$>10^{10}\,\Omega\cdot m$时，如石油产品，会有显著的静电危害，必须采取防静电措施。

一些易燃液体的热膨胀系数较大，容易膨胀，同时受热后蒸气压也较高，从而使密闭容器内的压力升高。当容器内压力超过容器能承受的压力时，容器就会发生爆裂甚至爆炸。因此，易燃液体在灌装时，容器内要留有5%以上的空间。

绝大多数易燃液体及其蒸气具有一定的毒性，食入、通过皮肤接触或经呼吸道进入人体，会导致人员中毒，甚至死亡。

（4）易燃固体的危险特性 易燃固体的熔点、燃点、自燃点以及分解温度较低，受热容易熔融、分解或气化。在能量较小的热源和撞击下，很快达到燃点而着火，燃烧速度也较快。如红磷，在常温下只要有能量很小的着火源与之作用即能燃烧。

固体具有可分散性与可氧化性。物质的颗粒越细，其表面积越大，分散性就越强，氧化作用也就越容易，燃烧也就越快，爆炸危险性则越强。当固体粒度小于0.01mm时，可悬浮于空气中，能与空气中的氧气发生氧化作用。易燃固体与氧化剂接触能发生剧烈反应而引起燃烧或爆炸。如：红磷与氯酸钾接触，硫黄粉与氯酸钾或过氧化钠接触就会立即发生燃烧爆炸。

某些易燃固体具有热分解性，其受热后不熔融，而发生分解。热分解的温度高低直接影响危险性大小，受热分解温度越低的物质，其火灾爆炸危险性就越大。很多易燃固体本身具有毒害性，或燃烧后能产生有毒的物质，如二硝基苯酚、硫黄、五硫化二磷。

(5) 自燃、自热、自反应性物质的特性　由于化学性质非常活泼，具有极强的还原性，接触空气后能迅速与空气中的氧化合，并产生大量的热，达到其自燃点而着火，例如黄磷、硫化亚铁、烷基铝等。

这类物质多为含有较多不饱和双键的化合物，遇氧或氧化剂容易发生氧化反应，并放出热量。如果通风不良，热量聚集不散，致使温度升高，又会加快氧化反应速率，产生更多的热量，导致温度升高，最终会因积热达到自燃点而引起自燃。

有些物质受热易分解并放出热量，由于热量不能及时扩散而导致物质温度升高，最后发生剧烈分解，有的物质会由于分解放热，温度到达自燃点而着火，例如赛璐珞、硝化棉及其制品等物质。

(6) 遇水放出易燃气体物质的特性　这类化学品遇水后发生剧烈反应，产生大量易燃气体并放出大量热量。当易燃气体遇明火或由于反应放出的热量达到自燃温度时，就会发生着火爆炸，例如金属钠、金属钾等。有些物质不仅遇水易燃，而且在潮湿空气中能自燃，在高温下反应会更加强烈，放出易燃气体和热量而导致火灾。放出易燃气体的物质大都有很强的还原性，当遇到氧化剂或酸时反应会更加剧烈。

有些遇水放出易燃气体的物质如钠汞齐、钾汞齐等本身具有毒性，有些遇湿后还可放出有毒气体。

(7) 氧化性物质的特性　由于其强氧化性而具有助燃作用，这类物质在火场中能增大火势而使燃烧加剧，导致事态扩大。

这类物质与易燃、可燃物混合，极易形成危险的产物，有的立即着火甚至爆炸，有的对撞击、摩擦敏感，遇火源、受撞击、摩擦时极易引起燃烧或爆炸，如黑火药、氯酸钾与硫黄的混合物等。

有些氧化剂，如硝酸盐、氯酸盐等，受热或受摩擦、撞击等作用时，极易分解并放出大量热量，此时如遇易燃、可燃物特别是粉末状物质，则会发生剧烈的化学反应而引起燃烧，甚至爆炸。有些氧化剂具有一定的毒性和腐蚀性，能毒害人体，腐蚀烧伤皮肤。

(8) 有机过氧化物的特性　这类物质具有分解爆炸性。由于含有极不稳定的过氧基，对热、震动、撞击和摩擦都极为敏感，极易发生分解、爆炸。许多有机过氧化物易燃，且燃烧迅速而猛烈。

过氧化环己酮、叔丁基过氧化氢、过氧化二乙酰等有机过氧化物，对眼睛有伤害作用。

(9) 金属腐蚀物的特性　金属腐蚀物具有强烈的腐蚀性、氧化性和毒害性。人体直接接触这些物品后，会引起表面灼伤或发生破坏性创伤，特别是接触氢氟酸时，能发生剧痛，使组织坏死，若不及时治疗，会导致严重的后果。当人们吸入腐蚀物挥发出的蒸气或飞扬到空气中的粉尘时，会造成呼吸道黏膜损伤，引起咳嗽、呕吐、头痛等。

腐蚀物能夺取有机物中的水分，破坏其组织成分并使之炭化。在腐蚀性物品中，无论是酸还是碱，对金属均能产生不同程度的腐蚀作用而导致设备失效。浓硫酸、硝酸、氯磺酸等都是氧化性很强的物质，与还原剂接触易发生强烈的氧化还原反应，放出大量热量。多数腐蚀物具有不同程度的毒性，如发烟氢氟酸、发烟硫酸等，吸入其烟雾，对人体毒害性极大。

二、安全技术说明书

化学品安全技术说明书（safety data sheet for chemical products，SDS）是化学品供应商向下游用户传递化学品基本危害信息（包括运输、操作处置、储存和应急行动信息）的一种载体，提供了化学品在安全、健康和环境保护等方面的信息，推荐了防护措施和紧急情况下的应对措施。

《化学品安全技术说明书　内容和项目顺序》（GB/T 16483—2008）规定了SDS的结构、内容和通用形式，《化学品安全技术说明书编写指南》（GB/T 17519—2013）对 GB/T 16483—2008 规定的 16 个部分的内容提出了编写细则并给出示例，规定了 SDS 的格式、书写要求，提供了完整的 SDS 参考样例。

一种化学品应编制一份 SDS，SDS 中包含的信息是与组成有关的非机密信息。下游用户在使用 SDS 时，应充分考虑化学品在具体使用条件下的风险评估结果，采取必要的预防措施。并通过合适的途径将危险信息传递给不同作业场所的使用者，当为工作场所提出具体要求时，下游用户应考虑有关的 SDS 的综合性建议。

当化学品是混合物时，没有必要编制每个相关组分的单独的 SDS，编制和提供混合物的 SDS 即可。当某种成分的信息不可缺少时，应提供该成分的 SDS。

危险化学品安全技术说明书包括以下 16 个部分的内容：

第一部分：概述。主要标明化学品的名称，该名称应与安全标签上的名称一致。说明化学品的推荐用途和限制用途。应标明供应商的名称、地址、电话号码、应急电话、传真和电子邮件地址。

第二部分：危险性概述。标明化学品主要的物理、化学危险性信息以及对人体健康和环境影响的信息。如果该化学品存在某些特殊的危险性质，也应在此说明。

如果已经根据 GHS 对化学品进行了危险品分类，应标明 GHS 危险性类别。同时应注明 GHS 的标签要素，如象形图或符号、防范说明、危险信息和警示词等，象形图或符号如火焰、骷髅和交叉骨可以用白颜色表示。还应注明人员接触后的主要症状及应急综述。

第三部分：成分/组分信息。注明化学品是纯物质还是混合物。纯物质应提供化学品名或通用名、美国化学文摘登记号（CAS 号）及其他标识符。如果是按 GHS 分类标准分类的危险化学品，则应列明包括对该物质的危险性分类产生影响的物质和稳定剂在内的所有危险组分的化学品名或通用名以及浓度或浓度范围。

混合物不必列明所有组分。如果按 GHS 标准被分类为危险的组分，并且其含量超过了浓度限制，应列明该组分的名称信息、浓度或浓度范围。对已经识别出的危险组分也应提供被识别为危险组分的化学品名或通用名、浓度或浓度范围。

第四部分：急救措施。应以易于被受害人和（或）施救者理解的语言文字说明必要时应采取的急救措施及应避免的行动。根据不同的接触方式将信息细化为：吸入、皮肤接触、眼睛接触和食入。简要描述接触化学品后的急性和迟发效应、主要症状和对健康的主要影响。

第五部分：消防措施。应标明化学品的特别危险性（如产品是危险的易燃品）。说明合适的灭火方法和灭火剂以及不合适的灭火剂，标明特殊灭火方法及消防人员的防护装备。

第六部分：泄漏应急处理。这部分应说明作业人员防护措施、防护装备、应急处置程序及环境保护措施。提供泄漏化学品的收容、清除方法及所使用的处置材料，并提供防止发生次生危害的预防措施。

第七部分：操作处置与储存。描述安全处理注意事项，包括防止化学品人员接触、防止发生火灾和爆炸的技术措施，提供局部或全面通风、防止形成易燃气溶胶和粉尘的技术措施等，还应包括防止直接接触不相容物质或混合物的特殊处置注意事项。描述安全储存的条件、安全技术措施、同禁配物隔离储存的措施、包装材料信息。

第八部分：接触控制和个体防护。列明容许浓度，如职业接触限值或生物限值；列明减少接触的工程控制方法，该信息是对第七部分内容的进一步补充。如果可能，列明容许浓度的发布日期、数据出处、试验方法及方法来源。

列明推荐使用的个体防护设备及其类型和材料。若只在某些特殊条件下化学品才具有危险性，如量大、高浓度、高温、高压等，应标明这些情况下的特殊防护措施。

第九部分：理化特性。提供化学品的外观与性状、pH 值，并指明浓度。写明介质物质熔点/凝固点、闪点。写明燃烧上下极限或爆炸极限、蒸气压、蒸气密度、密度/相对密度，并注明溶解性和自燃温度、分解温度。

如果有必要，应提供气味阈值、蒸发速率、易燃性（固体、气体）及放射性或体积密度等信息。

第十部分：稳定性和反应性。描述化学品的稳定性和在特定条件下可能的危险反应。应包括应避免的条件（例如静电、撞击或振动）、不相容的物质和危险分解产物等。

第十一部分：毒理学信息。全面、简洁地描述使用者接触化学品后产生的各种毒性作用（健康影响）。如果可能，分别描述一次接触、反复接触与连续接触所产生的毒性作用；迟发效应和即时效应都应分别说明。

潜在的有害效应，应包括与毒性值（例如急性毒性估计值）测试观测到的有关症状、理化和毒理学特性。应按照不同的接触途径（如吸入、皮肤接触、眼睛接触、食入）提供信息。

如果混合物没有作为整体进行毒性试验，应提供每个组分的相关信息。

第十二部分：生态学信息。提供化学品的环境影响、环境行为和归宿方面的信息，如化学品在环境中的预期行为、可能对环境造成的影响/生态毒性、持久性和降解性、潜在的生物累积性、土壤中的迁移性等。

如果可能，提供更多的科学实验产生的数据或结果，并标明引用文献资料来源；提供生态系统限值。

第十三部分：废物处置。提供为安全和有利于环境保护而推荐的废物处置方法信息。包括化学品（残余废物）、受污染的容器和包装的处置方法。提醒下游用户注意当地废物处置法规。

第十四部分：运输信息。描述国际运输法规规定的编号与分类信息，这些信息应根据不同的运输方式进行区分，如陆运、海运和空运等。

应包括联合国危险货物编号（UN 号）、联合国运输名称、危险性分类、包装组、是否为海洋污染物等信息。并提供使用者需要了解或遵守的其他与运输工具有关的特殊防范措施。

第十五部分：法规信息。标明适用该化学品的法规名称。提供与法规相关的法规信息和化学品标签信息。提醒下游用户注意当地的废物处置法规。

第十六部分：其他信息。提供上述各项未包括的其他重要信息。

三、危险化学品安全标签

根据《化学品安全标签编写规定》（GB 15258—2009）的规定，危险化学品安全标签是用文字、象形图和编码的组合形式表示危险化学品所具有的危险性和安全注意事项。

危险化学品安全标签内容有标识、象形图、信号词、危险性说明、防范说明、供应商标识及应急咨询电话等。安全标签上方用中文和英文分别表明化学品的化学名称或通用名称，名称应与化学品安全技术说明书中的名称一致。对混合物应标出对其危险性分类有贡献的主要成分的化学名称或通用名、浓度或浓度范围。当需要标出的组分较多时，组分个数以不超过 5 个为宜。对于属于商业机密的组分可以不标明，但应列出其危险性。

采用 28 个分类中规定的象形图。根据化学品的危险程度和类别，用"危险""警告"两个词分别进行危害程度的警示，如果在安全标签上选用了信号词"危险"，则不应出现信号词"警告"。

信号词位于化学品名称的下方，信号词下方简要概述化学品的危险特性。防范说明应表述化学品在处置、搬运、储存和使用作业中所必须注意的事项和发生意外时简单有效的救护措施等，要求内容简明扼要、重点突出。该部分包括安全预防措施、意外情况（如泄漏、人员接触或火灾等）的处理、安全储存及废弃处置等内容。

安全标签上要标明供应商名称、地址、邮编和电话等，并提供化学品生产商或生产商委托的 24h 化学事故咨询电话。国外进口化学品安全标签上应至少有一家中国境内的 24h 化学事故应急咨询电话。提示化学品用户应参阅化学品安全技术说明书。

当某种化学品具有两种及两种以上的危险性时，安全标签的象形图、信号词、危险性说明按规定的先后顺序描述。理化危险象形图根据《危险货物品名表》（GB 12268—2012）中的主次危险性确定。未列入 GB 12268—2012 的化学品以及爆炸物、易燃气体、易燃气溶胶、氧化性气体、高压气体、自反应物质和混合物、发火物质、有机过氧化物属于主危险；其他主危险性的确定按照联合国《关于危险货物运输的建议书 规章范本》的危险先后顺序确定方法确定。对于健康危险，如果使用了骷髅和交叉骨图形符号、腐蚀图形符号或使用了呼吸致敏物的健康危险图形符号，则不应出现感叹号来表示健康危险。

所有危险性说明都应当出现在安全标签上，按理化危险、健康危险、环境危险顺序排列。对于小于或等于 100mL 的化学品小包装，为方便标签使用，安全标签要素可以简化，包括化学品标识、象形图、信号词、危险性说明、应急咨询电话、供应商名称及联系电话、资料参阅提示语即可。

标签的边缘要加一个黑色边框，印刷应清晰，保证在烟雾条件或容器部分模糊不清的条件下也能从较远的距离看到象形图。标签所使用的印刷材料和胶黏的材料应具有耐用性和防水性。

安全标签应粘贴、挂拴或喷印在化学品包装或容器的明显位置。桶、瓶形包装：位于桶、瓶侧身；箱状包装：位于包装断面或侧面明显处；袋、捆包装：位于包装明显处。

当与运输标志组合使用时，运输标志可以放在安全标签的另一面，将之与其他信息分开，也可放在包装上靠近安全标签的位置。后一种情况，若安全标签中的象形图与运输标志重复，安全标签中的象形图应删掉。对于组合容器，

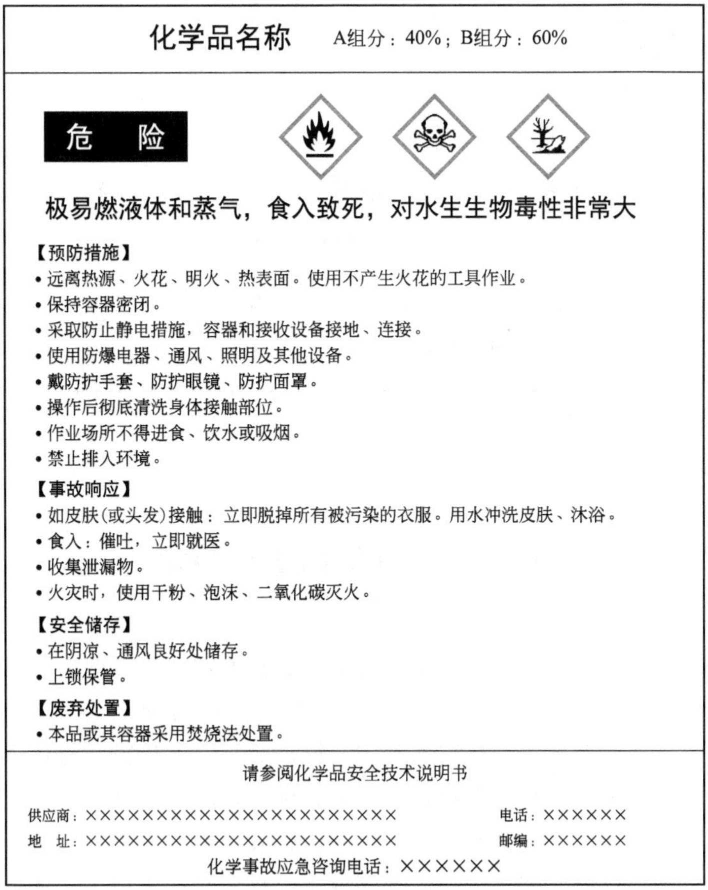

化学品名称 A组分：40%；B组分：60%

危　险　　　　

极易燃液体和蒸气，食入致死，对水生生物毒性非常大

【预防措施】
- 远离热源、火花、明火、热表面。使用不产生火花的工具作业。
- 保持容器密闭。
- 采取防止静电措施，容器和接收设备接地、连接。
- 使用防爆电器、通风、照明及其他设备。
- **戴防护手套、防护眼镜、防护面罩。**
- 操作后彻底清洗身体接触部位。
- 作业场所不得进食、饮水或吸烟。
- 禁止排入环境。

【事故响应】
- 如皮肤(或头发)接触：立即脱掉所有被污染的衣服。用水冲洗皮肤、沐浴。
- 食入：催吐，立即就医。
- 收集泄漏物。
- 火灾时，使用干粉、泡沫、二氧化碳灭火。

【安全储存】
- 在阴凉、通风良好处储存。
- 上锁保管。

【废弃处置】
- 本品或其容器采用焚烧法处置。

请参阅化学品安全技术说明书

供应商：×××××××××××××××××××××　　电话：××××××
地　址：×××××××××××××××××××××　　邮编：××××××

化学事故应急咨询电话：××××××

图 2-1　化学品安全标签样例

要求内包装加贴（挂）安全标签，外包装上加贴运输象形图，如果不需要运输标志可以加贴安全标签。

安全标签的粘贴、挂拴或喷印应牢固，保证在运输、储存期间不脱落、不损坏。安全标签应由生产企业在货物出厂前粘贴、挂拴或喷印。若要改换包装，则由改换单位重新粘贴、挂拴或喷印标签。盛装危险化学品的容器或包装，在经过处理并确认其危险性完全消除之后，方可撕下安全标签，否则不能撕下相应的标签。

化学品安全标签样例见图 2-1，化学品简化标签样例见图 2-2。

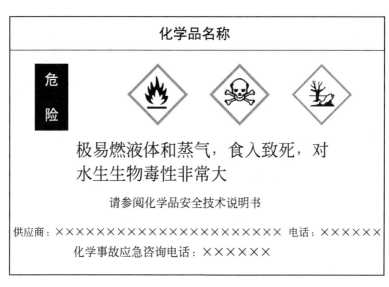

图 2-2　化学品简化标签样例

第二节　危险化学品鉴定

化学品理化危险性鉴定是指依据有关国家标准或者行业标准进行测试、判定，确定化学品的燃烧、爆炸、腐蚀、助燃、自反应和遇水反应等危险特性。化学品理化危险性分类是指依据有关国家标准或者行业标准，对化学品理化危险性鉴定结果或者相关数据资料进行评估，确定化学品的理化危险性类别。

需进行物理性鉴定和分类的化学品有：含有一种及以上列入《危险化学品目录》的组分，但整体理化危险性尚未确定的化学品；未列入《危险化学品目录》，且理化危险性尚未确定的化学品；以科学研究或者产品开发为目的，年产量或者使用量超过 1t，且理化危险性尚未确定的化学品。

化学品理化危险性鉴定应当包括与爆炸物、易燃气体、易燃气溶胶、氧化性气体、压力下气体、易燃液体、易燃固体、自反应物质、自燃液体、自燃固体、自热物质、遇水放出易燃气体的物质、氧化性液体、氧化性固体、有机过氧化物、金属腐蚀物等相关的理化危险性。还包括与化学品危险性分类相关的蒸气压、自燃温度等理化特性，以及化学稳定性和反应性等内容。

化学品理化危险性鉴定报告包括化学品名称、申请鉴定单位名称、鉴定项目以及所用标准和方法、仪器设备信息、鉴定结果及有关国家标准或者行业标准中规定的其他内容。

一、危险化学品的分类鉴定检测

危险化学品的分类鉴定检测项目及方法众多，针对每种鉴定检测项目都有标准和规定的方法。化学品鉴定方法的选择应遵循以下原则。

（1）试验项目的选择应当根据化学品的理化特性，特别是通过对其化学结构与活性关系进行初步分析，并尽量了解其使用范围、生产或使用过程、人体接触情况和现有文献资料，根据具体情况选择系统的或补充的毒性试验。在化学品毒性鉴定过程中，根据各阶段的试验结果，有针对性地取舍进一步试验的项目和观察指标，以完善对该化学品所做出的毒性鉴定资料的科学性和可靠性。

（2）受试样品的染毒途径应与人体可能接触的途径一致，对人体有可能通过呼吸道、皮肤和消化道三种途径接触的化学品，应进行吸入、经皮和经口三种染毒途径的各项试验；常温下呈气态的化学品一般不进行经口染毒途径的各项试验；20℃下蒸气压≤$1×10^{-2}$Pa 的非粉末状化学品一般不需进行吸入染毒途径的各项试验。

（3）对有可能与皮肤或眼睛接触的化学品，应进行皮肤或眼刺激性试验；如化学品的 pH≤2 或 pH≥11，则不必进行皮肤和黏膜的刺激试验，并认为其对皮肤和眼有腐蚀作用。

（4）对有可能与皮肤反复接触的化学品，应进行皮肤致敏试验；经皮毒性属高毒以及对皮肤有腐蚀作用的化学品则不进行皮肤致敏试验。

（5）我国首创的化学品或根据国内外文献报道首次生产的化学品，原则上需进行四个阶段的毒理学试验。首先必须做急性毒性试验、亚急性毒性试验、亚慢性毒性试验、三项致突变试验（包括基因水平和染色体水平的体外、体内试验）、致畸试验和繁殖试验。根据试验结果，判断是否需继续做其他试验项目。

（6）对于国外已登记生产和批准应用的化学品，国内的生产单位如能证明所生产化学品的理化性质、纯度、主要杂质成分及含量均与国外同类化学品一致时，可先进行第一阶段和两项致突变试验（包括基因水平和染色体水平两种类型的试验）。如试验结果与国外同类化学品一致，可不继续进行第三阶段和第四阶段试验。

（7）与国内已获批准生产的化学品属同类化学品的，国内的生产单位如能证明所生产化学品的理化性质、纯度、主要杂质成分及含量均与国内同类化学品一致时，可先进行急性毒性试验和一项致突变试验。如试验结果与国内同类化学品一致，可不继续进行试验。

（8）凡将两种以上的化学品混配成新的制剂时，除必须按相应要求对其成分分别进行试验外，还应进行急性联合毒性试验，如有明显的协同作用，则根据具体情况对该制剂进行必要的其他毒性试验。

（9）致突变试验的选择原则

① 进行三项致突变试验的化学品，如二项或三项试验结果为阳性，应进行致癌试验。如仅一项试验结果为阳性，应增做另一项同类型的致突变试验。如结果仍为阳性，应进行致癌试验。如结果为阴性，可不继续进行试验。如三项结果均为阴性，可不继续进行试验。

② 进行二项致突变试验的化学品，如二项试验结果为阳性，应进行第三阶段和第四阶段的相应试验。如仅一项试验结果为阳性，应增做另一项同类型的致突变试验。如结果仍为阳性，应进行第三阶段和第四阶段的相应试验。如结果为阴性，可不继续进行试验。如二项结果均为阴性，可不继续进行试验。

③ 进行一项致突变试验的化学品，如试验结果为阳性，应增做另一项同类型的致突变试验。如结果仍为阳性，应进行第三阶段和第四阶段的相应试验。如结果为阴性，可不继续进行试验。

二、危险性物质鉴定技术[3]

通过理论计算预测物质的危险性，可以弥补文献调查和实验评价方法的不足。例如，查不到相关文献或根本就无文献可查的新物质、不易进行或不能在大范围内进行试验的物质。对于理论计算预测为危险性大的物质，在进行试验评价时就应特别小心谨慎，做好必要的防范措施。因此，理论估算预测法具有不宜忽视、不可替代的作用。

能量转移论的事故致因理论告诉我们，物质的危险性，特别是其中的燃烧爆炸性，归根到底是能量的危险性。无论是在生产的工艺过程中，还是在储运与使用中，如果发生了伴随能量释放的意外事故或超过允许范围的化学反应，这些反应释放出的热就可能成为导致事故发生的能量。

热化学指出，化学反应的反应热为反应生成物生成热之和与反应物生成热之和的差，盖斯定律描述为：

$$\Delta H_r = \sum_{i=1}^{m} m_i \Delta H_{fi} \tag{2-1}$$

式中　ΔH_r——反应热；

m_i——第 i 种反应物或生成物的物质的量，但反应物的 m 取负，生成物的 m 取正；

ΔH_{fi}——第 i 种反应物或生成物的摩尔生成热，如果用热化学系统，放热为正、吸热为负，如果用热力学系统（习惯上常叫作生成焓），则是放热为负、吸热为正。

可见，此计算建立在反应方程式的基础上，所以首先要由反应物来推测生成物。

对一种反应性化学物质的危险性，尽管经过文献调查、记录估算后可以有一个初步的了解，但一般仍需要经过试验加以确认，即经过筛选、标准、规模三个层次的试验。

筛选试验也叫辨别试验或鉴别试验，通常多指物质对机械刺激（撞击、摩擦）、热及火焰的敏感性。其特点是用很少的试样、很简便的方法就能够很快获得有关该物质危险性的重要信息，既经济又安全，这一点对于尚无经验的新型危险性物质特别是怀疑有爆炸性的物质来说是非常重要的。再者，筛选试验具有探索、摸底性质和作用，可以为后面的试验准备积累经验，实现初步评价的目的。

按照筛选试验的特点和目的，信息多且质量好的方法有吉田流程图中的撞击感度试验、差示扫描量热（SC-DSC）试验和着火性试验。这是根据物质在生产、储运、使用过程中可能受到的意外外界作用（主要是机械、热和明火等实际情况）而设计的。常见的方法列于表 2-1。

表 2-1　用于凝聚相危险性物质的筛选试验种类

名称	所测定的数据
SC-DSC BAM Bickford 的着火性试验 US 可燃性固体着火试验 燃烧性试验 电火花着火性试验	分解开始温度，分解热，着火性和燃烧性

续表

名称	所测定的数据
克虏伯发火点试验 粉末堆的发火点试验 在开放容器中的放热分解试验及动态试验和静态试验 化学物质的恒温安定性试验	自燃发火温度,分解强度
落锤试验	由撞击产生的发火、爆炸
Hartmann 粉尘爆炸试验	空气中粉尘的发火、爆炸
闪点测定	化学药品的引火性闪点
液体化学物质的自燃发火温度	化学药品的发火温度

1. 差示扫描量热（SC-DSC）

作为筛选试验，DSC 能直接得出热效应（放热或吸热）量，使用方便。通过 DSC 测定可以得到如图 2-3 所示的曲线和数据。从图中可以看出放热开始温度 T_a 和 T_b、放热量（峰面积）、最大放热加速度（$\tan\theta$）、峰值温度及放热曲线形状等多种信息。

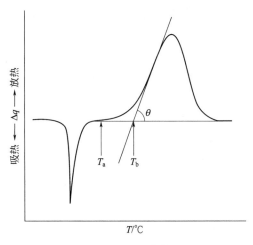

图 2-3 DSC 曲线

2. 着火性试验、燃烧性试验和粉末堆发火试验

（1）着火性试验的目的在于观察被试物质对外部点火源的反应。德国柏林材料试验所（BAM）的试验方法有：铈-铁火花点火试验、导火索试验、小燃气火焰试验和赤热铁棒试验等。通过着火性试验结果，将物质分为三类：

① 易着火物质，即在铈-铁火花点火试验和导火索试验中能立即点着或小

燃气火焰试验在 1s 内能点燃的物质。

② 着火性物质,即小燃气火焰试验中需 1s 以上才能点着,或赤热铁棒试验能点着的物质。

③ 难着火物质,即上面几种试验中不着火的物质。

(2) 燃烧性试验的目的在于判定固体物质的着火性和燃烧性。瑞士和德国一些大的化学公司通常使用的筛选试验方法是将堆放的粉状试样与加热到 1000℃ 的铂丝接触,观察是否着火以及着火后的燃烧情况。试样的燃烧性可分为 6 个危险等级,见表 2-2。

表 2-2 燃烧性试验的判断标准

反应类型		等级	标准物质
点火后不传播火焰	不着火	1	食盐
	着火后立即熄灭	2	硬脂酸锌
	几乎不发生局部或火焰传播,但有局部红热	3	氯化醋酸钠
	红热但没有火花,或缓慢分解而没有火焰	4	H 酸
传播火焰	伴有火花及可见火焰的缓慢和平静的燃烧	5	硫黄、重铬酸铵
	带火焰的快速燃烧或不带燃烧的快速分解	6	黑火药

(3) 粉末堆发火试验的目的是研究放在空气中的热表面上干燥制品的发火温度。

调整 5 个间隔放置的热板的温度,分别为 240℃、270℃、300℃、330℃ 以及 360℃。在 5 个热板上分别放 100mg 左右的铝块试样,观察 5min。观察在何温度范围内可使试样发火。

(4) 微加热试验 压力容器试验(PVT)已广泛用于反应性化学物质的危险性评价,但如果受试物质与用量不合适(如分解即爆炸或药量太多),就有可能在试验中造成仪器的损坏,甚至伤及人身。微加热试验就是为解决这一问题而由日本东京大学吉田研究室开发的一种筛选试验。其中,试样容器、加热板由不锈钢制成,用加热器加热,加热板上有温度计测温,要保持温度不变。用声音记录仪记录样品快速分解时的噪声。

3. 机械撞击感度试验

机械撞击是生产、储运等处理中最常遇到的外界作用之一,因此,在对反应性化学物质进行危险性评价时,无论是作为筛选试验还是标准试验,撞击感度测试都是必不可少的。

　　常用的试验装置有落锤式和落球式两种。在日本消防法中，为了对氧化剂进行评价（分类）而常用小型落球撞击感度试验仪，其结构见图 2-4。

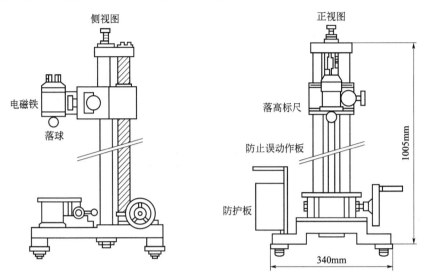

图 2-4　小型落球撞击感度试验仪结构

　　在电磁铁的下端中央有直径 5mm、深 25mm 的螺孔，以便能把不同直径的落球吸固在电磁铁的中心部位，同时还装有如图 2-5 所示的适配器。为能通过切断电磁铁电源使落球自由落下，还配有电开关整流器。小型落球有时会被电磁铁磁化，这时可用滑线变压器退磁。落球为 1～5g 的钢球，击柱为直径 12mm、高 12mm 的钢柱（轴承用滚柱），可起定向作用。直接撞击法将试样置于其上，间接撞击法则把试样夹于两击柱之间。用直接撞击法数据分散时，应用间接撞击法。

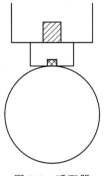

图 2-5　适配器

　　落球撞击试样后，观察是爆（产生爆音、火花或烟）还是不爆。反复试验，以找出从爆变为不爆或从不爆变为爆的落高。

4. 水中爆炸试验

炸药在水中爆炸所释放的能量，一部分作为水中冲击波而快速传播出去，剩余部分则残存于高温高压的气体产物即气泡中。高温高压气泡借助于自身的能量克服静水压而膨胀，对外做功。气泡过度膨胀以至压力低于静水压，然后在静压的作用下气泡被压缩，直至出现过度压缩，而后再膨胀，同时给出一个压力脉冲。如此反复多次，直至气泡浮出水面或能量耗尽。此气泡脉动过程见图 2-6。水中爆炸冲击波的变形曲线如图 2-7 所示。

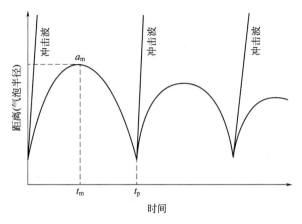

图 2-6 水中爆炸的气泡脉动

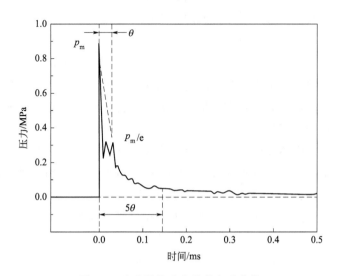

图 2-7 水中爆炸冲击波的变形曲线

冲击波压力作为时间 t 的函数而按指数规律降低，其规律如下式：

$$p(t) = p_m e^{t/\theta} \tag{2-2}$$

式中　p_m——冲击波的初始峰值压力；

　　　θ——衰减时间常数，即压力从 p_m 衰减至 p_m/e 所需时间；

　　　e——自然常数。

5. 忌水性物质试验

有的物质或物系遇水或受潮时可发生剧烈化学反应，并放出大量的易燃气体和热量，当热量达到可燃气体的自燃点或接触外来火源时，会立即着火爆炸。

忌水性物质试验是在大气温度下与水进行反应试验，在试验程序的任何一个步骤发生自燃或释放易燃气体的速度大于 1L/(kg·h)，即归为忌水性物质。根据其与水反应的剧烈程度和易燃气体的释放速度，将遇湿易燃物品划分为 3 个危险级别。

6. 易燃物质试验

易燃固体是指燃点低，对热、撞击、摩擦敏感，易被外部火源点燃，燃烧速度快并可散发出有毒烟雾或有毒气体的固体。易燃固体包括退敏固体爆炸物、自反应物质、极易燃烧的固体和通过摩擦可能起火或促成起火的固体及丙类易燃固体等。

退敏固体爆炸物指用充分的水或乙醇浸湿或被其他物质稀释后，形成均一的固体混合物而被抑制了爆炸性能的固体爆炸物。

自反应物质指在常温或高温下由于储存或运输温度太高，或混合杂质能剧烈热分解，一旦着火无须掺入空气便可发生极其危险的反应，特别是在无火焰分解情况下，即可散发毒性蒸气或其他气体的固体。这些物质主要包括脂肪族偶氮化合物、有机叠氮化合物、重氮盐类化合物、亚硝基类化合物、芳香族硫化酰肼化合物等固体物质。

极易燃烧的固体和通过摩擦可能起火或促进起火的固体指在标准试验中，燃烧时间少于 45s 或燃烧速度大于 22mm/s 的粉状、颗粒或糊状的固体物质；或能被点燃，并在 10min 以内可使燃烧蔓延到试样的全部的金属粉末或金属合金；以及经摩擦可能起火的物质和被水充分浸湿抑制了自燃性的易自燃的金属粉末等。

根据试验结果，将易燃固体分为 3 个危险级别：

一级易燃固体指用充分的水、乙醇或其他物质抑制了爆炸性能的爆炸物

（硝化纤维除外），不属于爆炸品的既不是自反应物质又不是氧化剂和有机过氧化物的物质。

二级易燃固体指自反应物质和标准试验时燃烧时间少于 45s，并且火焰通过潮湿区段的固体物质，以及燃烧反应在 5min 内传播到整个试样的金属粉末或合金粉末。

三级易燃固体指在标准试验时燃烧时间少于 45s，且湿润区阻止火焰蔓延至少 4min 的固体物质，和燃烧反应传播到整个试样的时间大于 5min，但不大于 10min 的金属粉末或合金粉末。

7. 自燃物质试验

自燃物质指在空气中易于发生氧化反应，放出热量而自行燃烧的物质，其中有一些在缺氧的条件下也能够自燃起火。自燃物质包括发火物质和自热物质两类。

发火物质是指与空气接触 5min 之内即可自行燃烧的液体、固体或固体和液体的混合物，如黄磷、三氯化钛、钙粉、烷基铝、烷基铝氰化物等。自热物质是指与空气接触不需要外部热源的作用即可自行发热而燃烧的物质。由于需要一定的质量和时间才可发生自燃，这类物质也称积热自燃物质。

与空气接触不到 5min 便可自行燃烧的物质是一级自燃物质。在 5min 内不能燃烧，但能使滤纸起火或变成炭黑的物质，也是一级自燃物质。采用边长 100mm 的立方体试样试验，在 24h 内试样出现自燃或温度超过 200℃的物质属于二级自燃物质。

即使无法得到上述两个实验的结果，但如果自热物质的包件大于 3m^3，属于三级自燃物质；在 120℃情况下采用边长 100mm 的立方体试样试验时出现自燃或温度超过 200℃的结果，也属于三级自燃物质。

8. 氧化性混合物质危险性试验

氧化性物质具有较强的氧化性能，分解温度较低，遇酸碱、潮湿、强热、摩擦、冲击或与易燃物、还原剂能发生剧烈的氧化反应或分解反应，并引起着火或爆炸。氧化性物质的危险性是由于其他物质作用或自身发生化学变化而表现出来的，其中有机过氧化物较其他氧化性物质具有更大的危险性。所以，这类物质按其典型的分子结构分为氧化剂和有机过氧化物两项。

氧化剂是指处于高氧化态，具有强氧化性，易于分解并放出氧和热量的物质，包括含有过氧基的无机物。其特点是本身不一定可燃，但能导致可燃物的燃烧，与松软的粉末状可燃物能形成爆炸性混合物，对热、震动或摩擦较为敏感。

分析固体氧化剂氧化能力的大小，国际上是将待评估的试验物质和干纤维素的混合物与溴酸钾和干纤维素的混合物作为参考物质进行比较而得出的。液体氧化剂主要是测试试验物质与纤维素的混合物能自燃或试验压力从 690kPa 提高到 2070kPa 所用的平均时间与参考物质的平均时间比较，如进行试验的液体物质与纤维素的质量比为 1∶1，它所显示的压力平均时间不大于 65％的硝酸水溶液与纤维素的质量比为 1∶1 的平均时间，则该物质可划为液体氧化剂。

按其事故危险性的大小，氧化剂可分为 3 个级别：

① 一级氧化剂指用标准试验方法试验的物质与纤维素的质量比为 4∶1，其显示的燃烧时间少于溴酸钾与纤维素的质量比为 3∶2 的混合物的平均燃烧时间的固体物质；进行试验的液体与纤维素的质量比为 1∶1 能够自燃，或该物质与纤维素的质量比为 1∶1 的混合物的平均压力提高时间，少于 50％高氯酸与纤维素的质量比为 1∶1 的混合物的平均时间的液体物质。

② 二级氧化剂指用标准试验方法试验的物质与纤维素的质量比为 4∶1 或 1∶1，其显示的燃烧时间少于或等于溴酸钾与纤维素的质量比为 2∶3 的混合物的平均燃烧时间，但不符合一级固体氧化剂标准的固体物质；或进行试验的液体与纤维素的质量比为 1∶1 的物质，显示的平均压力提高时间少于或等于 40％氯酸钠水溶液与纤维素的质量比为 1∶1 的混合物的平均时间，且不属于一级液体氧化剂的液体物质。

③ 三级氧化剂指用标准试验方法试验的物质与纤维素的质量比为 4∶1 或 1∶1，其显示的燃烧时间少于或等于溴酸钾与纤维素的质量比为 3∶7 的混合物的平均燃烧时间，但不符合一级和二级固体氧化剂标准的固体物质；或进行试验的液体与纤维素的质量比为 1∶1 的物质显示的平均压力提高时间少于 65％的硝酸水溶液与纤维素的质量比为 1∶1 的混合物的平均提高时间，且不属于一级和二级液体氧化剂的液体物质。

有机过氧化物是指分子组成中含有过氧基的有机物，也可能是过氧化物的衍生物。有机过氧化物危险性实验是在封闭状态下加热，根据其在实验过程中呈现的爆炸剧烈程度由高到低，将有机过氧化物分为 7 种类型。

有不少危险化学品不仅本身具有易燃烧、易爆炸的危险，往往由于两种或两种以上的危险化学品混合或互相接触而产生高热、着火、爆炸。很多化学品事故就是由此而发生的。

参考文献

［1］孙万付，郭秀云，李运才．化学品分类与鉴定［M］．北京：化学工业出版社，2020．

［2］曲福年，崔政斌．化工（危险化学品）企业主要负责人和安全生产管理人员培训教程［M］．北京：化学工业出版社，2017．

［3］崔克清．危险化学品安全总论［M］．北京：化学工业出版社，2005．

第三章

危险化学品项目安全设计

随着国民经济的不断发展和安全环保要求日趋严格，我国的石化企业在发展壮大的同时也面临着巨大的安全环保压力。石化企业属高温高压、易燃易爆、过程控制要求精准的复杂流程制造业，一旦发生事故不仅可能造成重大经济损失，也可能造成重大人身伤亡。工程建设是石化企业全生命周期的源头，本质安全环保设计是构建安全环保型现代化企业的关键，是降低事故风险获取企业全生命周期效益最大化的基础，是推动石化行业可持续健康发展的重要保障。

第一节　本质安全设计理念及发展

从 20 世纪 80 年代开始，安全设计理念走过了 40 余年的发展历程，经历了从单纯的机械安全到工艺系统安全的提升、从全方位的过程安全向深层次的本质安全的飞跃、从基于标准的合规性设计向基于风险的性能化设计的跨越等不同发展阶段。基于风险的本质安全设计是近 10 年来国内外工程设计的发展趋势，是高质量工程设计的重要特征，也是践行"安全源于设计"的石化安全理念的体现。简言之，先进的安全设计理念应涵盖三个方面：全过程全方位的过程安全设计、从根本上减少或消除危险源的本质安全设计以及基于风险的性能化设计。

一、本质安全理念

1974 年 6 月英国 Flixborough 的环己烷氧化装置发生泄漏，泄漏物料形成的蒸气云发生爆炸，导致工厂 28 人死亡、36 人受伤，周围社区数百人受伤。

事故的发生引起了社会的广泛关注，也间接推动了欧洲的工艺安全法规即塞维索（Seveso）指令的出台。当时吸取事故教训更多的关注是集中在控制与化工过程和装置相关联的危险上，包括改进操作程序、增加安全联锁系统、改进应急响应等。

英国帝国化学工业公司（ICI）专家 Trevor Kletz 对事故教训进行了较全面的总结，率先提出了本质安全理念和与众不同的建议方案，倡导通过改变工艺过程来彻底消除危险，或借助精心设计的安全系统和程序来彻底消除危险。更进一步来说，这种消除或降低危险是通过改变工艺过程的本质安全性来实现的，因此是永久的和不可分离的。从 1978 年以来，人们对化工过程本质安全的关注不断增长，特别是 20 世纪 90 年代以来增长更加迅猛。1995 年和 1996 年在美国化学工程师协会和化学品过程安全中心赞助的 6 个不同级别的会议、学术会和代表大会上，发表了与化工过程本质安全相关的论文和介绍达 30 篇以上。同时，本质安全设计也受到了美国和欧洲国家政府和法规组织以及环境和公众利益组织的积极关注[1]。

（1）本质安全定义 本质安全来自英文 inherently safer，更准确的翻译应当是"本质更安全"。1996 年美国出版的《全生命周期的本质安全化学过程》（*Inherently Safer Chemical Process a Life Cycle Approach*）对"本质更安全"的定义是"减少或消除用于过程中的物质和操作的危险性，这种减少或消除是永久性的和不可分离的，是通过控制危险物质的数量或能量来降低危险，或是完全消除危险物质"。正如 CCPS 出版的《过程安全工程设计指南》（*Guidelines for engineering design for process safety*）中指出的，本质安全工厂（inherently safer plant）取决于化学性和物理性，即通过控制采用的工艺物料数量、性质和使用条件来防止对人员的伤害、环境破坏和财产损失，而不是依靠控制系统、联锁、报警和工作程序来终止初始事件[2]。因为本质是作为永久的和不可分离的元素、品质或属性存在的某种特性。inherently safer 术语表明，安全是个相对的概念，只有更安全，没有绝对安全。任何化工工艺过程不可能完全没有风险，但是所有的化工工艺都可应用"本质更安全"的理念来加强工艺过程的安全性，促进项目本质安全水平的提升。

《全生命周期的本质安全化学过程》特别指出，当采用"本质安全"这个概念时，并不意味着是绝对的安全。本质安全应当是一种思维方式，应将新设计装置或现有装置理解为一个系统工程，从一体化系统来考虑工艺过程相关的方方面面，比如毒性、易燃性、反应性、稳定性、质量、投资、操作费用、运输风险和现场因素等。对这些问题需要权衡各方面的因素和确定可接受风险，包括安全、环境或经济等诸多方面。为了加强本质安全，能量、压力、温度或化学性都是重要的考虑因素。同时，本质安全也可能受到经济条件或相关新技术风险的限制。强调工艺系统一体化的优势将影响化学工艺的研发趋势，建立化工项目全生命周期内的安全、环境、投资等各方面的平衡[1]。

我国"全国注册安全工程师执业资格考试辅导教材"指出，本质安全是指通过设计等手段使生产设备或生产系统本身具有安全性，即使在误操作或发生故障的情况下也不会造成事故。具体包括两方面的功能：一个是失误—安全功能。指即使操作失误，也不会发生事故或伤害，或者说设备、设施和技术工艺本身具有自动防止人的不安全行为的功能。另一个是故障—安全功能。指当设备、设施或生产工艺发生故障或损坏时，还能暂时维持正常工作或自动转变为安全状态。上述两种安全功能应该是设备、设施或工艺技术本身固有的，即在其设计阶段就被纳入其中，而不是事后补偿的。本质安全是生产中"预防为主"的根本体现，也是安全生产的最高境界。实际上，由于技术、资金和人们对事故的认识等原因，目前还很难做到本质安全，只能作为追求的目标[3]。

（2）如何理解本质安全　不同人员考虑实现本质安全解决方案的角度不同，既可以从整个工艺过程的宏观视角来考虑，也可以从具体的工艺技术细节来考虑。所以，对化工过程哪些属于"本质性"的安全问题存在不同的看法和争论。例如，控制工程师张工把某个化工装置采用的联锁系统描述为"本质更安全"。因为他采用了多样化的不同类型传感元件，与采用多重但仅用一种类型的传感元件方案相比，在工艺过程设计中确实考虑到了保护层的独立特性。该联锁系统的固有理化危险性在于同一传感元件的共同失效模式。因此，相对于这种特定的危险性，采用多样化的传感元件确实具有本质更安全特性。作为工艺开发工程师的李工并不认为张工的联锁系统更具有本质安全性。李工认为真正的本质安全系统完全不需要联锁。对于采用易燃物料并需要在高压下进行操作的工艺过程，李工寻求的是在整个工艺过程中如何消除易燃物料，或是尽量在常压的条件下进行操作。李工考虑的是整个工艺过程的本质安全性，而不仅仅是一个联锁系统。

张工和李工的观点都是正确的。张工采用的多样化配置联锁系统作为保护层与单一形式的传感元件系统相比，确实是本质更安全的，但联锁作为工艺系统的一部分，其本质安全性可能低于其他的技术方案。张工的多样化元件配置可以作为需要联锁系统的本质安全设计方案。李工研究的是本质更安全的工艺过程，可能完全不需要张工的联锁系统。然而，李工必须找到可实施方案，并且证明是可行的和可用的。

张工和李工在工艺过程设计中都应用到了本质更安全的理念，但他们是在不同层面上应用这个理念。张工的联锁系统并不代表真正工艺过程的本质更安全性，但作为本书的目的，任何改进保护层的永久性和不可分离性，且不易于弱化或不易于从系统中去除的措施，都可认为是在向本质更安全方向上的改进[1]。

我们推崇更宽泛的本质安全定义，包括从工艺的基本化学性质到仪表硬件设计和控制程序。重要的是在工艺过程和项目设计的所有层面上都倡导"本质更安全"的思维，并贯穿到项目的整个生命周期中。人的因素对本质安全具有极其重要的影响。应努力推广应用本质安全理念，避免在工艺过程设计中留下隐患。工艺过程安全是最基本的化学工程实践，希望本书能够影响新一代的工程师和化学家，以及当前化学工程领域的技术人员和管理者。因此，应当尽早给化学工程的学生们灌输工艺过程的本质安全理念，同时鼓励化工行业的工程师们理解和接受这个理念。

（3）本质安全与全生命周期 每个化学流程工厂的发展都需要经历不同的发展阶段，这些阶段构成了项目的全生命周期。比如，任何工艺过程都始于研究阶段，随后是工艺开发、设计施工、试车投产等不同工程建设阶段，然后是生产操作、检维修和变更改造，最后终止于退役报废。在初期研发阶段就应建立本质安全思维，并贯穿于工艺过程的整个生命周期。与其他阶段相比，研发阶段需要更多的资源来探索本质安全的优化方案。本质安全设计的最终目的是要消除危险，而不仅仅是靠设计安全手段来控制。从影响项目安全性的机会曲线可以看到，在工艺研究阶段，设计方案对项目本质安全性的影响机会最大，机会曲线最高。随着工程设计的深入细化，对改变项目本质安全性的机会越来越小，机会曲线逐步下降。在施工与生产运行阶段，对项目本质安全性的影响机会基本接近零。另外，对项目外在安全性的影响机会则相反。在工艺研究阶段，设计方案对项目外在安全性的影响机会最小，机会曲线基本接近零。到施工和生产操作阶段，对项目外在安全性的影响机会逐步上升，直到机会曲线最高值。因此可以看到，在化工项目的全生命周期内，设计阶段对项目的本质安全性影响最大，而在设计阶段过程中又是工艺研究和开发阶段影响最大。影响项目安全性的机会曲线见图 3-1。

全面考虑化工项目的全生命周期费用是非常重要的。理解和应用本质安全理念，不仅降低了事故发生的可能性，也减少了增加安全措施及维护这些措施的费用，从而降低了工艺过程全生命周期的费用。毫无疑问，工艺研发的初期阶段采用本质安全理念会带来一定的经济效益，但是对于现有的工艺装置和设施来说，任何阶段开始采用本质安全理念也为时不晚。

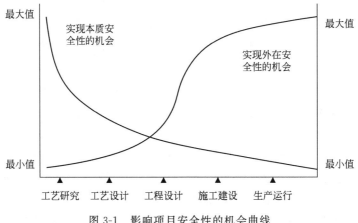

图 3-1　影响项目安全性的机会曲线

二、本质安全设计

在本质安全理念上发展的本质安全设计（inherently safer design）是指通过设计方案的开发和优化，使工程设计产品具有本质更安全的内在特性，从根本上减少事故发生的概率和/或降低事故后果的影响。

绝大多数危险化学品事故发展可分为以下三个步骤：

① 初始：引发事故的初始事件；

② 蔓延：保持或扩大事故的事件；

③ 终止：停止事故或缩小其范围的事件。

本质安全设计应当能够在这三个阶段中影响事件的发生和发展过程。最有效的策略是防止引发事故的初始事件发生。同时，也应能够控制事故的潜在蔓延，或在事故对人员、财产和环境造成重大影响之前尽早终止事故。

（1）建立"本质更安全"设计新思维方式　"本质更安全"（inherently safer）术语清楚地表明了本质安全是相比较而言的概念。因为没有绝对的安全，试图消除所有的危险是不可能和不现实的。"本质更安全"设计是指通过多个设计方案的比选和优化，尽可能减少或消除危险物质的使用和产生，只要能够有效降低物料和过程的危险性，就是做到了本质更安全。这是不同于传统工艺设计的思维方式。"本质更安全"关注的是消除或减少危险，而不是管理或控制风险。在化工装置全生命周期内的任何阶段都可进行增加装置安全性的改造，但最主要的改进机会是在工艺技术研发的初期阶段。因为工艺工程师具有最大的自由度来进行本质安全的选择和考虑，如物料的筛选、工艺操作条件的安全优化等。优秀的工艺设计工程师可依靠创造性思维，积极发现更安全可靠的工艺方案，力求从优化工艺系统设计中消除潜在的事故隐患，这正是追求"本质更安全"理念的体现[2]。

化工过程的危险主要源于两个方面：一个是物料的化学与物理特性；另一个是工艺过程的变量特性，即在工艺过程中起作用的化学方式。危险是具有对人员、环境或财产造成潜在伤害的一种物理或化学特性。理解这个定义的关键是这种危险对物料或对其状态或应用条件是内在和固有的。比如典型的危险包括：吸入的毒性氯气、极其腐蚀皮肤的硫酸、易燃的乙烯、容器内含有大量潜在能量的蒸汽、丙烯酸聚合能够释放大量热等。这些危险是不可能被改变的，因为这是物料的基本性质和使用条件所决定的。本质安全方案是降低危险物料量或能量，或者完全消除危险。当在工艺过程中降低或消除了物料和操作的相关危险时，并且这种消除或降低是永久的和不可分离的，就是一个本质更安全的化学制造过程。当与其他方案相比较时，最好称这个工艺过程是"本质更安全"，而不是"本质安全"的。因为所有的物料和工艺过程都是有危险的，试图消除所有的危险是不可能的。在很多情况下，识别和选择明显降低危险的物料和工艺过程的替代方案就是本质更安全设计，产生的是更安全和更可靠的工艺过程。

高质量的工程项目设计涵盖了全过程、全方位的本质安全设计，这不是仅靠工艺和安全几个设计专业来实现的。工程设计的每个专业领域都会涉及安全的方方面面。比如，工艺物料毒性危害程度的分级直接影响各专业的设计方案，包括设备专业的容器分类、选材与检验，也关系到配管专业的设备布置以及土建专业的耐火保护范围等。同时，每个专业设计也会影响到项目安全性能的各个方面。任何一个专业的疏忽或不足，都有可能给工程项目留下安全隐患。因此，各个设计专业都应建立"本质更安全"的工程设计理念，加强对危险源的识别，通过事故教训的点滴积累和设计细节的完善全面提升工程项目的本质安全水平[4]。

（2）本质更安全设计优化策略　人们不可能改变石油化工原料和产品易燃易爆的危险性，但可以通过调整其使用数量和使用条件来减少或消除危险性。本质安全的核心是加强工艺过程内在的安全性，实现的主要途径如下：

① 减少物料量　引发火灾或爆炸的先决条件是泄漏或释放足够的工艺物料。减少危险物料大量释放的根本办法是减少使用或储存的危险物料数量，这对降低火灾爆炸的影响后果非常有效。例如，1984 年印度发生震惊世界的博帕尔农药厂爆炸事故后，国外大部分化工公司都对各自的工艺系统进行了分析评估和审查，采取的主要措施之一是大大削减了危险物料的储量。一般来说，储罐的容积主要考虑生产和供销周转的需要，设计应考虑相关的风险，并采取

不同的方式来尽量降低储罐的危险物料量。中间储罐经常被用来缓和上下游间的矛盾,利用中间储罐的容积为工艺单元的操作和检修提供缓冲时间。应当考虑是否可以取消或缩小中间储罐。改造设备塔盘也可降低塔内的物料量,比如储量最大的部分是塔底和再沸器,采用圆锥形或较小直径的塔底或用再沸器回流泵提供足够的压头均可降低塔底物料量。常用的薄膜蒸发器和离心蒸馏也可设计成较小的蒸馏设备。另外,将危险物料分别用几个小罐存放而不是集中在一个大罐中,也是降低事故严重程度的方法之一。减少设备的物料储量不仅使装置更安全,而且还可大大降低投资,包括减小设备容量所降低的投资,以及减小相应管道、阀门的投资。同时,危险性的减少也可相应地降低必须采取的安全保护设施费用,如安全联锁、紧急切断阀等。

②设备和管道小型化   缩小设备尺寸不仅可减少向外释放的危险物料量,也可降低设备内储存的能量。这个能量包括高温、高压和反应热。例如某间断生产的化工物料设备内包含的潜在反应热能约等于几百千克 TNT 炸药爆炸所释放的能量,而采用很小的剧烈混合的连续反应器,其潜在的反应热能可降到约等于几千克 TNT 炸药所释放的能量。对小型设备还可采用一些被动式安全措施,如将反应器放在一个隔离区域内,在周围设置防爆墙。当设计输送危险物料的管道时,应尽量减少管道系统中的物料储量,管径尺寸应满足输送物料的需要,但不宜过大。例如当管径从 50.6mm 缩小为 25.4mm 时,储存危险系数可降低至原来的 1/4。DOW 化学公司的火灾爆炸指数提供了管径变化对本质安全影响的数据。输送气态物料比输送液态物料可减小管道内的物料储量。例如,液态氯的化学爆炸指数是 1000,气态氯则是 490。如果原设计从罐区将液氯输送到加工单元,液氯蒸发后进入系统反应,将蒸发器改到罐区附近后,不仅减少管道内氯的储量,也降低了爆炸危险性。

③强化工艺反应   强化工艺反应可减少物料量和缩小设备尺寸。如采用环管式反应器、推动式和静态混合器等新型或高效反应器都可有效地强化聚合反应,也可改变能量传递到设备的途径。又如采用微波能源直接加热反应器中催化剂,或采用超声波、激光或辐射等技术加快物料的化学反应速率和提高反应效率,利用很小体积的物料达到很高的产量。在一个设备中进行一个或多个单元的操作也是改进工艺强度的方法之一。如传统的醋酸甲酯生产工艺采用 1 个搅拌反应器、8 个蒸馏塔和 1 个萃取塔。而新的反应工艺只采用 1 个类似的蒸馏塔和 2 个附加蒸馏塔,大大降低了设备的物料储量和主要设备数量;也可相应减少所需要的输送设备,如冷凝器、再沸器、管道、机泵和仪表;并降低相关的密封和连接等潜在的泄漏点,加强了本质安全性。

④弱化不利的操作条件   在危险性较小的条件下使用危险物料是提高工

艺本质安全性的重要方法。例如，用低温冷冻代替常温加压条件下储存大量无水氨，一旦发生泄漏就不会产生大量氨气；新的聚丙烯工艺采用气态丙烯代替溶解在易燃溶剂中的液态丙烯；将引发剂过氧化物溶于安全溶剂中等。这些都是为了弱化不利的操作条件。选择工艺操作条件时，要特别注意温度和压力对安全的影响。不仅要分别考虑极端高温或极端高压的情况，还要特别注意二者同时发生的情况。一般来说，高压的危险是增加了潜在的能量释放和由于迅速降压而发生的逆向反应，并且高压更容易造成泄漏。负压的危险在于吸入空气导致形成易燃混合物引发火灾爆炸，在设备设计时如果未考虑真空条件，也会在排料时由于形成负压造成设备损坏。高温的危险主要是金属材料易发生蠕变和氢脆，并需要特殊的管架来抵抗产生的应力。低温的危险主要是造成低碳钢的脆裂和热应力问题。

⑤ 选用更安全的替代物　工艺设计应尽量采用危险性小和更安全的反应物料和添加剂，如可采用压力水作为传热介质来代替易燃的油类。有时也可采用新的工艺路线以避免采用危险的原料或产生危险的中间产物。

⑥ 简化生产操作程序　现代化工艺装置是很复杂的，为了适应多种不同工况条件下的操作，可能需要增加很多操作阀门和联锁控制系统，这在增加操作灵活性的同时也增加了操作的复杂性和失误的机会。工艺系统设计应该尽量使操作过程简单化、逻辑化和程序化。在一定意义上，操作越简单越安全[5]。

（3）风险评估是本质安全设计的基础　实现本质更安全设计的关键首先是识别工程项目中存在的所有危险。目前国外工程设计实践的主要做法是以危险辨识和风险评估为驱动，通过不同形式的风险分析和评估活动为本质安全设计打下基础。比如：危险源辨识、初步危险分析、健康风险评估、HAZOP 分析、火灾安全评估、风险控制合理化研究、人机工程审查等。通过这些多方位、多角度、多层次的风险分析与评估，系统地发现项目中的各种风险，然后在性能化设计方案中采取有针对性的对策与防范措施，从而实现工程项目本质更安全的目的。

风险控制合理化研究是依据"尽可能合理降低"（as low as reasonably practicable，ALARP）原则，通过不同设计方案的分析对比，发现设计采取的风险控制措施投入的费用与实际所降低的项目风险是否比例恰当，也就是投入的设计安全措施费用是否起到了降低项目相应风险的作用，而不是投入高额的安全措施费用换来很少的风险降低。风险控制合理化研究追求的是风险控制费用与全生命周期的经济效益相平衡的最佳技术经济方案。虽然在设计阶段开展这些风险分析与设计审查需要付出大量的人工费用和延长项目进度的代价，但所获得的回报是本质更安全的设计，使项目全生命周期的事故风险最小化和长周期安全平稳运行。

在 2006 年的某中外合资石化项目中，与国外知名风险评估公司合作开展了炼油化工项目的量化风险评估（QRA），对可能发生的爆炸、火灾和中毒事故等重大风险进行了全面系统的分析计算和评估，并将风险评估的计算结果作为项目抗爆建筑物和消防设计的重要依据，为提高石化工程设计的本质安全性进行了有益的尝试和实践[6]。近年来，量化风险分析软件不断更新和三维化发展，使过去很多只能依据标准条款确定的设计方案都可以定量风险计算。比如：气体释放源的泄漏场景模拟计算，有助于可燃和有毒气体检测器的合理布置；根据爆炸事故后果的模拟计算，可获得爆炸波强度和持续时间等抗爆建筑物设计参数，为确定建筑物不同级别的抵御爆炸能力和保护建筑物内的人员提供了科学依据；火灾风险的定量评估可优化总图布置和消防设施的配置。总之，定量风险计算使风险防范措施更合理，不仅提高了防范措施的有效性，避免了过度设计和不必要的投资浪费，而且提高了本质安全设计的精准程度。

（4）优先选用本质更安全的保护层　传统的风险管理策略是在危险源与潜在被影响的人员、财产和环境之间设置屏障作为保护层来控制和防范危险。常用的保护层包括操作工巡检、报警联锁、安全仪表系统、物理保护设备和紧急响应系统等。多年来，保护层的应用为化工行业的安全绩效带来了重大的改进。本质安全设计不仅适用于消除或降低过程危险，也适用于改进保护层的永久性和不可分离性。一般来说，不论是降低潜在事故的频率还是降低事故后果影响，通常采用四大类保护层，按照可靠性降低的顺序排列如下：

① 本质安全性　采用非危险性物料和工艺条件来消除危险，如用水替换易燃性溶剂。

② 被动保护性　不是通过启动任何设备的功能来降低危险，而是借助工艺过程和设备的设计来减少危险，比如采用高压力等级的设备。

③ 主动保护性　采用工艺控制、安全联锁和紧急停车系统来探测和控制工艺过程偏差，这类系统通常属于工程控制，如储罐高液位时联锁停泵。

④ 管理程序性　利用操作程序、管理检查、应急响应和其他管理措施来防止事故或减少事故影响，这些方案通常属于行政管理控制，如动火作业程序和工作许可证。

本质安全设计采用的保护层主要是前两类：本质安全性和被动保护性。因为被动性保护层的可靠性高于主动性保护层。独立设置元件的保护层比共用元件的保护层具有更高的本质安全性。其实，本质安全性和被动性保护层的控制策略是不同的，但经常被搞混。真正的本质更安全工艺过程是降低或完全消除危险，而不是简单地降低其影响。

从保护层设置机理来看，其保护方案还存在不足。首先，在工艺过程的生命周期内设置和维持保护层需要付出经济代价，这包括投资费用、操作费用、安全培训费用、维修费用等，大量宝贵的技术资源被转移到保护层的维修和操作上。其次，没有一个保护层能够做到完美无缺，总是可能存在一些风险，并有可能导致事故的发生，因此危险依然存在。最后，由于很多事故发生的机理尚未研究透彻，也不可能完全认识自然界内可能引发危险的所有因素，潜在的危险引发事故仍然可能。

因此，本质安全设计方案应当是一种基本的安全要求。如果危险能够被消除或降低，就不需要设置这些控制危险的昂贵保护层。当采用主动性保护层时，也可采用不同的方案使系统本质更安全。比如，一个设备的高压联锁有以下两个设计方案：

方案 A：压力检测器连续指示，并在控制盘上显示，操作工可以看到压力连续指示的状态。检测器设有一个高压安全联锁，当达到预定的压力值时可启动紧急停车系统。

方案 B：当压力达到预定值时，通过一个压力开关来启动紧急停车系统。只要压力低于设定点，压力开关就始终保持在非启动状态。

方案 A 应当是本质更安全的。因为压力控制盘为操作工提供了连续显示的信息。操作工能够知道压力检测器所处的工作状态（虽然不是完全保险，且也有可能存在指示不正确的情况）。在达到高压联锁值之前，操作工可以观察到压力的上升趋势。虽然这两个设计方案都是主动性保护系统，但方案 A 是本质更安全的[1]。

本质安全设计是危险化学品安全的起源与根本。蒋军成院士在本套丛书的《化工过程本质安全化设计》[7]中详细分析了本质安全化设计的相关理论和方法，阐述了基于强化、替代、减弱和限制等本质安全化设计原则的化工过程与化工装置本质安全化设计。

1. 基于过程强化原则的本质安全化设计

过程强化是开发本质安全化工过程的一个重要策略。基于过程强化原则主要有更小更安全和库存最小化两个原则。

化工过程的安全是基于减少可能危害的大小，而不是依赖于如联动装置、规程和事故后果减缓系统等附加的安全方法。强化原则主要是通过减小设备尺寸来减少设备数量、降低设备规格和装置规模；通过减少有害物质的存量或过程中的能量，从而降低有害物质或能量失控引起的可能后果。

2. 基于替代原则的本质安全化设计

用安全的或危险性小的工艺或物质替代危险性高的工艺或物质的原则称为替代原则。强化原则和替代原则都能有效减少防护设备的需求，进而减少工厂设备成本及其复杂性。相对于强化原则，工厂本质安全化设计中应该首选替代原则。

替代原则的应用之一是采用相对安全的非反应性物料。采用危险性较低的溶剂取代有毒溶剂，如用毒性较小的环己烷替代苯；在食品加工中，采用超临界二氧化碳替代己烷、乙醇和乙基醋酸盐，用于咖啡因的去除和啤酒花的提取[8]；用水基涂料替代危险性较大的溶剂型油漆等。

替代原则的应用还体现在选择危险性更低的工艺。选择危险性较低的工艺时，除了要考虑反应物选择和中间体的稳定性，两者的相容性、溶剂和催化剂的选择也同样至关重要。

3. 基于减弱原则的本质安全化设计

在实现本质安全化进程中，如果强化和替代无法实现，可采用减弱原则提高系统安全性。减弱原则是指在危险性相对较低的条件下进行运行、运输和储存危险化学品。减弱原则主要是降低事故后果的严重度，对降低事故发生概率效果不明显。

采用异丙苯为原料生产苯酚的工艺存在较大的风险，若以环己烷为原料，经过氧化后裂解生成苯酚，同时联产丙酮，就可降低苯酚生产工艺危险性。目前，硝化反应是具有强破坏力的化工操作过程之一[9]，出于经济成本的考虑，硝化反应一般在间歇反应器中进行，且其反应温度往往接近反应失控时的温度。在这种情况下，如果用安全的溶剂来稀释反应物，并通过均匀的搅拌来补偿稀释带来的影响，反应可以更加安全地进行。

4. 基于限制原则的本质安全化设计

限制原则是指通过强化反应设备或优化反应条件限制设备故障、控制系统失效以及人员发生失误时的影响，达到提高安全性的目的。限制原则不主张增加可能失效、可忽略或可能引入其他安全问题的保护设备。

改变反应器数量是限制原则应用的体现。某些设备在生产过程中作用不大但危险性较高，拆除或减少此类设备数量能提高本质安全度。如运载油类和化学品的船舶泵房常常发生火灾和爆炸，通过在水箱中安装潜水泵的方法可以消除泵房，从而杜绝此类事故发生。

限制原则还体现在改变操作顺序上。间歇反应是将所有反应物同时放入反应器中进行批次反应。在半间歇反应中反应和加料同时进行，反应进行的程度取决于后加入物料的质量，因此半间歇反应通常能得到更好的控制[10]。相比于间歇式和半间歇式反应器，连续式反应器完整性更高，更易于控制泄漏，换热性能更好，混合效率高，产品质量更好。

应用限制原则改变反应温度、浓度和其他参数也可降低装置危险性。采用减弱原则一般期望在较低温度下运行，可有效控制反应失控的发生。但是某些反应在较高温度下操作反而更安全。例如，通过添加混酸进行多硝基苯硝化时，假设在加入等量的混酸后冷却失效，如果正常反应温度是80℃，冷却失效后温度将升至190℃，反应物开始分解，并发生失控。但如果反应温度是100℃，那么正常反应速率会加快，当冷却失效时，温度仅升高到140℃，达不到物料分解温度，反应不会失控[11]。浓硫酸通常用于除去化学反应中产生的水，若反应温度过高或酸加入过量，反应可能会失控；若使用弱酸，可以提高安全系数，并且反应速率不受影响。

三、基于风险的性能化设计

2016年发布的国家标准《质量管理体系 要求》（GB/T 19001—2016）明确提出"基于风险的思维是实现质量管理体系有效性的基础"。标准要求各行各业的质量管理体系都应以确定风险作为管理策划的基础，将基于风险的思维应用于策划和实施质量管理体系的全过程。由于质量管理体系的主要用途之一是作为预防工具，预防措施的概念是通过在质量管理体系中融入基于风险的思维来表现的。基于风险的思维使组织能够确定可能导致其过程和质量管理体系偏离策划结果的各种因素，从而采取预防控制，最大限度地降低不利影响，并最大限度地利用可能出现的机遇。

1. 基于风险的思维

风险（risk）是指暴露在能够导致伤害的危险有害环境或场景的概率和后果。风险评估（risk assessment）是定性或定量识别和分析特定危险暴露事件的可能性和后果，或者判断场景的概率和后果。国际标准《风险管理—风险评估技术》（IEC/ISO 31010：2019）指出，一个组织的所有活动都会涉及需要管理的风险。风险管理过程有助于通过考虑不确定性和将来事件发生的可能性或环境（有意或无意的）以及其对目标的影响来做出决策。在决定是否需要进一步处理之前应根据后果和概率来分析风险。风险评估提供了对风险、原因、后果和其概率的理解，为管理决策提供了有意义的输入。作为风险管理的一部分，通过系统结构化的过程来识别目标如何被影响。风险评估的目的是提供基于证据的信息和分析，以便对如何处理特殊风险和如何选择方案做出决策。风险评估是包含风险识别、风险分析和风险评价的一个完整过程。

风险识别是发现、认识和记录风险的过程，其目的是识别可能会发生什么或存在什么状态可能影响到系统或组织的目标实现。一旦风险被识别，组织就应识别现有的控制措施，比如设计特性、人员、过程和系统。风险识别过程包括识别风险的原因和来源、危险处于物理伤害的环境、对目标有实质影响的事件、情景或环境以及影响的性质。

风险分析指确定识别出的风险事件的后果和概率，考虑现有控制措施的存在（或不存在）及其有效性，然后将后果和概率组合来确定风险级别的过程。风险分析包括发现引发事件、情景或环境的潜在后果影响范围以及相关的概率。为了确定风险级别，有时后果可能不严重，或者预计发生的概率极低，则决策只需要估算一个参数就够了。分析风险的方法可以是定性的、半量化的或定量的。要求的详细程度取决于特定的应用场合、可利用的数据以及组织的决策要求。有些方法和分析的详细程度需要根据法规要求。

风险评价是根据风险分析获得的对风险的认识和理解做出进一步的风险管理决策。决策包括：风险是否需要处理、处理的优先等级、是否需要采取行动、应当遵循哪几个途径等。如何处理风险的决策取决于风险可接受标准，包括对风险的可承受能力以及实施改进控制措施的费用和效益。

对于基于风险的化工项目性能化设计来说，需要将危险识别、风险分析、风险评价这几个步骤整合到项目的设计过程中，使基于风险的理念贯穿工程设计各个阶段。包括从初期工艺的概念设计和工程定义阶段，经过工程化设计到项目最终建成，直至退役、拆除和最终硬件处置。由于生命周期各阶段对风险评估要求不同，所以应采取不同的风险评估技术。通常一种方法在不同阶段可有不同程度的应用，取决于每个阶段需要做出的决策。当风险评估用于初期方案评估时，可在方案正面机会和负面风险之间需求平衡。在后期的设计发展阶段，风险评估的作用在于确保系统风险是可容忍的，通过强化设计工艺过程以及费用效益分析和有效性研究实现本质更安全的性能化设计目标。

2. 性能化概述

（1）性能化标准　标准规范的规定通常可分为两类要求：一类是基于指令性或规定性的要求（prescriptive-based）；另一类是基于性能化的要求（performance-based）。指令性要求是规定达到特定目标的方法，在实现目标的途径上具有唯一性和确定性。性能化要求是规定达到的目标、社会预期、功能要求、运行要求和性能水平，而不规定材料、设计、安装等具体内容。在满足基本性能要求的前提下，性能化要求允许有多种实现方法和路径的选择，提供了技术创新和采用新技术的空间。但是性能化达标方法的灵活性也导致了不确定性，只有充分理解和明确需要解决问题的潜在原因时，才有可能发挥性能化的优点。指令性要求可以依靠简单的测量执行，而性能化要求需要更多的专业知识及对具体规定背后原理的理解。采用性能化要求突出了对工程项目性能的技术要求，促使设计方案技术经济更合理、风险控制更优化。这种量体裁衣式的"个性化"设计可以使业主有效地将风险控制到合理可行的水平，在优化全生命周期的成本费用中实现控制风险的目标。

自 20 世纪 70 年代后期开始，世界上很多国家开始重新审视传统的指令性法规，寻求能够清晰阐明法规意图、减少监管负担、鼓励创新但不降低性能水平的方式，催生了对功能性、目标性或性能化水平的法规思考。很多国外标准正在逐步改变对所有场合采取统一指令性要求的做法。比如欧盟技术法规可归为"功能导向性法规"，以准确的术语规定了要达到的目标（即以目标为基础），但允许通过选择来确定最有效和效果最佳的达标方法，只要最终结果相同，允许采用多种技术途径。比如设置防火门的规定，指令性要求规定门的最小宽度、配置闭门器，需要设置防火门的最大行走距离等。性能化要求是要求建筑物内人员在火灾时能够安全快速疏散撤离，并能限制建筑物内的烟、火向其他地方扩散。从指令性到性能化的转变是从"什么、怎样、何时"（what、how、when）到"理由、目的"（why、what purpose）的转变。1985 年英国颁布了第一部性能化防火规范，提出"必须建造一座安全建筑"的目标，但并未具体规定实现这一目标的方法。基于性能化要求与基于规定性要求的主要区别在于基于风险的思维和分析。

《质量管理体系　要求》（GB/T 19001—2016）指出，由于在本标准中使用基于风险的思维，因而一定程度上减少了规定性要求，并以基于性能的要求替代。组织可以自行决定是否采用超出本标准要求的更多风险管理方法。国外有些国家已经考虑采用基于风险的方法来确定构成可接受性能水平的参数。比如，欧洲标准在制定最低要求时以"基于风险"为原则，对应采取的原则性措施提出最低要求，具体措施则由用户根据项目特点、设施的风险评估结果确定，属于风险自担型。例如，欧盟标准《液化天然气装置和设备　陆上装置设计》（EN 1473:2016）第 4.3.1 条规定，液化天然气设施的设计应确保界区内外人员和财产的风险达到可接受水平。按照该标准第 4.4 条的要求开展"危险源评估"，并采取有针对性的安全措施。近年来新发布的很多美国消防协会标准（NFPA）均增加了关于性能化选择的章节。美国消防协会标准《防火规范》（NFPA 1）作为美国防火标准体系的第一号规范，全面系统地说明了消防安全体系的建立，针对火灾、爆炸和危险条件造成的风险提出了生命安全和保护财产的最低合理目标要求，对降低火灾风险的性能化设计做出了明确规定。

多年来，我国的工程建设标准主要是遵循指令性要求，满足标准规范是工程设计的最低要求，其中强制性条文是必须严格执行的。这种"处方式"基于标准的做法既便于开展设计，也便于审查和实施，设计者可结合工程项目直接依据标准条款进行设计。但是生搬硬套标准条款和标准本身的局限性也造成了工程设计中诸多"合规不合理"现象。近年来，我国已在逐步开展性能化研究，对一些大型公共建筑、大型仓储设施等工程项目的消防设计开展了性能化设计的尝试和审批。国内有些标准也已开始注重提出性能化要求。比如：《石油化工企业设计防火标准（2018年版）》（GB 50160—2008）规定采用耐火层保护的耐火极限不应低于2.0h的性能要求，取消了旧版"应采用无机厚型或有机薄型耐火涂料"的具体方法要求，也就是明确规定耐火极限的时间要求，而不规定采用什么类型的耐火涂料。2015年公安部组织编制了消防安全工程系列的国家标准，如《消防安全工程指南 第1部分：性能化在设计中的应用》（GB/T 31540.1），对推动我国消防安全工程的性能化发展起到了积极的作用。不过，总体上我国性能化理念和技术应用与国外相比还有很大差距。

（2）性能化设计 性能化设计是采用以性能化思维为主导的设计方法，是一种追求达到规定性能水平的设计过程，而不是简单按照统一的固定标准模式设计。国外倡导基于风险评估的性能化设计是要求开展风险评估，借助各种事故模型和风险分析技术对工程项目进行性能化设计，将工程项目的风险控制和新技术要求体现在性能化设计方案中，实现本质更安全的性能化设计目标。

实现性能化设计主要有以下四个重要环节。

① 环节1——确定性能化设计目标，决定性能化设计水平 性能化设计一般基于两类目标。第一类是企业目标，也就是业主对使用功能的要求。第二类是规范或社会要求的目标，主要是保护社会公众安全的要求。性能化设计使业主把企业目标与社会要求的目标结合成为项目的性能化目标，促进风险控制最佳效益的工程设计方案，在最优化生命期成本核算中实现安全目标。项目的性能化目标一般包括保障生命安全、控制财产损失、保证生产连续运行、无意外事故停车等方面。设计者应根据性能化总体目标的要求，结合工程项目的特点制定各项目的具体设计目标和指标。

例如，高危化学品项目的性能设计应识别储存或使用的危险化学品性质，通过为正常和异常条件设置足够的安全可靠措施来实现下列目标：使储存、使用或处置危险化学品导致的泄漏、火灾或其他紧急事故的发生率最小化；通过建筑物、设备或工艺过程的可靠性设计，使危险化学品的潜在事故后果影响最小化；使人员或财产在不安全条件、失控反应或危险化学品泄漏时的暴露事件最小化；采取措施防止处理、中和或处置危险化学品的泄漏，使泄漏区域以外的人员或财产的负面影响最小化；提供适当的安全措施限制危险化学品爆炸造成的伤害和破坏，使爆炸风险后果影响最小化；探测有害气体或蒸气，在这类气体释放造成人身伤害之前向有关人员报警或采取减缓伤害措施；保持可靠的动力供给，以确保用于防止或控制危险化学品紧急情况的安全措施和关键系统能够连续工作；尽可能降低可燃危险物暴露在不可预见的点火源环境中，使危险化学品暴露在火灾或物理损害等危及人员或财产及环境破坏的发生场景最小化。

② 环节2——开展危险分析与工程评估，奠定性能化设计基础　工程设计应首先开展火灾危险性分析和工程评估，根据分析评估结果和工艺过程设计原则确定工程项目的防火及控制要求，可采用一种或多种系统结合的消防设施。火灾危险性分析包括但不限于分析危险化学品的制备、分离、提纯、相态改变、能量成分或组分改变，并考虑混合物的点火概率、存在的可信点火源和点火后果。火灾危险性分析应覆盖易燃可燃物生产操作的全过程，确保火灾和爆炸危险已被防火、控火措施和应急预案管理所覆盖。工程评估应包括生产操作过程的火灾爆炸危险性、工艺设备的紧急泄放、适用的设施设计要求、周边应急救援能力、当地自然灾害等多方面的分析评估。目前我国的设计防火规范重在规定设计应采取的工程防火和消防措施，并不要求进行工程评估，作为设计标准也不包括对生产操作过程中的管理要求。美国消防协会（NFPA）标准体系中没有专门的设计防火规范，标准中既包括设计要求，也包括生产操作和维护管理等要求，一本标准规范适用于生产装置"从生到死"的全生命周期管理，有利于系统、综合、全面考虑生产装置的风险控制措施。

③ 环节3——借助事故场景设计，研究性能化设计对策　美国消防协会标准《防火规范》（NFPA 1）基于大量事故案例，分析归纳了15种典型事故场景，其中包括8种火灾事故、1种爆炸事故、4种危险化学品泄漏事故和2种建筑物事故。用户可参照这些典型的事故场景和危险因素，结合项目特点设计项目的事故场景。

a. 火灾事故场景设计。对某特定火灾从引燃或从设定的燃烧到火灾增长达到最高峰以及火灾造成破坏的事故描述。火灾场景的建立应包括概率因素和确定性因素，即此种火灾发生的可能性有多大、火灾是如何发展和蔓延的。在建立火灾场景时，应考虑到平面布置、火灾荷载及分布、点火源位置、人员分布及发生火灾时的环境因素等。

b. 爆炸事故场景设计。作为制造、储存、处理或使用爆炸性物质发生爆轰或爆燃特性的事故场景，场景设计应说明人员、邻近财产及建筑物的安全性。建筑物的评估主要考虑爆炸造成整体建筑变形或损坏的程度。应注意到，爆炸波引起的建筑物倒塌和碎片冲击是造成人员伤亡的主要原因。

c. 危险品泄漏事故场景设计。这是分析外部因素影响而导致的火灾、爆炸、毒物泄漏或其他不安全条件造成危险品储存、使用、处置或输送过程发生泄漏的事故场景，场景设计应说明危险品发生泄漏及扩散的事故场景以及由于热、撞击或水作用等引发的危险事件。

④ 环节4——性能化指标审查，验证性能化设计质量　性能化设计目标看起来采用原则性的宏观目标，无法验证，但《防火规范》（NFPA 1）对事故场景设计、评估方法、评估报告及设计审查等关键环节提出了审查和验证要求，体现了对性能化设计过程的严格控制，以减少因个人水平和经验的差异对分析评估造成的偏差，促使性能化工作沿着科学判断、客观评估、合理推论的方向发展。

《防火规范》（NFPA 1）规定性能化的工程设计应满足每种事故场景要求的设计目标和指标。事故场景设计应采用权威部门批准的方法和条件对每种设计场景进行评估。评估报告应包括事故模型输入数据的来源、计算和验证方法，不仅对输入数据的不确定性进行风险分析，而且对每种事故场景的假设也应进行安全余量和不确定性分析，并用性能化标准进行测量。设计者应向审查部门提供足够的文件，以支持其性能化设计的可验证性、正确性和采用方法的准确性[12]。另外，NFPA 1对评估人员的资质、评估方法的可验证性、性能化设计的报批审查也提出了明确要求[12]。

（3）性能化设计应用前景　目前性能化设计可用于两种情况。第一种情况是现行标准规范未能涵盖或执行现行标准确有困难的工程项目。对这类项目进行性能化设计应执行国家有关规定的审批程序，确保设计达到规定的安全目标。对标准规范已有明确规定和明令禁止的内容，不能使用性能化设计。第二种情况是在满足国家标准基础上的个性化设计。因为标准不可能包括所有方面的安全规定，满足标准规范只是安全设计的最低要求，只有在标准规范的原则框架下开展有针对性的性能化设计，才有可能实现技术经济合理的优化设计，将风险控制到尽可能低的合理水平。应该强调的是，性能化设计不能完全取代"处方式"设计，两者应该是相互依存、互为补充。

性能化设计是个性化设计，也就是推崇"具体情况，具体分析"。针对特殊工程项目或新技术要求都能体现在性能化设计方案中。在性能化设计中关键的是提出性能化设计方案和对该方案的评估。各种事故模型和风险分析技术的发展和逐步成熟，可大大促进性能化评估的科学性、准确性和合理性。

性能化设计应用的局限性主要体现在需要较长的设计周期。因为由于需要收集更多的信息进行分析判断和建立数学模型，对性能化设计方案可能需要进行多次评估，这造成了大量时间和人力的投入。另外，目前国内还缺乏统一的性能化设计标准，无法用统一的标准来规范和指导性能化设计，难以避免因个人水平和经验的不同造成评估结果的差异。

第二节　危险识别与风险评估

本质安全设计的基本原理是运用风险管理技术，采用技术和管理综合措施，以管理潜在风险源来控制事故，从项目规划、工艺开发、过程控制等源头消除或降低危险、有害因素，做好项目安全管理系统构架和评估，避免经济效益和社会效益的损失，达到一切意外和风险均可控的目标，实现安全生产。

风险评估管理首先需要对装置工艺、过程风险、安全仪表设施、工艺与设备管道等基本资源因素进行辨识，对不同的资源特征进行分析，识别项目危险有害因素如火灾、爆炸、中毒等，识别出潜在危险和危害特征，分析出不同风险等级，找出项目高风险危害资源特征。危险识别和风险评估贯穿于整个安全设计全过程，风险评估管理框图见图 3-2。不同设计阶段运用不同的风险识别和风险评估的程序、方法和工具，识别安全、环境、健康方面的危害，明确危害产生的原因和可能对人、环境、资产和声誉带来的后果。文献［13］着重介绍了化学过程中热风险的危害及评估方法，文献［14］则详细介绍了化工过程安全评估方法，常用的风险评估方法有工艺过程危险分析，危险源辨识（hazard identification，HAZID），健康风险评估（health risk assessment，HRA），危险与可操作性分析（hazard and operability studies，HAZOP），火灾安全评估（fire safety assessment，FSA），安全仪表完整性等级评估分级（safety integrity level of safety instrumented system-classification，SIL），保护层分析（layer of protection analysis，LOPA），量化风险分析（quantitative risk assessment，QRA），基于风险的检验（risk based inspection，RBI），以可靠性为中心的维修（reliability-centered maintenance，RCM），可靠性、可用性和可维护性（reliability availability maintainability，RAM）等。

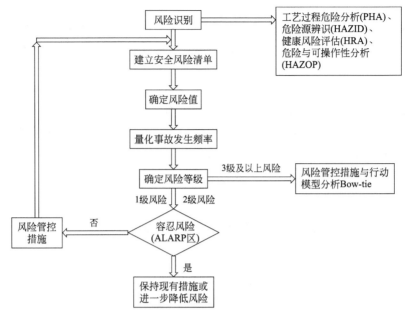

图 3-2　风险评估管理框图

一、危险识别

危险识别可以从物料危险性辨识和加工工艺危险性识别两方面着手。

1. 物料危险性辨识

（1）危险化学品辨识　根据国家安全生产监督管理总局公布的《危险化学品目录（2015 版）》、《危险化学品目录（2015 版）实施指南（试行）》（安监总厅管三〔2015〕80 号）、《危险化学品分类信息表》对项目的原料、产品、辅助材料进行危险化学品的识别。

《危险化学品目录（2015 版）》对危险化学品的定义为：具有毒害、腐蚀、爆炸、燃烧、助燃等性质，对人体、设施、环境具有危害的剧毒化学品和其他化学品。危险化学品依据化学品分类和国家标签标准，分为理化危险、健康危险、环境危险三大危害，各种危害又按特性进行分类。

理化危险分为爆炸物、易燃气体、易燃气溶胶（又称气雾剂）、氧化性气体、压力下气体、易燃液体、易燃固体、自反应物质和混合物、自燃液体、自燃固体、自热物质和混合物、遇水放出易燃气体的物质和混合物、氧化性液体、氧化性固体、有机过氧化物、金属腐蚀物，共 16 种，各种又按其特性进行分类。

健康危险分为急性毒性、皮肤腐蚀/刺激、严重眼损伤/眼刺激、呼吸道或皮肤致敏、生殖细胞致突变性、致癌性、生殖毒性、特异性靶器官毒性（一次接触）、特异性靶器官毒性（反复接触）、吸入危害，共 10 种，各种又按其特性进行分类。

环境危险分为危害水生环境（急性危害）、危害水生环境（长期危害）、危害臭氧层，共 3 种，各种又按其特性进行分类。

如果项目涉及的危险化学品在《危险化学品目录（2015 版）》列出的 2828 种危险化学品中，就可以在《危险化学品分类信息表》中查到其危险性类别，进而进行相应的防护。以氨气为例，其在"易燃气体"分类中属于"类别 2"，在"急性毒性-吸入"分类中属于"类别 3 *"，在"皮肤腐蚀/刺激"分类中属于"类别 1B"，在"严重眼损伤/眼刺激"分类中属于"类别 1"，在"危害水生环境-急性危害"分类中属于"类别 1"。

（2）重点监管的危险化学品识别　重点监管的危险化学品是指在温度 20℃和标准大气压 101.3kPa 条件下属于以下六类的危险化学品：

第一类　易燃气体类别 1（爆炸下限≤13％或爆炸极限范围≥12％的气体）；

第二类　易燃液体类别 1（闭杯闪点<23℃并初沸点≤35℃的液体）；

第三类　自燃液体类别 1（与空气接触不到 5min 便燃烧的液体）；

第四类　自燃固体类别 1（与空气接触不到 5min 便燃烧的固体）；

第五类　遇水放出易燃气体的物质类别 1（在环境温度下与水剧烈反应所产生的气体通常显示自燃的倾向，或释放易燃气体的速度等于或大于每公斤物质在任何 1min 内释放 10L 的任何物质或混合物）；

第六类　光气等光气类化学品。

项目的原料、产品和辅助材料如果属于《重点监管的危险化学品名录》的物料，其安全防护措施和应急处理应当按《重点监管的危险化学品安全措施和应急处置原则》具体内容进行落实。例如氯气是剧毒危险化学品，吸入高浓度可致死，包装容器受热有爆炸危险。所以密闭生产系统的设置，压力容器的设置，配套的安全阀及压力、液位、温度的测量仪表和远传、报警的安全系统的设置，相应的安全联锁及氯气进出口紧急切断阀的设置等都是安全设计的重点。原料和产品的运输及泄漏应急处理等诸方面都有特殊的要求。另外，生产环境的通风、报警器的设置、人员配套的防护设施和事故淋浴洗眼器的设置以及警示牌的设置也是安全设计不可缺少的内容。

重点监管的危险化学品共有 74 种，其中，氨、液化石油气、硫化氢、甲烷、天然气、原油、汽油（含甲醇汽油和乙醇汽油）、石脑油、氢、苯（含粗苯）、碳酰氯（光气）、二氧化硫、一氧化碳、甲醇、丙烯、环氧乙烷等均是在危险化学品工程项目中经常出现的品种。

(3) 易制毒化学品辨识　依据《易制毒化学品的分类和目录》对项目的原料、产品、辅助材料进行识别，对易制毒化学品的使用、管理和运输按照《易制毒化学品管理条例》（国务院令第 445 号）、《易制毒化学品购销和运输管理办法》（公安部令第 87 号）执行，并落实相关的设计。

《易制毒化学品的分类和目录》公布的易制毒化学品分为三类、28 个品种。第一类有 15 个品种：1-苯基-2-丙酮、3,4-亚甲基二氧苯基-2-丙酮、胡椒醛、黄樟素、黄樟油、异黄樟素、N-乙酰邻氨基苯酸、邻氨基苯甲酸、麦角酸、麦角胺、麦角新碱、麻黄素类物质（麻黄素、伪麻黄素、消旋麻黄素、去甲麻黄素、甲基麻黄素、麻黄浸膏、麻黄浸膏粉等）、4-苯氨基-N-苯乙基哌啶、N-苯乙基-4-哌啶酮、N-甲基-1-苯基-1-氨-2-丙胺。第二类有 7 个品种：苯乙酸、醋酸酐、三氯甲烷、乙醚、哌啶、溴素、苯丙酮。第三类有 6 个品种：甲苯、丙酮、甲基乙基酮、高锰酸钾、硫酸、盐酸。第一类和第二类的盐类也列入监管范围。其中部分品种如甲苯、丙酮、硫酸、盐酸是在危险化学品工程项目中经常涉及的，一定要严加管理并落实。

(4) 高毒化学品辨识　根据《高毒物品目录》（卫法监发〔2003〕142 号）对项目的原料、产品、辅助材料进行高毒物品辨识，对高毒化学品在设计中采用相应的安全措施和事故应急处理措施，并落实相关的设计。

《高毒物品目录》列出的高毒物品有 54 种，如氨、苯、苯胺、丙烯酰胺、丙烯腈、二硫化碳、二硝基苯、二硝基甲苯、二氧化氮、氟化氢、氟及其化合物、铬及其化合物、镉及其化合物、汞、碳酰氯（光气）、黄磷、甲醛、联氨、可溶性镍化物、硫化氢、氯气、氯乙烯、铅（烟/尘）、氰化氢、氰化物、三硝基甲苯、砷化氢、砷及其无机化合物、五氧化二钒烟尘、硝基苯、一氧化碳等。硫化氢在工作场所空气中最高容许浓度是 $10mg/m^3$。氨和一氧化碳时间加权平均容许浓度最高值为 $20mg/m^3$。氨和一氧化碳短时间接触容许浓度最高值为 $30mg/m^3$。

(5) 易制爆化学品辨识　根据《易制爆危险化学品名录》（2017 年版）对项目的原料、产品、辅助材料进行易制爆危险化学品辨识，对易制爆危险化学品在设计中采用相应的安全措施和管理设施，并落实相关的设计。

《易制爆危险化学品名录》内的易制爆化学品分为九类。第一类是"酸类"，有硝酸、发烟硝酸、高氯酸。第二类是"硝酸盐类"，有硝酸钠、硝酸钾、硝酸铯、硝酸镁、硝酸钙、硝酸锶、硝酸钡、硝酸镍、硝酸银、硝酸锌、硝酸铅。第三类是"氯酸盐类"，有氯酸钠、氯酸钾、氯酸铵。第四类是"高氯酸盐类"，有高氯酸锂、高氯酸钠、高氯酸钾、高氯酸铵。第五类是"重铬酸盐类"，有重铬酸锂、重铬酸钠、重铬酸钾、重铬酸铵。第六类是"过氧化物和超氧化物类"，有过氧化氢溶液（含量＞8％，别名双氧水）、过氧化锂、过氧化钠、过氧化钾、过氧化镁、过氧化钙、过氧化锶、过氧化钡、过氧化锌等 15 种。第七类是"易燃物还原剂类"，有金属锂、金属钠、金属钾、铝粉、硅铝粉、硼氢化锂、硼氢化钠、硼氢化钾等 16 种。第八类是"硝基化合物类"，有硝基甲烷、硝基乙烷、2,4-二硝基甲苯、2,6-二硝基甲苯、1,5-二硝基萘、1,8-二硝基萘、二硝基苯酚（干的或含水＜15％）等 11 种。第九类是"其他"，有硝化棉、硝化棉溶液、苦氨酸钠、高锰酸钾、高锰酸钠、水合肼（水合联氨）等 7 种。

（6）监控化学品辨识　根据《中华人民共和国监控化学品管理条例 实施细则》（工业和信息化部令第 48 号）对危险物料进行监控化学品辨识，尽量使用替代品，不能替代的应进行监控管理。实施细则所称监控化学品，是指下列四类化学品，包括其纯品和不同浓度的工业品。

第一类：可作为化学武器的化学品；

第二类：可作为生产化学武器前体的化学品；

第三类：可作为生产化学武器主要原料的化学品；

第四类：除炸药和纯烃类化合物外的特定有机化学品。

监控化学品类别按照《各类监控化学品名录》和《列入第三类监控化学品的新增品种清单》执行。例如，甲基二乙醇胺属于监控化学品，已列入《各类监控化学品名录》第三类，即可作为生产化学武器主要原料的化学品。在危险化学品工程项目中，凡是去除硫化氢的工艺中要用甲基二乙醇胺作为脱硫剂使用。

2. 加工工艺危险性识别

危险化学品工程项目的原料多是来自石油、天然气及其中间产品或煤炭，生产各类油品、基本有机化工原料、合成橡胶、树脂、塑料和合成氨等，这就决定了危险化学品工程项目的主要危险是火灾、爆炸、中毒和污染环境。随着化工产品需求量的上升，必须更加充分利用原料资源，就需要在工艺上对原料进行深度加工。为了提高经济效益，劣质原料的比例也随之上升，深度加工的化工工艺的使用也更加广泛，其中，"裂解（裂化）工艺""加氢工艺""氧化工艺（含克劳斯法气体脱硫）""烷基化工艺"都是深度加工过程中经常采用的加工工艺。化肥生产中采用的合成氨工艺、氯碱工业中采用的电解工艺、炸药行业中采用的硝化工艺都属于危险加工工艺。

危险化学品项目所采用的工艺应按照国家安全生产监督管理总局公布的《首批重点监管的危险化工工艺目录》《第二批重点监管危险化工工艺目录》《调整的首批重点监管危险化工工艺中的部分典型工艺》进行识别。凡属于重点监管的危险化工工艺，按照《首批重点监管的危险化工工艺安全控制要求、重点监控参数及推荐的控制方案》《第二批重点监管危险化工工艺重点监控参数、安全控制基本要求及推荐的控制方案》进行安全设计。国家安全生产监督管理总局公布的首批和第二批重点监管的危险化工工艺共有以下 18 类。

(1) 光气及光气化工艺　光气及光气化工艺包含光气的制备工艺，以及以光气为原料制备光气化产品的工艺路线。光气化工艺主要分为气相和液相两种。还有异氰酸酯的制备。

工艺危险特点：剧毒气体在储运、使用过程中发生泄漏后，易造成大面积污染、中毒事故；反应介质具有燃爆危险性；副产物氯化氢具有腐蚀性，易造成设备和管线泄漏使人员发生中毒事故。

(2) 电解工艺（氯碱）　电流通过电解质溶液或熔融电解质时，在电极上所引起的化学变化称为电解反应。涉及电解反应的工艺过程为电解工艺。

工艺危险特点：电解食盐水过程中产生的氢气是极易燃烧的气体，氯气是氧化性很强的剧毒气体，两种气体混合极易发生爆炸。当氯气中含氢量达到 5% 以上时，随时可能在光照或受热情况下发生爆炸。如果盐水中铵盐超标，在适宜的条件（pH<4.5）下，铵盐和氯作用可生成氯化铵，浓氯化铵溶液与氯还可生成黄色油状的三氯化氮。三氯化氮是一种爆炸性物质，与许多有机物接触或加热至 90℃ 以上以及被撞击、摩擦等，即发生剧烈的分解而爆炸。电解溶液腐蚀性强。生产、储存、包装、输运过程可能发生液氯的泄漏。

(3) 氯化工艺　氯化是化合物的分子中引入氯原子的反应，包含氯化反应的工艺为氯化工艺，主要有取代氯化、加成氯化、氧氯化等。以次氯酸、次氯酸钠或 N-氯代丁二酰亚胺与胺反应制备 N-氯化物、氯化亚砜作为氯化剂制备氯化物的工艺也属于氯化工艺。

工艺危险特点：在较高温度下进行氯化，氯化反应更为剧烈、反应速率快、放热量较大；所用的原料多具有燃爆危险性；常用的氯化剂（氯气）本身为剧毒化学品，氧化性强，储存压力较高，多数氯化工艺采用液氯，生产是先汽化再氯化，一旦泄漏危险性较大；氯气中含有杂质，如水、氢气、氧气、三氯化氮等，在使用中易发生危险，特别是三氯化氮积累后，容易引发爆炸危险；生成的氯化氢气体遇水后腐蚀性强；氯化反应尾气可能形成爆炸性混合物。

（4）硝化工艺　硝化是有机化合物分子中引入硝基（—NO_2）的反应，最常见的是取代反应。涉及硝化反应的工艺为硝化工艺。硝化方法可分成直接硝化法、间接硝化法和亚硝化法。

工艺危险特点：反应速率快，放热量大。大多数硝化反应是在非均相中进行的，反应组分的不均匀分布容易引起局部过热而导致危险。尤其在硝化反应开始阶段，停止搅拌或搅拌叶片脱落等搅拌失效是非常危险的，一旦搅拌再次开动，就会突然引发局部激烈反应，瞬间释放大量的热量，引起爆炸事故。硝化反应物料具有燃爆危险性。硝化剂具有强腐蚀性、强氧化性，与油脂、有机化合物（尤其是不饱和有机化合物）接触能引起燃烧或爆炸。硝化产物、副产物具有爆炸危险性。

（5）合成氨工艺　氮和氢两种组分按一定比例（1∶3）组成的气体（合成气），在高温、高压下（一般为400～450℃、15～30MPa）经催化反应生成氨的工艺过程即合成氨工艺。

工艺危险特点：高温、高压使可燃气体爆炸极限扩宽，气体物料一旦过氧（亦称透氧），极易在设备和管道内发生爆炸；高温、高压气体物料从设备管线泄漏时会迅速膨胀，与空气混合形成爆炸性混合物，遇到明火或因高流速物料与裂（喷）口处摩擦产生静电火花会引起着火和爆炸；气体压缩机等转动设备在高温下运行会使润滑油挥发裂解，在附近管道内造成积炭，可导致积炭燃烧或爆炸；高温、高压可使设备金属材料发生蠕变、金相组织改变，还会加剧氢气、氮气对钢材的氢蚀、渗氮，加剧设备的疲劳腐蚀，使其机械强度降低，引发物理爆炸；液氨大规模事故性泄漏会形成低温云团引起大范围人群中毒，遇明火还会发生空间爆炸。

（6）裂解（裂化）工艺　裂解是指石油系的烃类原料在高温条件下，发生碳链断裂或脱氢反应，生成烯烃及其他产物的过程。产品以乙烯、丙烯为主，同时副产丁烯、丁二烯等烯烃和裂解汽油、柴油、燃料油等产品。烃类原料在裂解炉内进行高温裂解，产出组成为氢气、低/高碳烃类、芳烃类以及馏分为288℃以上的裂解燃料油的裂解气混合物。经过急冷、压缩、激冷、分馏以及干燥和加氢等方法，分离出目标产品和副产品。在裂解过程中，伴随缩合、环化和脱氢等反应。由于所发生的反应很复杂，通常把反应分成两个阶段。第一阶段，原料变成的目的产物为乙烯、丙烯，这种反应称为一次反应。第二阶段，一次反应生成的乙烯、丙烯继续反应转化为炔烃、二烯烃、芳烃、环烷烃，甚至最终转化为氢气和焦炭，这种反应称为二次反应。裂解产物往往是多种组分的混合物。影响裂解的基本因素主要为温度和反应的持续时间。化工生产中用热裂解的方法生产小分子烯烃、炔烃和芳香烃，如乙烯、丙烯、丁二烯、乙炔、苯和甲苯等。

工艺危险特点：在高温（高压）下进行反应，装置内的物料温度一般超过其自燃点，若漏出会立即引起火灾；炉管内壁结焦会使流体阻力增加，影响传热，当焦层达到一定厚度时，因炉管壁温度过高，而不能继续运行下去，必须进行清焦，否则会烧穿炉管，裂解气外泄，引起裂解炉爆炸；如果断电或机械故障而使引风机突然停转，则炉膛内很快变成正压，会从窥视孔或烧嘴等处向外喷火，严重时会引起炉膛爆炸；如果燃料系统大幅度波动，燃料气压力过低，则可能造成裂解炉烧嘴回火，烧坏烧嘴，甚至会引起爆炸；有些裂解工艺产生的单体会自聚或爆炸，需要向生产的单体中加阻聚剂或稀释剂等。

（7）氟化工艺　氟化是化合物的分子中引入氟原子的反应，涉及氟化反应的工艺为氟化工艺。氟与有机化合物作用是强放热反应，放出大量的热可使反应物分子结构遭到破坏，甚至着火爆炸。氟化剂通常为氟气、卤族氟化物、惰性元素氟化物、高价金属氟化物、氟化氢、氟化钾等。氟化工艺还包含三氟化硼的制备工艺。

工艺危险特点：反应物料具有燃爆危险性；氟化反应为强放热反应，不及时排除反应热量，易导致超温超压，引发设备爆炸事故；多数氟化剂具有强腐蚀性、剧毒，在生产、储存、运输、使用等过程中，容易因泄漏、操作不当、误接触以及其他意外而造成危险。

（8）加氢工艺　加氢是在有机化合物分子中加入氢原子的反应，涉及加氢反应的工艺为加氢工艺，主要包括不饱和键加氢、芳环化合物加氢、含氮化合物加氢、含氧化合物加氢、氢解等。

工艺危险特点：反应物料具有燃爆危险性，氢气的爆炸极限为 $4\%\sim75\%$，具有高燃爆危险特性；加氢为强烈的放热反应，氢气在高温高压下与钢材接触，钢材内的碳易与氢气发生反应生成烃类化合物，使钢制设备强度降低，发生氢脆；催化剂再生和活化过程中易引发爆炸；加氢反应尾气中有未完全反应的氢气和其他杂质，在尾气排放时易引发着火或爆炸。

（9）重氮化工艺　一级胺与亚硝酸在低温下作用，生成重氮盐的反应为重氮化反应。脂肪族、芳香族和杂环的一级胺都可以进行重氮化反应。涉及重氮化反应的工艺为重氮化工艺。通常重氮化试剂是由亚硝酸钠和盐酸作用临时制备的。除盐酸外，也可以使用硫酸、高氯酸和氟硼酸等无机酸。脂肪族重氮盐很不稳定，即使在低温下也能迅速自发分解，芳香族重氮盐则较为稳定。

工艺危险特点：重氮盐，特别是含有硝基的重氮盐在温度稍高或光照的作用下极易分解，有的甚至在室温时亦能分解。在干燥状态下，有些重氮盐不稳定，活性强，受热或摩擦、撞击等作用能发生分解甚至爆炸。重氮化生产过程所使用的亚硝酸钠是无机氧化剂，175℃时能发生分解、与有机物反应导致着火或爆炸。重氮化反应原料具有燃爆危险性。

（10）氧化工艺　氧化为有电子转移的化学反应中失电子的过程，即氧化数升高的过程。多数有机化合物的氧化反应表现为反应原料得到氧或失去氢。涉及氧化反应的工艺为氧化工艺。常用的氧化剂有空气、氧气、双氧水、氯酸钾、高锰酸钾、硝酸盐等。氧化工艺还包括克劳斯法气体脱硫，一氧化氮、氧气和甲（乙）醇制备亚硝酸甲（乙）酯，以双氧水或有机过氧化物为氧化剂生产环氧丙烷、环氧氯丙烷工艺。

工艺危险特点：反应原料及产品具有燃爆危险性；反应气相组成容易达到爆炸极限，具有闪爆危险；部分氧化剂具有燃爆危险性，如氯酸钾、高锰酸钾、铬酸酐等都属于氧化剂，如遇高温或受撞击、摩擦以及与有机物、酸类接触，皆能引起火灾爆炸；产物中易生成过氧化物，化学稳定性差，受高温、摩擦或撞击作用易分解、燃烧或爆炸。

（11）过氧化工艺　向有机化合物分子中引入过氧基（—O—O—）的反应称为过氧化反应，得到的产物为过氧化物的工艺为过氧化工艺。

工艺危险特点：过氧化物都含有过氧基（—O—O—），属于含能物质，由于过氧键结合力弱，断裂时所需的能量不大，对热、振动、冲击或摩擦等都极为敏感，极易分解甚至爆炸；过氧化物与有机物、纤维接触时易发生氧化，产生火灾；反应气相组成容易达到爆炸极限，具有燃爆危险。

（12）氨基化工艺（含氯氨法生产甲基肼工艺）　氨化是在分子中引入氨基的反应，包括 R—CH$_3$ 烃类化合物（R 为氢、烷基、芳基）在催化剂存在下，与氨和空气的混合物进行高温氧化反应，生成腈类等化合物的反应。涉及上述反应的工艺为氨基化工艺，以及叔丁醇与双氧水制备叔丁基过氧化氢工艺。

工艺危险特点：反应介质具有燃爆危险性；在常压、20℃时，氨气的爆炸极限为 15%～27%，随着温度、压力的升高，爆炸极限的范围增大。因此，在一定的温度、压力和催化剂的作用下，氨的氧化反应放出大量热，一旦氨气与空气比例失调，就可能发生爆炸事故。由于氨呈碱性，具有强腐蚀性，在混有少量水分或湿气的情况下气态或液态氨都会与铜、银、锡、锌及其合金发生化学作用。氨易与氧化银或氧化汞反应生成爆炸性化合物（雷酸盐）。

（13）磺化工艺　磺化是向有机化合物分子中引入磺酰基（—SO$_3$H）的反应。磺化方法分为三氧化硫磺化法、共沸去水磺化法、氯磺酸磺化法、烘焙磺化法和亚硫酸盐磺化法等。涉及磺化反应的工艺为磺化工艺。磺化反应除了增加产物的水溶性和酸性外，还可以使产品具有表面活性。芳烃经磺化后，其中的磺酸基可进一步被其他基团，如羟基（—OH）、氨基（—NH$_2$）、氰基

（—CN）等取代，生成多种衍生物。

工艺危险特点：原料具有燃爆危险性；磺化剂具有氧化性、强腐蚀性；如果投料顺序颠倒、投料速度过快、搅拌不良、冷却效果不佳等，都有可能造成反应温度异常升高，使磺化反应变为燃烧反应，引起火灾或爆炸事故；氧化硫易冷凝堵管，泄漏后易形成酸雾，危害较大。

（14）聚合工艺 聚合是一种或几种小分子化合物变成大分子化合物［也称高分子化合物或聚合物，通常分子量为 $(1 \times 10^4) \sim (1 \times 10^7)$］的反应，涉及聚合反应的工艺为聚合工艺。聚合工艺的种类很多，按聚合方法可分为本体聚合、悬浮聚合、乳液聚合、溶液聚合等，不含涂料、黏合剂、油漆等产品的常压条件生产工艺。

工艺危险特点：聚合原料具有自聚和燃爆危险性；如果反应过程中热量不能及时移出，随物料温度上升，发生裂解和暴聚，所产生的热量使裂解和暴聚过程进一步加剧，进而引发反应器爆炸；部分聚合助剂危险性较大。

（15）烷基化工艺 把烷基引入有机化合物分子中的碳、氮、氧等原子上的反应称为烷基化反应。涉及烷基化反应的工艺为烷基化工艺，可分为 C-烷基化反应、N-烷基化反应、O-烷基化反应等。

工艺危险特点：反应介质具有燃爆危险性；烷基化催化剂具有自燃危险性，遇水剧烈反应，放出大量热量，容易引起火灾甚至爆炸；烷基化反应都是在加热条件下进行，原料、催化剂、烷基化剂等加料次序颠倒、加料速度过快或者搅拌中断等异常现象容易引起局部剧烈反应，造成跑料，引发火灾或爆炸事故。

（16）新型煤化工工艺 以煤为原料，经化学加工可使煤直接或者间接转化为气体、液体和固体燃料，化工原料或化学品。新型煤化工工艺主要包括煤制油（甲醇制汽油、费-托合成油）、煤制烯烃（甲醇制烯烃）、煤制二甲醚、煤制乙二醇（合成气制乙二醇）、煤制甲烷气（煤气甲烷化）、煤制甲醇、甲醇制醋酸等。

工艺危险特点：反应涉及一氧化碳、氢气、甲烷、乙烯、丙烯等易燃气体，具有燃爆危险性；反应多为高温、高压过程，工艺介质易泄漏，引发火灾、爆炸和中毒事故；反应过程可能形成爆炸性混合气体；多数新型煤化工工艺反应速率快，放热量大，反应易失控；反应中间产物不稳定，易造成分解爆炸。

（17）电石生产工艺 电石生产是以石灰和炭素材料（焦炭、石油焦、冶金焦、白煤等）为原料，在电石炉内依靠电弧热和电阻热在高温下进行反应。电石炉形式主要分为两种：内燃型和全密闭型。

工艺危险特点：电石炉工艺操作具有火灾、爆炸、烧伤、中毒、触电等危险性；电石遇水会发生激烈反应，生成乙炔气体，具有燃爆危险性；电石的冷却、破碎过程具有人身伤害、烫伤等危险性；反应产物一氧化碳有毒，与空气混合到 12.5％～74％ 时会引起燃烧和爆炸；生产中漏糊造成电极软断时，会使炉气出口温度突然升高，炉内压力突然增大，造成严重的爆炸事故。

（18）偶氮化工艺　合成通式为 R—N＝N—R 的偶氮化合物的反应为偶氮化反应，式中 R 为脂烃基或芳烃基，两个 R 可相同或不同。涉及偶氮化反应的工艺为偶氮化工艺。脂肪族偶氮化合物由相应的肼经过氧化或脱氢反应制取。芳香族偶氮化合物一般由重氮化合物的偶联反应制备。

工艺危险特点：部分偶氮化合物极不稳定，活性强，受热或摩擦、撞击等作用能发生分解甚至爆炸；偶氮化生产过程所使用的肼类化合物高毒，具有腐蚀性，易发生分解爆炸，遇氧化剂能自燃；反应原料具有燃爆危险性。

二、安全评价与职业病危害评价

1. 安全评价

安全评价涉及预评价、验收评价、现状综合评价等阶段，有特殊要求时，需要进行专项安全评价。

安全评价是以实现工程、系统安全为目的，应用安全系统工程的原理和方法，对工程、系统中存在的危险、有害因素进行识别与分析，判断工程、系统发生事故和急性职业危害的可能性及其严重程度，提出安全对策建议，从而为工程、系统制定防范措施和管理决策提供科学依据。安全评价的目的是查找、分析和预测工程、系统存在的危险、有害因素及可能导致的危险、危害后果和程度，提出合理可行的安全对策措施，指导危险源监控和事故预防，以达到最低事故率、最少损失和最优安全投资效益。

安全预评价（safety pre-assessment）是在建设项目可行性研究阶段、工业园区规划阶段或生产经营活动组织实施之前，根据相关的基础资料，辨识与分析建设项目、工业园区、生产经营活动潜在的危险、有害因素，确定其与安全生产法律法规、标准、行政规章、规范的符合性，预测发生事故的可能性及其严重程度，提出科学、合理、可行的安全对策措施建议，做出安全评价结论的活动。

安全验收评价（safety assessment upon completion）是在建设项目竣工后正式生产运行前或工业园区建设完成后，通过检查建设项目安全设施与主体工程同时设计、同时施工、同时投入生产和使用的情况或工业园区内的安全设施、设备、装置投入生产和使用的情况，检查安全生产管理措施到位情况，检查安全生产规章制度健全情况，检查事故应急救援预案建立情况，审查确定建设项目、工业园区建设满足安全生产法律法规、标准、规范要求的符合性，从整体上确定建设项目、工业园区的运行状况和安全管理情况，做出安全验收评价结论的活动。

安全现状评价（safety actuality assessment）目的是针对生产经营单位安全现状（某一个生产经营单位总体或局部的生产经营活动）进行的安全评价，通过评价查找其存在的危险、有害因素并确定危险程度，提出合理可行的安全对策措施及建议。

专项安全评价（special safety evaluation）是针对某一项活动或场所，如一个特定的行业、产品、生产方式、生产工艺或生产装置等存在的危险、有害因素进行安全评价，查找其存在的危险、有害因素，确定其程度并提出合理可行的安全对策措施及建议。如果生产经营单位是生产或储存、销售剧毒化学品的企业，评价所形成的专项安全评价报告则是上级主管部门批准其获得或保持生产经营营业执照所要求的文件之一。

安全评价的过程比较复杂，一般分为五个阶段：

（1）准备阶段　包括现场勘查与前期资料收集。明确评价的对象和范围，收集国内外相关的法规和标准，了解同类设备、设施或工艺的生产和事故情况，评价对象的地理、气象条件及社会环境状况等。

（2）危险、有害因素辨识与分析　根据所评价的设备、设施或场所的地理、气象条件，工程设计、建设方案，工艺流程，装置布置，主要设备、仪器和仪表，原材料、中间体及产品的理化性质等，辨识和分析危险、有害因素和可能发生的事故类型，事故发生的原因和机制等。

（3）安全评价　在危险辨识与分析的基础上，划分评价单元，根据评价目的和评价对象的复杂程度选择具体的一种或多种定性或定量评价方法。从适合评价项目实际情况的条件出发，选择针对性强、可操作性好以及安全性高的评价方法。对事故发生的可能性和严重程度进行定性或定量评价，在此基础上按照事故风险的标准值进行风险分级，以确定安全管理的重点。安全评价要尽可能把各种危险、有害因素的危险及有害范围、程度都表达出来。评价中的模型选择也十分重要，只有建立科学的数学模型才可以较好地模拟实际工程中可能遇到的真实情况。常见评价方法有：

安全检查表（safety checklist analysis，SCA）是依据相关的标准、规范，对工程、系统中已知的危险类别、设计缺陷以及与一般工艺设备、操作、管理有关的潜在危险性和有害性进行判别检查。为了避免检查项目遗漏，事先把检查对象分割成若干系统，以提问或打分的形式，将检查项目列表，这种表就称为安全检查表。它是系统安全工程的一种最基础、最简便、广泛应用的系统危险性评价方法。

专家评议法是一种专家参与，根据事物的发展趋势，以积极、创造性思维活动对事物进行分析、预测的方法。专家评议法适用于类比工程项目、系统和装置的安全评价，可以充分利用专家丰富的实践经验和理论知识。专项安全评价经常采用专家评议法，运用该评价方法，将问题研究讨论得更深入、更透彻，并得出具体执行意见和结论，便于进行科学决策。

初步危险分析（preliminary hazard analysis，PrHA）是系统设计期间危险分析的最初工作，也可用作运行系统的最初安全状态检查，是对系统进行的第一次危险分析。通过这种分析找出系统中的主要危险，对这些危险要作评估，找到需要控制的危险因素并采取有效措施进行控制，从而达到可接受的系统安全状态。

故障假设分析（what…if analysis）是针对某一生产过程或工艺过程的创造性分析方法。使用该方法时，要求人员应对工艺熟悉，通过提出一系列"如果……怎么办？"的问题，来发现可能和潜在的事故隐患，从而对系统进行彻底检查。

故障树分析法（fault tree analysis，FTA）是 20 世纪 60 年代以来迅速发展的系统可靠性分析方法。采用逻辑方法，将事故因果关系形象地描述为一种有方向的"树"；把系统可能发生或已发生的事故（称为顶事件）作为分析起点，将导致事故原因的事件按因果逻辑关系逐层列出，用树性图表示出来，构成一种逻辑模型，然后定性或定量地分析事件发生的各种可能途径及发生的概率，找出避免事故发生的各种方案并优选出最佳安全对策。FTA 形象、清晰、逻辑性强，能对各种系统的危险性进行识别评价，既适用于定性分析，又能进行定量分析。

事件树分析法（event tree analysis，ETA）的理论基础是决策论。它是一种从原因到结果的自上而下的分析方法。从一个初始事件开始，交替考虑成功与失败的两种可能性，然后再以这两种可能性作为新的初始事件，如此继续分析下去，直到找到最后的结果。因此 ETA 是一种归纳逻辑树图，能够看到事故发生的动态发展过程，提供事故后果。

六阶段安全评价法是由日本劳动省颁布的。该评价法综合应用安全检查表、定量危险性评价、事故信息评价、故障树分析法以及事件树分析法等方法，分成六个阶段采取逐步深入，定性与定量结合，层层筛选的方式识别、分析、评价危险，并采取措施修改设计消除危险。

道危险指数评价法是美国道化学公司首先提出的"火灾、爆炸危险指数评价法",用于对化工生产装置进行安全性评价。以以往事故的统计资料、物质的能量和现行的安全防护措施的状况为依据,以单元重要危险物质在标准状态下的火灾、爆炸或释放出危险性潜在能量大小为基础,同时考虑工艺过程的危险性,计算单元火灾、爆炸危险指数,确定危险等级。还对特定物质、一般工艺及特定工艺的危险修正系数,求出火灾、爆炸危险指数。定量地对工艺过程和生产装置及所含物料的实际潜在火灾、爆炸和反应性危险逐步推算进行客观的评价。再根据指数的大小分成几个等级,按等级的要求及火灾爆炸危险的分组采取相应的安全措施。

蒙德指标评价是英国帝国化学工业公司(ICI)蒙德(Mond)部在道化学危险指数评价法的基础上提出的"蒙德火灾、爆炸、毒性指数评价法"。该方法认为在对现有装置及计划建设装置的危险性研究中,尤其是在新设计项目的潜在危险评价时,有必要对道化学公司的方法进行改进和补充。其中最重要的是引进了毒性的概念,将道化学公司的"火灾、爆炸危险指数"扩展到包括物质毒性在内的"火灾、爆炸、毒性指数"的初期评价;增加了新的补偿系数,进行装置现实危险性水平再评价。

(4)提出安全对策措施及建议　根据评价和分级结果,提出安全对策措施及建议:对高于标准值的风险提出必须采取的工程技术或组织管理措施,以降低或控制风险;对低于标准值的风险,属于可接受或允许的风险,应建立监测措施,防止生产条件变更导致风险值增加;对不可排除的风险要采取防范措施,为编制应急预案提供参考资料。

(5)形成安全评价结论　安全评价的结论是对评价工作的总结,应简要列出主要危险、有害因素的评价结果,指出评价项目应重点防范的重大危险、有害因素,明确应重视的重要安全对策措施,给出评价项目从安全生产角度是否符合国家及行业的有关法律、法规、技术标准及规范的结论。

在安全评价分析完成后要编制安全评价报告。安全评价报告要做到内容充实、条理清晰、结论明确,按要求编写,并应组织专家进行评审。

图 3-3 以流程图的方式表示出石油化工建设项目安全评价全过程。

2. 职业病危害评价

建设项目的职业病危害评价包括职业病危害预评价、控制效果评价。对可能产生职业病危害的建设项目,在可行性论证阶段,对建设项目可能产生的职业病危害因素、危害程度、对劳动者健康影响、职业病防护措施及应急救援设施等进行预测性卫生学分析与评价,确定建设项目在职业病防治方面的可行

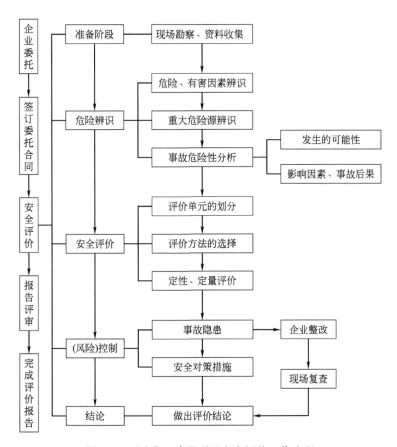

图 3-3　石油化工建设项目安全评价工作流程

性，为职业病危害分类管理提供科学依据。建设项目职业病危害控制效果评价是指建设项目竣工验收前，对工作场所职业病危害因素、职业病危害程度、职业病防护设施与措施及其效果、健康影响等做出综合评价。

　　职业病危害预评价的目的是识别和分析在生产过程中可能产生的职业病危害因素及其主要产生环节，预测可能造成的职业病危害及程度，确定职业病危害类别，论证建设项目设计中职业病危害防护措施的可行性、有效性、合理性，提出合理、可行的防护对策，做出客观、真实的职业病危害预评价。同时为职业病危害分类管理以及职业病防护设施的设计提供科学依据，为政府监管部门对建设项目职业病防护设施和职业卫生监督检查提供科学依据。建设项目职业病危害评价应贯彻落实预防为主、防治结合的方针，遵循科学、客观、公正、真实的原则；控制效果评价工作应在正常生产状态下进行，遵循国家法律法规的有关规定[15]。依据《建设项目职业病防护设施"三同时"监督管理办法》的要求，拟建工程的职业病危害预评价内容包括：

（1）总体布局与设备布局分析与评价　建设项目的总体布局主要包括建设项目的总平面布置、竖向布置以及建筑设计等方面。在职业卫生方面重点关注总平面布置如生产区、辅助生产区和非生产区之间的相互影响，同时考虑竖向布置如各建筑物内各层之间的相互影响。总平面布置要在满足防火规范要求的前提下，同时满足识别出高毒、高噪声、高污染等对人员有伤害的因素，并且对这些因素分别进行分析，确定人员集中设施与高毒泄漏源、高污染设施、高噪声设施等生产设施的防护距离要求，同时要满足职业卫生标准《工业企业设计卫生标准》（GBZ 1）的要求。建设项目总体布局评价主要采用检查表法，并结合职业卫生现场调查，即依据国家有关法律标准的要求编制检查表，对照建设项目的总体布局情况，评价建设项目的总体布局是否符合要求，对于不符合要求的部分，应给出具体的建议措施。

（2）职业病防护设施分析与评价　职业病防护设施是指消除或者降低工作场所的职业病危害因素的浓度或者强度，预防和减少职业病危害因素对劳动者健康的损害或者影响，保护劳动者健康的设备、设施、装置、构（建）筑物等的总称，主要包括全面通风、局部通风、湿式抑降尘、密闭隔离等。对于粉尘及毒性等化学物质的控制技术，应用无毒或低毒物质代替有毒、高毒物质；改善有毒的生产工艺与作业方法防止有毒物质扩散；将产生有害因素的设备密闭化、自动化；采用隔离或远距离操作；采取局部通风、全面通风等工程防护设施；实施个体防护。职业病防护设施应该具有针对性、可行性和经济合理性，同时应符合国家、地方、行业有关标准和设计规定。

职业病防护设施分析与评价包括职业病防护设施的符合性和有效性的分析与评价。职业病防护设施的符合性是指针对职业病危害因素发生源、职业病危害因素理化性质、职业病危害因素的产生量等确定适宜的职业病防护设施的种类或类型以及位置等。职业病危害评价中主要对职业病防护设施的种类或类型、设施位置等进行分析和评价。职业病防护设施的有效性是指为了有效地预防、控制和消除职业病危害所应满足的基本要求，目前主要是控制工作场所环境的职业接触限制。比如对通风设施的有效性评价还应采用全面通风量（通风换气次数）、气流组织、控制风速等评价指标。通常根据职业卫生标准《工业企业设计卫生标准》（GBZ 1）采用检查表法进行分析与评价。

（3）建筑卫生学和辅助用室分析与评价　建筑卫生学的评价主要包括采暖、通风、空气调节、采光、照明、墙体、墙面及地面等方面的卫生要求，依据有关职业卫生方面的规范、标准要求，通过检查表法或检测检验法并结合职业卫生现场调查进行评价，并提出具体评价意见。重点关注采暖的温度、通风的方式、风量和换气次数、照明的照度和微小气候参数等，对照职业卫生标准《工业企业设计卫生标准》（GBZ 1）、《建筑照明设计标准》（GB 50034）等相关职业卫生法规标准要求，评价建筑卫生学要求的符合性。

（4）个体防护用品分析与评价　个体防护用品的评价主要按照划分的评价单元，分析建设项目的运行与建设施工过程可能存在的职业病危害作业岗位或作业类别，以及可行性研究报告中提出的相应防护用品的配备状况。根据建设项目职业病危害因素存在情况，按照划分的评价单元，参考《个体防护装备选用规范》（GB/T 11651—2008）分析建设项目需要配备个体防护用品的作业岗位。找出需要配备个体防护用品的作业人员是否完全，是否能够覆盖接触职业病危害因素的主要作业人员。配备防护用品的符合性主要是指配备的个体防护用品是否与作业人员实际接触的职业病危害因素的种类相对应。根据作业人员接触的职业病危害因素的种类、相关工作地点的作业环境状况以及职业病危害因素的理化性质等，按照《个体防护装备选用规范》（GB/T 11651—2008）第6.1条规定的作业类别佩戴防护装备。配备个体防护用品的有效性主要是指根据作业人员接触职业病危害因素的浓度或强度情况，评价配备的个体防护用品是否能够对作业人员起到有效的防护作用。

（5）应急救援设施评价　应急救援设施是指在工作场所设置的报警装置、现场急救用品、洗眼器、喷淋装置等冲洗设备和强制通风设备，以及应急救援中使用的通信、运输设备等。应急救援设施的评价主要是对照应急救援设施配备相关的法规标准的要求，对建设项目应急救援设施配备情况的符合性、全面性和有效性进行评价，通常采用检查表法。依据国家有关应急救援设施配备的法律、法规、规范、标准和相关技术规范等编制检查表，列出检查内容和检查要求等，逐项检查建设项目应急救援设施配备和管理有关内容与国家法律、法规、标准和技术规范的符合情况。

（6）职业健康监护分析与评价　建设项目建成后企业应按照《职业病防治法》、国家安全监管总局发布的《职业卫生档案管理规范》、职业卫生标准《职业健康监护技术规范》（GBZ 188）等我国现行有效的职业卫生相关法律、规范性文件、标准，委托具有相应资质的医疗机构对接触职业病危害因素的员工进行上岗前、在岗期间、离岗时及应急时的职业健康检查，并建立用人单位和劳动者个人职业健康监护档案，并妥善安置职业健康检查异常者。

（7）职业卫生管理评价　建设项目职业病危害预评价需分析建设项目的职业卫生管理机构与人员的配置、职业卫生管理制度和操作规程、职业卫生培训、职业危害告知、职业病危害因素检测、健康监护、警示标识设置等，根据相关职业卫生法规标准要求，评价拟采取职业卫生管理措施的符合性。建设项目应按照国家安全监管总局《工作场所职业卫生监督管理规定》的要求建立职业卫生管理制度和职业卫生档案。

建设项目职业病危害评价程序见图 3-4。

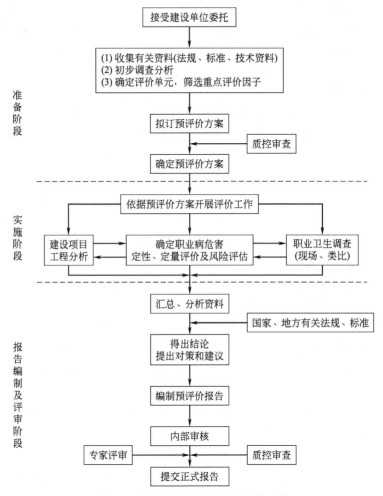

图 3-4　建设项目职业病危害评价程序

三、风险识别与风险评估方法

1. 工艺危害分析

由于化工过程多在一定的温度与压力下操作，其处理的化学品一般具有毒性、腐蚀性、可燃性、助燃性，发生事故就可能造成人身伤害、健康损害、财产损失、环境破坏等严重后果，因此在设计早期阶段开展工艺过程的危险有害分析以帮助进行工艺技术路线选择、厂址选择、总图布置、设计建筑结构方案等。通过削减、替代、缓解、简化等方法，优化工艺过程，尽可能降低工艺过程本身的安全风险。

工艺危害分析中分析策划要确定分析范围和目标、组建分析小组，确定企业所关注的后果类型（如人员伤害、财产损失、环境影响和声誉影响等）。分析小组可由主持人、记录员、工艺工程师、安全工程师、配管和仪表等相关专业设计人员、有经验的操作人员等组成。分析准备要确定审查人员和准备相应技术资料，包括：工艺流程图和管道、仪表流程图；设备表；安全泄压工况和火炬排放；安全仪表联锁说明；安全设计统一规定等。

在分析过程中选择一个节点，应用引导词评估可能存在的危险事件；评估危害的故障后果；明确针对故障的计划，现有安全措施和减缓措施；确定风险等级；在现有设计中如何消除风险；提出建议的安全措施等。同时要确定的审查内容包括确保正常操作、开停车、运行过程的功能安全设计；预测原材料、公用工程突然中断的情况下，装置可能发生的危险；明确针对事故产生的安全、健康、环境影响和相应安全措施；是否安全处理、储存、运输物料；正常操作及检维修情况下的安全问题；审查总平面布置图，考虑项目可能存在的对厂区内外的影响；职业病的防控措施；明确可能发生的火灾、爆炸、中毒事故后果影响及相应的保护措施等。工艺危害分析步骤见图 3-5。

2. 危险源辨识

在建设项目初期进行危险源辨识（HAZID），识别建设项目可能造成作业人员伤亡的危险和有害因素，如粉尘、窒息、腐蚀、噪声、高温、低温、物理伤害、放射性辐射等；识别建设项目外部或环境危险源，如根据建设项目所在地的自然灾害、极端恶劣天气、社会动乱、周边设施、周边环境等的不利影响开展有关安全、环保、健康的重大危险源和危险、有害因素辨识；针对火灾爆炸危害、工艺危害、公用工程系统进行危险源辨识。早期识别设计过程中或建成后可能存在的主要风险，为早期调整工艺方案、优化总图布置、提升本质安全水平提供依据；避免由于早期风险识别不足，导致后期增设补救措施、增加大量变更、追加安全投资等项目执行风险的增加[16]。

分析过程包括识别危险源、评估危害的风险、识别出主要风险、分析现有的保护措施、提出建议的安全措施等。识别并分析产生的原因，包括外部事件、设备故障和人员行为失误等，同时辨识在分析节点内与引导词有关的危险源的产生原因。从人员伤害、财产损失、环境影响和声誉影响等方面考虑对整个系统的影响，分析产生的后果，识别出现有风险级别。分析现有的保护措

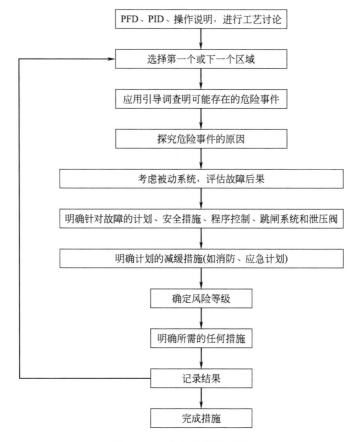

图 3-5　工艺危害分析步骤

施，包含所有能够预防、发现、保护或控制危害的技术性、操作性和管理性措施，能够预防事件发生或减缓后果，现有保护措施应能实际投用并有效。根据风险评估标准对后果进行风险评估，评估后果严重性、发生的可能性和风险等级；对于偏差导致的每一种后果，都应进行风险等级评估。根据风险等级评估结果及现有的保护措施，确定是否提出建议措施，提出的建议措施应能降低风险并具有可操作性。

　　HAZID 分析工作结束后，HAZID 主持人应编制分析报告，包括项目概述，工艺描述，HAZID 分析程序，HAZID 分析小组人员信息，分析范围和目标，节点划分，风险可接受标准，分析结论，建议措施说明等。对分析报告中提出的建议措施进行评估，对每条具体建议措施可完全接受、修改后接受或拒绝接受。评估分析所用技术资料的完整性和准确性；分析方法的应用是否正确；分析和识别现有保护措施的风险等级是否合适，所提出的建议措施是否合

理；分析报告是否准确并易于理解等。建设项目 HAZID 分析提出的设计措施
应在设计阶段或施工阶段落实。

3. 健康风险评估

健康风险评估（HRA）是对项目现场操作人员潜在的健康危险进行识别
和分析评估，识别可能使劳动者暴露于健康危险下的工作类型，识别健康危险
的特征，基于工作类型评估可能暴露于健康危险下的频率和时间，并对暴露程
度进行分级，进而提出对于存在健康危险所采取的控制、减缓和消除措施。具
体分析流程见图 3-6。

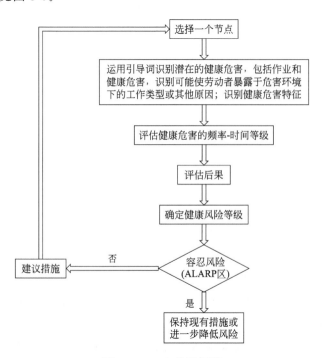

图 3-6　HRA 分析框图

健康风险评估在分析策划阶段要确定分析范围和目标，组建分析小组，
分析对象所处的系统生命周期阶段，如设计、开车、运行、现役阶段等。分
析小组可由 HRA 主持人、记录员、工艺工程师、安全工程师/职业健康工
程师和有经验的操作人员等组成。分析准备阶段要制订分析计划和准备资料
清单，包括：工艺原则流程图；工艺管道及仪表流程图（P&ID）；工艺流程
说明；物料平衡表；设备表；化学品安全技术说明书、平面布置图；噪声数
据表；催化剂及化学药剂消耗；对设计所依据的各项标准或引用资料的说
明等。

在分析过程中要选择一个节点；运用 HRA 引导词识别潜在的健康危险，包括物理因素、生物因素、人机工程学和心理因素等；识别可能使劳动者暴露于健康危险下的工作类型或其他原因；识别健康危险的特征：暴露途径、毒性分级、急性或慢性；基于工作类型评估可能暴露于健康危险下的频率和时间，确定频率等级（FR）和时间等级（DR），进而确定频率-时间等级（FDR）；根据泄漏等级（DOR）和危险化学品在工作任务中的接触等级（DOC），确定暴露程度等级（MR），评估可能产生的"最坏"的后果；基于暴露于健康危险下的频率-时间等级（FDR）和暴露程度等级（MR）可以得出危险化学品暴露等级（ER）作为评估可能性的依据，参见表 3-1；分析现有控制措施；评估实施现有控制措施后，暴露于健康危险下的可能性；如有必要，提出进一步的建议措施。

表 3-1　危险化学品暴露等级（ER）

项目		暴露程度等级（MR）				
		1	2	3	4	5
频率-时间等级 （FDR）	1	1	2	2	2	3
	2	2	2	3	3	4
	3	2	3	3	4	4
	4	2	3	4	4	5
	5	3	4	4	5	5

4. 危险与可操作性分析

危险与可操作性（HAZOP）分析是对工艺过程的危险与可操作性问题进行系统的分析，采用引导词法或经验法确定系统中潜在的危险或偏差；分析偏差产生的外部事件、设备故障和人员行为失误等原因，这些危险可能既包括与系统邻近区域密切相关的危险，也包括影响范围更广的危险如某些环境危险；系统化识别潜在的危险与可操作性问题，分析结果有助于确定合适的补救措施；分析偏差可能导致的人员、财产和环境不良后果，分析现有的保护措施，评估风险等级，提出建议措施，从而降低装置风险，使装置更加安全可靠。HAZOP 可以应用于装置的设计、建设、运行周期中的各个阶段，比如新建装置、在役装置和改造装置等。

HAZOP 分析主要是以"分析会议"的形式进行。会议期间，一个多专业小组在组长（主持人）的引导下，使用引导词识别对系统设计意图的偏离，对设计或系统进行全面系统的检查。该技术旨在利用系统的方法激发参与者的想象力，根据已有的知识和经验，识别出危险与可操作性问题。分析开始前要先讨论分析原则，分析团队要找出所有可能导致偏差的原因，偏差原因识别只考虑单一的危险，即只有一个独立事件的失败；如果两个初始事件没有任何共同故障模式，则两个初始事件是独立的。以某个工程项目为例，现有的保护措施分析原则为控制阀不能被认为是一个紧急隔离阀；止回阀是有效的保护措施，要考虑止回阀的类型、数量（单止回阀、双止回阀等）；警报应指示操作员进行干预（指定应采取的行动）。分析过程包括：

（1）划分节点　HAZOP 分析需要将工艺流程图或操作程序划分为分析节点或操作步骤，然后用引导词找出过程的危险。节点的界限划分应在 P&ID 图中以色笔清晰标识，并在空白处标上节点编号。节点划分不宜过大或过小，节点的大小取决于系统的复杂性和危险的严重程度。每个节点的范围应该包括工艺流程中的一个或多个功能系统，原则上不应该一台设备一个节点。节点的描述应包括工艺描述和设计意图，工艺描述一般包括工艺流程简单说明和主要设备位号等，设计意图一般包括设计目的、设计参数、操作参数、复杂的控制回路及联锁、特殊操作工况等。

连续流程的节点划分一般按工艺流程顺序进行，在划分节点时应考虑单元的目的与功能、工艺过程中物料状态的变化、工艺过程参数的变化、隔离/切断点、主要设备的变化等。间歇过程的节点划分一般按照关键步骤的次序，把每一个间歇操作步骤作为一个节点。划分节点的大小取决于系统的复杂程度、分析对象的危险程度和分析人员的经验等，应根据具体情况确定分析节点大小，避免遗漏。节点的划分原则在整个分析过程中保持一致，不同的节点用不同色笔在 P&ID 图上进行标注。

（2）确定偏差　可采用引导词法或经验法确定 HAZOP 偏差。采用新工艺、新技术的工艺装置和企业未开展过 HAZOP 的工艺装置采用引导词法确定偏差。发生较大损失的安全生产事故，特别是火灾、爆炸和泄漏等事故的工艺装置采用引导词法确定偏差。采用引导词法进行分析时，根据实际情况选择引导词优先或参数优先。根据安全生产行业标准《危险与可操作性分析（HAZOP 分析）应用导则》（AQ/T 3049—2013）中规定的五大参数（流量、压力、温度、液位、组成）进行分析，并根据工艺需求补充其他偏离。

《危险与可操作性分析（HAZOP 分析）应用指南》（GB/T 35320—2017）规定，在 HAZOP 的计划阶段，HAZOP 组长应提出要使用的引导词的初始清单。分析组长应针对所提出的引导词进行验证并确认其适宜性。应仔细考虑引导词的选择，如果引导词太具体可能会影响审查思路或讨论，如果引导词太笼统可能又无法有效地集中到 HAZOP 中。不同类型的偏差和引导词及其示例见表 3-2。

表 3-2 偏差及其相关引导词的示例

偏离类型	引导词	引导词-要素/特性组合(过程工业实例)
否定	无,空白(no)	没有达到任何目的,如无流量
量的改变	多,过量(more)	量的增多,如温度、压力、流量等偏高
	少,减量(less)	量的减少,如温度、压力、流量等偏低
性质的改变	伴随(as well as)	出现杂质,如物料在输送过程中发生组分及相变化 同时执行了其他的操作或步骤
性质的改变	部分(part of)	只达到一部目的,如只输送了部分流体,组分的比例发生变化等
替换	相反(reverse)	管道中的物料反向流动以及化学逆反应
	异常(other than)	最初目的没有实现,出现了完全不同的结果,如发生异常事件或状态、开停车、维修、改变操作模式等
时间	早(early)	某事件的发生较给定时间早,如冷却或过滤
	晚(late)	某事件的发生较给定时间晚,如冷却或过滤
顺序或序列	先(before)	某事件在序列中过早发生,如混合或加热
	后(late)	某事件在序列中过晚发生,如混合或加热

（3）分析偏差产生的原因 一般包括外部事件、设备故障和人员误操作等原因。分析偏差产生的原因时不宜深入探究偏差产生的根原因,如人员培训不完善、设备不完善、测试和维护不当等。应考虑可信的原因,不考虑发生概率极低的原因,如大地震、陨石坠落等。针对一种偏离,尽可能找出更多的原因,原因可能产生于人为因素或硬件损坏（即考虑误操作及设备损坏）。相似的原因可能导致完全不同的后果,一般要针对不同后果区别对待,例如机械原因产生的泵故障后果可能是物料泄漏,停电原因产生的泵故障可能导致流量不足。可以考虑多个原因同时发生的情况,但仅限于后果非常严重的情景。

（4）分析偏差导致的后果 分析偏差导致的后果时,不考虑已有的保护措施以及相关的管理措施,如安全阀、联锁、报警、紧急停车按钮等,应假设任何已有的安全措施都失效时导致的最不利的后果。分析偏差对整个系统造成的人员伤害、财产损失、环境影响和企业声誉影响;分析由偏差导致的安全问题和可操作性问题。对于多种原因造成的偏差应逐一分析每种原因造成的后果。

（5）分析现有的保护措施 在分析现有的保护措施时,应从偏差原因的预防措施（如仪表和设备维护、安全锁闭设施等）与减缓控制措施（如安全联锁、安全阀、消防设施等）两个方面进行识别。确认现有保护措施实际投用并有效，维护或管理措施可得到有效执行。保护措施应独立于偏差产生的原因，如某个流量控制回路发生故障是造成流量高的原因，从该控制回路获得信号的仪表或报警不能视为安全措施。应优先考虑硬件保护措施，如基本过程控制系统、报警和人员响应、安全仪表系统、安全阀和爆破片、防火堤等。

（6）评估风险等级 根据风险评估标准对后果进行风险评估，评估后果严重性、发生的可能性和风险等级。对于偏差导致的每一种后果，都应进行风险等级评估。分析时先评估初始风险分级，即不考虑任何防护措施产生的原始风险。采用预防措施和减缓控制措施等现有防护措施后，评估剩余风险的级别。如果不能满足最低合理可行原则（ALARP），需要进一步提出建议措施，使风险降低在 ALARP 可接受区域内。

（7）提出建议措施 根据风险等级评估结果及现有的保护措施，确定是否提出建议措施。提出的建议措施应能降低风险、具有可操作性并得到整个小组成员的共同认可，对于某些需深入研究的问题也应进行记录，确定执行措施的相应责任人和计划完成时间。对于分析出来的一些较严重的后果，小组成员共同决定现有措施是否足够，有无必要采取进一步的补救或减缓措施。一般建议措施分为补充修改设计的设计控制和补充修改管理程序的管理控制两类。应以修改硬件设备为优先，在资源条件有限的情况下，加强操作管理也是消除隐患的一种方法。提出的建议措施应分为 A、B1、B2、C 四个级别，A 级立即整改，B1 级在详细设计之前整改，B2 级试车之前整改，C 级试车期间整改。

5. 风险管控措施与行动模型

风险管控措施与行动模型类似于国际通用的 Bow-tie 行动模型（也称为领结分析法）。该模型将重大风险挑出进行 Bow-tie 分析，主要分析危险源如何释放，并进一步发展为各种后果，识别当前的预防措施与减缓措施以及维护这些措施有效的关键管理或行动。这种方法将危害释放后的第一个后果作为顶上事件置于分析图的中央，从形式上体现了基于过程风险评估的理念，同时将危险源、有害因素、预防性控制措施、顶上事件、减缓性措施和后果之间的关联以领结的形状图形化展示出来，具有识别风险和描述风险事件从起因到后果全过程的能力。Bow-tie 行动模型如图 3-7 所示。图左侧列举可能发展或导致特定顶上事件的危险源及有害因素，以及对于每一危险源对应的有害因素应该采取的控制措施；右侧列举减缓措施及危害事件进一步发展导致的后果。在分析过程中已经考虑了预防性控制措施和减缓性措施的作用，可以为安全措施的制定提供更准确的指导。尤其是当安全措施由于升级因素而失效时，领结分析法可以识别出升级因素，并更具针对性地提出使保护措施持续有效的 HSE 关键任务和活动。

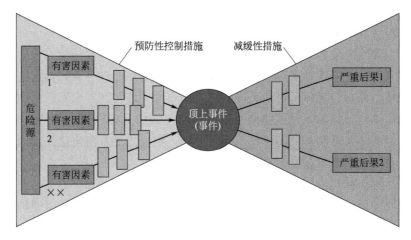

图 3-7　Bow-tie 行动模型

　　风险管控措施与行动模型分析将不期望发生的事件即顶上事件，置于领结分析图的中心；确定顶上事件后，分析可能引发顶上事件的各种原因，如从人的行为、工艺偏差、设备、环境条件等方面分析；分析顶上事件可能产生的后果，找出可以防止产生顶上事件的预防性控制措施，阻断危害引发事故的路径；找出可以阻止顶上事件发生或减轻后果严重程度的减缓性措施；对每个预防性控制措施和减缓性措施要识别可能导致措施失效或降低措施有效性从而导致风险加剧的升级因素，如操作控制是预防性控制措施，交接不足、沟通不畅就是操作控制的升级因素；找出可以防止升级因素发生，确保指定控制措施或应急措施持续有效的 HSE 关键活动，识别出关键活动并分派给相应的责任人（例如部门主管、检查人员、操作人员等）。

6. 安全仪表完整性等级评估分级

　　安全仪表完整性等级评估分级（SIL）是通过对具有安全仪表功能（SIF）的仪表控制或联锁回路进行半定量化的风险分析和评估，按照安全仪表系统失效概率的方法为安全仪表功能的仪表回路确定相应的安全完整性等级。通过 SIL 验证确定 SIL 回路是否能够达到预先设定的 SIL 等级。根据《关于开展加强化工安全仪表系统管理的指导意见》（安监总管三〔2014〕116 号）要求，从 2018 年 1 月 1 日起，对所有新建涉及"两重点一重大"的化工装置和危险化学品储存设施要设计符合要求的安全仪表系统。通过风险分析确定安全仪表功能及其风险降低要求，并评估现有安全仪表功能是否满足风险降低的要求。

通过对安全仪表功能回路失效时可能产生的危险或后果进行分级，可以确定安全仪表系统回路的可靠性要求。评估结果包括两个方面：一是 SIL 分级；二是 SIL 验证。

SIL 分级是衡量安全仪表功能所必须具备的安全完整性等级的非连续量，对安全仪表系统的失效可能性和安全可靠性进行分组或分类的方法。安全完整性等级对应着相应的系统失效可能性（PFD）和安全可靠性。通过过程危险分析，充分辨识危险与危险事件，确定必要的安全仪表功能，对安全风险进行评估，确定必要的风险降低要求。安全仪表系统完整性包括硬件安全完整性和系统安全完整性，在低要求操作模式时，安全仪表功能的安全完整性等级应采用平均失效概率衡量。安全仪表系统完整性等级评估包括：确定每个安全仪表功能的安全完整性等级；确定诊断、维护和测试要求等。

安全仪表系统完整性等级评估分级方法根据工艺过程复杂程度、国家现行标准、风险特性和降低风险的方法、人员经验等确定。可采用保护层分析法（LOPA）、风险矩阵法、校正的风险图法、经验法及其他适用方法，对每个安全仪表回路进行 SIL 等级分析或计算，并根据确定结果进行系统设计，以期满足项目风险可接受标准的要求。国内常用保护层分析法（LOPA）来确定 SIL 等级，LOPA 是一种半定量的风险评估技术，在定性危害分析的基础上，进一步评估保护层的有效性，并进行风险决策。通过分析识别已有的独立保护层，从而判定该场景发生时系统所处的风险水平是否达到可容许风险标准的要求，并根据需要增加一个或多个独立保护层，如采用本质安全设计、基本过程控制系统（BPCS）、关键报警和人员干预、安全仪表联锁系统（SIS）、物理保护（释放措施）、释放性物理保护（防火堤、隔堤）、工厂和周围社区的应急响应等措施，将风险降低到可容许风险标准所要求的水平。保护层设置模型见图3-8。

以国外某项目运用风险矩阵法为例，SIL 分级分析步骤主要为 SIF（safety instrumented function）回路识别、需求情形及需求频率分析、后果分析、确定 SIL 值等。首先，确定是什么原因或什么情况下导致 SIF 启动。导致 SIF 启动的原因可能有很多，如仪表误操作、操作人员失误、进料中断等。结合 P&ID 和联锁因果图进行 SIF 回路识别，一个 SIF 回路可包括一个或多个传感器、SIS 和一个或多个最终元件。其次，确定导致 SIL 启动的原因，发生的需求情形及需求频率分析。最后，根据需求频率和人员伤害、经济损失、环境影响等后果分析图确定 SIL 等级。如果对人员伤害或环境影响造成的后果导致的 SIL 最高，则根据这个后果确定整个回路的 SIL 水平；如果经济损失造成的后果导致的 SIL 最高，则在考虑投资率后可以降低 SIL 等级，但不得

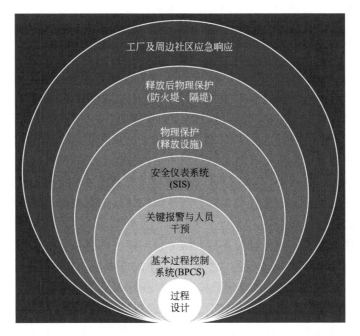

图 3-8　保护层设置模型

低于对人员伤害和环境影响造成的后果导致的 SIL 水平。

7. 火灾安全评估

火灾安全评估（FSA）是通过对火灾危险源辨识和风险评估（FRA）后，采用安全检查表的方法对消防安全系统进行符合性检查，包括火灾气体探测器、固定式灭火器、主动防火系统、固定消防水系统、水喷淋系统、气体灭火系统、固定和半固定式泡沫灭火系统、消火栓、移动式消防设备、便携式消防设备和被动防护设备等，确保消防设计符合火灾安全系统的标准规范，从而为预防火灾、控制火灾和扑灭火灾提供依据和支持。

火灾安全评估分析步骤主要是识别火灾危险源，评估并识别主要风险，明确在现有设计中如何消除风险，提出建议的消防措施。火灾危险源识别要分析划分各类区域内存在的所有潜在危险燃料量和/或存在的泄漏源，识别热传导现象使火灾引发物与暴露目标相接触的情况，评估暴露目标对产生的火灾引发物反应，以确定是否已经满足了确定的可接受标准。在工艺设计过程、选址、装置布置、设备选择、土建工程中，采用火灾危险分析有助于确定火灾场景对人员、设备、社区和环境的潜在影响，加强对火灾危险的认识和理解，提供基于性能化的消防解决方案，在设计阶段中将预防和减缓的安全保护措施整合到整个项目控制措施中。

可能导致不良后果的潜在因素均可认为是危险源。每个危险源可以是一个或多个火灾场景的基础，根据构成危险源的因素确定由该危险源引起的火灾类型。火灾危险源辨识包括工艺物料的化学性和物理性分析及工艺过程危险分析。要识别特定区域的危险物料储存所在和/或潜在危险源和可燃物质的类型及其物理性质（温度、压力等），确认物流的可信泄漏尺寸及泄漏持续时间，指明火源所在的具体位置，火源所在区域不应限定于装置区，还应考虑疏散设施、隐蔽空间和外部空间。火灾自动探测或灭火设施的布置同样能够影响火灾的发展。如果没有措施防止这些可燃物组分的泄漏挥发，就有可能发生火灾或爆炸，导致对暴露人员的伤害、设备损坏和环境负面影响等风险。因此要充分认识工艺过程中采用的物料的危险性，并以此为基础制订防火措施和应急预案，降低发生火灾的可能性，防止事故链的扩大升级。

火灾风险评估（fire risk assessment，FRA）是用规定的可接受火灾风险对所估计火灾风险进行评价的过程。火灾风险评估要特别关注火灾场景的设定，可参考项目开展的 HAZID、HAZOP 等过程危险源分析结果，主要考虑工艺装置区的重点工艺设备、液化烃储罐、可燃液体和气体罐区、装卸站、危险化学品库、成品仓库等火灾发生频率高和火灾事故严重的场景。每个火灾场景应包括定性描述火灾随时间发展的过程，确定造成该火灾与其他火灾不同的关键事件。对工艺生产过程中的意外事故可能导致的火灾事故场景应进行专门分析，包括工艺反应失控、超压或超温造成的设备破裂、管道或阀门泄漏等引发的火灾事故场景，并确定物料的可能泄漏尺寸及泄漏持续时间。同时应对设定的火灾场景的事故发生频率进行分析计算，包括管道或设备的泄漏频率，被点火源点燃的频率，形成池火、喷火、闪火、气体火灾、固体火灾等不同类型火灾的频率。对发生的火灾场景可能导致的事故后果分析，包括形成的火灾辐射热范围和辐射强度，以及可能造成的人员伤亡、财产损失和环境影响等后果。

通过将计算出的风险水平与风险可接受标准和风险管理目标等做比较，判定风险可接受程度，并确定风险管理优先等级。若估计的风险没有达到可接受风险判据，则应对设计说明或/和风险处置方法进行修改，然后对其重新评价，即使重新评价结果达到了可接受风险判据，仍需对其余风险进行风险处置。通过开展 FRA 分析可更加客观、准确地认识火灾危险性，识别现有建筑物或设施的风险水平，或是识别新建项目或改造项目中的可接受风险水平，为预防火灾、控制火灾和扑灭火灾提供依据和支持。消防安全设计方案应基于对该装置选择的几种火灾和烃类泄漏场景的量化可能性和后果。根据火灾风险评价的管理等级和风险排序，提出控制火灾风险的建议对策措施。

8. 设备可靠性分析

设备可靠性分析包括基于风险的检验（RBI），以可靠性为中心的维修（RCM），可靠性、可用性和可维护性（RAM）等，分析内容见图 3-9。

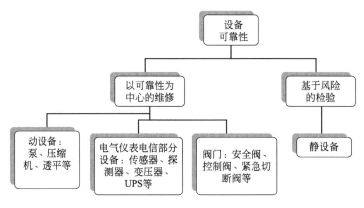

图 3-9　设备可靠性分析框图

（1）基于风险的检验　基于风险的检验（RBI）是一种基于风险的科学系统的评估方法，通过此方法分析装置内每台静设备及每条管道的材料腐蚀情况、损伤机理和失效所造成的后果，并计算出风险大小，进行风险的分析和评估，通过有针对性选材、腐蚀管理、预防性检验/维护监控及工艺监控来有效地管理风险和降低风险。通过专门的风险评估软件分析不同腐蚀环境中设备和管道腐蚀风险等级，对于高风险等级的部位提出检测计划和安全应对措施，将风险控制在可接受范围。同时优化检验和防腐策略，消除风险，掌握设备风险等级及退化机理，评定设计不当的材料选择。RBI 分析流程对工厂的数据进行收集，基于所计算的风险及剩余寿命来建立设备的优先次序，制定降险策略以降低整体的风险。降险策略通过检验、监控、修理及更换或者重新设计来实现，从而达到系统化管理设备失效风险的目的。

（2）以可靠性为中心的维修　以可靠性为中心的维修（RCM）是以确定设备预防性维修需求的一种系统工程方法。通过对设备进行功能与故障分析和评估，明确设备各故障的风险、故障原因和根本原因，识别出固有的或潜在的危险及其可能产生的后果，确定各故障的预防性维修策略和维修计划，降低非计划性停车，缩短大修、维修时间。通过现场数据统计、专家评估和定量化建模手段，在保证设备安全和完好的前提下，以维护停机损失最小为目标对设备的维修策略进行优化。主要解决在现行使用环境下设备的功能及相关性能标准，明确什么情况下设备无法实现其功能的功能故障、引起各功能故障的故障模式和原因、各故障发生时的故障影响、关键的故障后果、主动以及非主动故障预防等问题，提高设备可靠度。通过 RCM 分析可制定出精准、目标性明确及最佳成本效益的维修维护策略，包括预防性维修、预测性维修和主动维修等。设备可靠性评估采用半定量化的分析方法对设备维修策略进行评估。通过故障失效模式分析，采用风险定级、维修分析和持续改进措施来降低事故的发生。RCM 评估步骤为对系统进行功能和故障分析，明确系统内各故障的后果；用规范化的逻辑决断方法，确定出各故障后果的预防性对策；通过故障数据统计、专家评估、定量化建模等手段在保证安全性和完好性的前提下，制订以维修停机损失最小为目标优化系统的维修策略。RCM 评估流程见图 3-10。

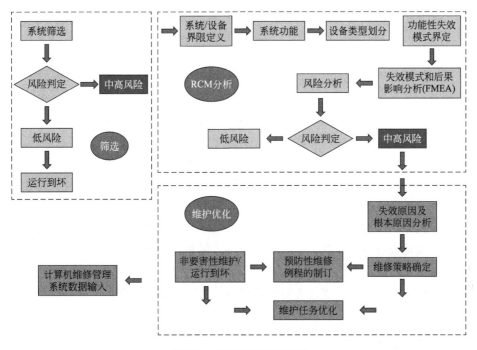

图 3-10　RCM 评估流程图

（3）可靠性、可用性和可维护性　可靠性、可用性和可维护性（RAM）是对装置开工在线率进行评估。可靠性是指某一时间段内设备或系统连续运行而无故障发生的概率；可用性是指某一时间段内，设备或系统可正常运行的时间百分比；可维护性是通过维修可使元件或系统维持于或恢复至可实现预期功能状态的能力，可通过维护的持续时间来衡量。在装置设计时要对装置在线率进行评估，通过对设备可靠性分析，评估装置是否能够达到设定的开工在线率的目标，以及导致装置非在线时数的因素，如计划内的换催化剂或是非计划设备故障等。通过评估可以分析出装置内将造成非计划停工的关键设备、关键故障模式，并对这些关键设备进行设备可靠性评估（RCM），提出最佳的设备运行维护方案，从而消除设备隐患，避免设备事故发生，降低装置非计划停工次数和设备运行维护费用，以保证装置在线率，促进装置安全长周期运行。

基础数据收集是 RAM 分析的基础，根据 RAM 分析的需要和项目组的要求，收集装置近 10 年来运行基础数据，主要包括：装置初始设计资料、设备台账、工艺操作规程、设备故障统计、设备检修记录、设备隐患治理报告、设备腐蚀状况及防腐措施、设备及管线失效分析报告、关键设备维护方案、设备运行总结等。

通过对前期所收集到的基础数据进行分析，确定设备的故障模型、特点、确定设备的平均故障时间，确定设备的维修时间，确定设备可用性，建立系统可靠性方块图（reliability block diagram，RBD）。可靠性方块图是系统单元及其可靠性意义下连接关系的图形表达，表示单元的正常或故障状态对系统状态的影响。可靠性方块图是利用互相连接的方块来显示系统的失效逻辑，分析系统中每一个成分的失效率对系统的影响，以帮助评估系统的整体可靠性、可用性等。可靠性方块图中的串联结构表示链上的任何一个单元发生故障时，系统发生故障；并联结构表示仅当所有单元均发生故障时，系统发生故障。不同于结构连接图，可靠性方块图中各单元的连接方式不一定与其物理连接方式相一致，物流走向不代表流程中的真实走向，串联的各单元其先后顺序不影响系统的逻辑关系。可靠性方块图中的每一个方块既可以代表某个子系统，也可以代表某个具体设备或某设备上的某具体元件。可靠性方块图的复杂、详细程度依项目目标而定[17]。

根据前期的装置可靠性方块图及设备故障回归数据，利用专业分析软件进行系统模拟分析，最终可以得到装置检修周期内设备模拟明细。

9. 量化风险评估

量化风险评估（QRA）是通过对系统或设备失效概率和失效后果严重程度的分析计算进行风险评价。在分析过程中不仅要求对事故的原因、过程、后果等进行定性分析，而且要求对事故发生的频率和后果进行定量计算，并将计算出的风险与风险标准相比较，判断风险的可接受性，提出降低风险的建议措施。定量风险分析包括危险源辨识与分析、频率估算、重大事故后果计算和影响范围分析、评价结果和个人风险及社会风险分析的区域定量风险评价等。通过定量风险分析可以对设计进行优化，在厂区选址、厂区设计和平面布置过程中，确定界区内以及界区外的安全防护距离；为有针对性地采取相应的安全措施提供参考；为厂区内人员集中建筑物的抗爆设计和制订应急救援计划提供设计依据。

（1）重大事故后果类型分析　危险化学品发生重大事故的类型既与其理化特性有关，又与其生产、存储和使用的方式有关。

石油化工企业涉及的易燃、易爆、有毒等危险化学品种类繁多，且生产工艺装置、存储装置及设施的类型众多，可能发生的重大事故类型也较多。氢气、甲烷、乙烯、丙烯等易燃、易爆气体，泄漏后可能因摩擦产生的静电立即点火，产生喷射火或发生爆炸，也可能泄漏后随风扩散，与周围空气混合成易燃、易爆混合物，并且扩散过程中如遇到点火源，则发生蒸气云爆炸（VCE）；加压液化存储的液化石油气（LPG）、乙烯、乙烷等易燃、易爆气体，泄漏后可能因摩擦产生的静电立即点火，产生喷射火，若没有立即点火，则可能发生蒸气云爆炸（VCE）或者闪火；苯、甲醇、原油等易燃液体，在进行装卸、存储、生产过程中，有可能发生泄漏事故，当大量的液体泄漏到地面后，将向四周流淌、扩散，若受到防火堤、隔堤的阻挡，液体将在限定区域（相当于围堰）内得以积聚，形成一定厚度的液池，若遇到火源，液池将被点燃，发生地面池火灾；低沸点的易燃液体如汽油、石脑油等，还可能因为地面池火或其他火灾的长时间烘烤，产生沸腾液体扩展为蒸气爆炸（BLEVE）；氯气、氨气、硫化氢等毒性气体，泄漏后立即向下风向扩散，导致大面积人员、牲畜中毒事故和环境破坏，产生灾难性影响；液氨、液氯等压缩液化的毒性气体，泄漏后迅速蒸发，向下风向扩散，导致中毒事故。通常重点考虑蒸气云爆炸（VCE）、沸腾液体扩展为蒸气爆炸（BLEVE）、池火灾、毒物泄漏扩散中毒和物理爆炸等后果。

（2）重大事故后果分析准则　主要有冲击波超压准则、热辐射伤害准则和毒物中毒准则等。

蒸气云爆炸（VCE）能产生多种破坏效应，如冲击波超压、热辐射、破片作用等，但最危险、破坏力最强的是冲击波的破坏效应；沸腾液体扩展为蒸气爆炸（BLEVE），热辐射是最主要的伤害因素；池火灾的主要危害是火焰的热辐射；毒性气体或液化毒性气体的主要危害则是毒物泄漏后向下风向扩散，引起人员中毒。

冲击波超压准则采用超压模型，计算冲击波造成的死亡区、重伤区、轻伤区等半径。死亡区内人员如缺少防护，则被认为将无例外地蒙受严重伤害或死亡；重伤区内人员绝大多数将遭受严重伤害，极少数人可能死亡或受轻伤；轻伤区内人员绝大多数将遭受轻微伤害，少数人将受重伤或平安无事，死亡的可能性极小。死亡区、重伤区、轻伤区半径的计算准则：死亡半径，外圆周处人员因冲击波作用导致肺出血而死亡的概率为50%；重伤半径，外圆周处人员因冲击波作用耳膜破裂的概率为50％，要求冲击波峰值超压为44000Pa；轻伤半径，外圆周处人员因冲击波作用耳膜破裂的概率为1％，要求的冲击波峰值超压为17000Pa。在《危险化学品生产装置和储存设施外部安全防护距离确定方法》（GB/T 37243—2019）中，超压冲击波对建筑物的影响见表3-3。

表 3-3 超压冲击波对建筑物的影响

冲击波超压/MPa	影响
0.14	令人厌恶的噪声
0.21	已经处于疲劳状态下的大玻璃偶尔破碎
0.69	处于压力应变状态下的小玻璃破裂
1.03	玻璃破裂的典型压力
2.76	有限的较小结构破坏
4.8	房屋建筑物受到较小的破坏
6.9	房屋部分破坏，不能居住
9.0	钢结构建筑物轻微变形
20.7	工厂建筑物钢结构变形，并离开基础
34.5～48.2	房屋几乎完全破坏

热辐射伤害准则主要是通过不同热辐射通量对人体所造成的不同伤害程度来表示。伤害半径有一度烧伤（轻伤）半径、二度烧伤（重伤）半径和死亡半径三种，使用彼德森（Pietersen）提出的热辐射影响模型进行计算。热辐射对建筑物的影响取决于热辐射强度的大小及作用时间的长短，以引燃木材的热通量作为对建筑物破坏的热通量。死亡半径指人体死亡概率为0.5或者一群人中50％的人死亡时，人体（群）所在位置与火球中心之间的水平距离。重伤半径指人体出现二度烧伤的概率为0.5或者一群人中50％的人出现二度烧伤时，人体（群）所在位置与火球中心之间的水平距离。轻伤半径指人体出现一度烧伤的概率为0.5或者一群人中50％的人出现一度烧伤时，人体（群）所在位置与火球中心之间的水平距离。在《危险化学品生产装置和储存设施外部安全防护距离确定方法》（GB/T 37243—2019）中，不同热辐射强度造成的伤害和损坏见表3-4。

表 3-4 不同热辐射强度造成的伤害和损坏

热辐射强度 /(kW/m²)	对设备的损坏	对人的伤害
37.5	操作设备损坏	1％死亡(10s),100％死亡(1min)

续表

热辐射强度 /(kW/m²)	对设备的损坏	对人的伤害
25	在无火焰、长时间热辐射下木材燃烧的最小能量	重大烧伤(10s),100%死亡(1min)
12.5	有火焰时,木材燃烧及塑料熔化的最低能量	1度烧伤(10s),1%死亡(1min)
6.3	—	在8s内裸露皮肤有痛感;无热辐射屏蔽设施时,操作人员穿上防护服可停留1min
4.7	—	暴露16s裸露皮肤有痛感;无热辐射屏蔽设施时,操作人员穿上防护服可停留几分钟
1.58	—	长时间暴露无不适感

毒物中毒准则采用概率函数法确定毒物对人员危害等级。通过人们在一定时间接触一定浓度毒物所造成影响的概率来描述泄漏后果。通过概率函数方程可以计算给定伤害程度下不同接触时间的毒物浓度。毒物的接触时间选取10min,分别计算人员死亡概率50%、10%、1%的伤害半径范围。

（3）个人风险及社会风险分析的区域定量风险评价　定量风险评价的核心量化指标是个人风险和社会风险。《危险化学品生产装置和储存设施风险基准》(GB 36894—2018)将个人风险定义为:假设人员长期处于某一场所且无保护,由于发生危险化学品事故而导致的死亡概率,通常以个人风险等值线表示,如图 3-11 所示。个人风险基准的确定主要基于目标人群的聚集程度,对风险的敏感性、暴露的可能性和撤离的难易程度等,不同目标人群的可接受风险不同。危险化学品生产装置和储存设施周边防护目标所承受的个人风险不应超过表 3-5 中个人风险基准的要求。社会风险为群体在危险区域承受某种程度伤害的频发程度,以事故累计频率和死亡人数之间关系的曲线（F-N 曲线）来表示,如图 3-12 所示。

风险并不是越低越好,因为降低风险需要采取措施,措施的实施需要付出代价,因此通常需要定义一个风险可接受准则,将风险限制在一个可接受的水平。风险接受准则表示了在规定时间内或某一行为阶段可接受的总体风险等级,并为风险分析以及制订风险减缓措施提供参考依据。目前,工业界一般采用 ALARP 原则作为唯一可接受原则。该原则的核心是风险在合理可行的情况下应尽可能低,只有当减少风险是不可行,或投入的资金与减少的风险非常不相称时,风险才是可容忍的。ALARP 原则通过两个风险分界线将风险划分为 3 个区域,即不可接受区、合理可行的最低限度区（ALARP）和广泛可接受区,见图 3-13。两个风险分界线分别是可接受风险水平线和可忽略风险水平线。

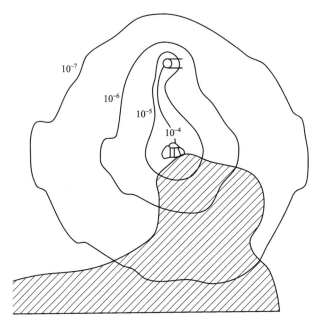

图 3-11 个人风险等值线示意

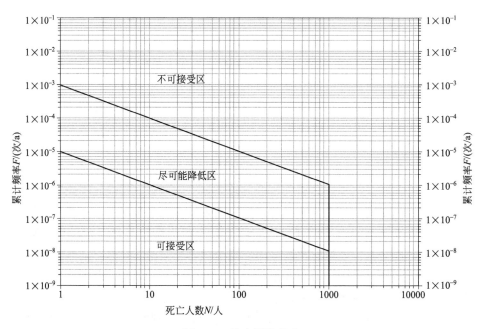

图 3-12 社会风险基准

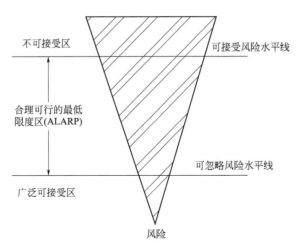

图 3-13 ALARP 原则

个人风险容许标准表明危险源附近的目标人群是否可暴露于某一风险水平以上。通常给出可容许风险的上限值和下限值。上限是可容许基准，风险值高于该基准，必须进行整改；下限是可忽略基准，风险值低于此基准，则无须任何改善，接受此风险；若风险值介于两者之间，则可根据事件的优先顺序进行改善。个人风险基准的确定主要基于目标人群的聚集程度、对风险的敏感性、暴露的可能性和撤离的难易程度等，不同目标人群的可接受风险不同。根据《危险化学品生产装置和储存设施风险基准》（GB 36894—2018），危险化学品生产装置、储存设施周边防护目标所承受的个人风险不应超过表 3-5 的基准要求。

表 3-5 个人风险基准

防护目标	个人风险基准/(次/年) ≤	
	危险化学品新建、改建、扩建生产装置和储存设施	危险化学品在役生产装置和储存设施
1. 高敏感防护目标(包括文化设施、教育设施、医疗卫生场所、社会福利设施等) 2. 重要防护目标(包括公共图书展览设施、文物保护单位、宗教场所、城市轨道交通设施等) 3. 一般防护目标中的一类防护目标	3×10^{-7}	3×10^{-6}
一般防护目标中的二类防护目标	3×10^{-6}	3×10^{-5}
一般防护目标中的三类防护目标	3×10^{-5}	3×10^{-5}

在工程设计过程中，随着设计的全面展开和不断深入，开展一系列有组织、系统的危险辨识和风险评估活动，比如工艺危害分析、HAZID、HRA、HAZOP、FSA、SIL、LOPA、QRA 等。从最初的简单风险分析逐步扩展延

伸至将所有危险源都辨识出，将辨识出的高风险危险源进一步管理，将风险降低到可接受的范围内。根据风险分析评估的结果提出有针对性的风险控制措施，并在设计过程中有效落实，以保证整个项目的过程安全。基于风险评估和分析进行安全设计的理念贯穿在各专业设计中，以此提升设计的本质安全水平，实现风险削减和风险控制的目的。

第三节　安全设计

在化工工程建设过程的定义阶段和实施阶段，均涉及工程设计工作。在项目定义阶段，主要包括工艺包设计、总体设计和基础工程设计；在项目实施阶段，主要包括详细工程设计和工程设计现场服务。

工艺包设计主要解决技术来源和技术可靠性问题，通常是由专利商（或具有工艺技术的工程公司）将研究成果进行工程转化的过程，是基础工程设计的依据和基础，包括设计文件及工艺手册两部分。设计文件应包括设计基础、工艺说明、工艺流程图（PFD）、物流数据表、总物料平衡、消耗量、界区条件表，还应该包括安全、环保、职业病防护方面的说明等。工艺手册包括工艺过程说明、正常操作步骤和方法、开车准备和开停车程序、事故处理原则、催化剂装卸、工艺危险因素分析及控制措施、环境保护、设备检查与维护等。

可行性研究阶段主要通过贯彻安全生产的法律法规、技术标准以及工程系统资料，实现项目的总体安全规划。按照本质安全设计的原则，采取消除、预防、减弱、隔离等方法，将工艺过程危险降到最低。参照专利商在其他工厂的应用经验和事故教训，确定所采用的工艺过程安全防护措施充分有效。

总体设计阶段通常在可行性研究报告获批准并确定工艺技术后进行。对于全厂性或多套装置的项目，通过优化工艺方案、控制规模、统一标准和技术条件的工作实现项目总体优化。总体设计主要是以项目可行性研究报告及批复为设计依据，为开展基础工程设计创造条件，包括确定设计主项和分工，平衡全厂物料和能量，统一设计基础、统一设计原则、统一技术标准和适用法规，协调设计内容及深度，完成环保、安全、卫生、节能、消防方案，协调公用工程、辅助设施规模以及行政生活设施，确定总工艺流程、总平面布置、总定员、总投资和总进度等方面内容。

基础工程设计是以工艺包或总体设计为基础，主要围绕长周期设备订货、供审批部门及业主审查的设计内容开展设计，为详细工程设计或工程采购提供依据。基础工程设计阶段确定所有的技术原则和技术方案，文件深度应满足审查、采购和施工准备及详细工程设计的要求。根据有关规定编制消防设施设计专篇、环境保护专篇、安全设施设计专篇、职业病防护设施设计专篇、节能专篇和抗震设防设计专篇等。基础工程设计段主要完成工艺系统的工艺流程图（PFD）、管道及仪表流程图（P&ID）、关键设备布置，以及控制室和变配电室的布置方案、危险区域划分图、安全分析和环保研究等，提供长周期设备和材料询价技术文件。

详细工程设计以基础工程设计为基础，落实基础工程设计审查意见，当基础工程设计确定的方案有较大变化时，须进行方案评审和审查。详细设计文件内容和深度需满足采购、制造、施工及投产的要求。按合同约定完成三维模型设计并进行三维模型审查。根据采购需要，提供特殊管道单线图、特殊管件规格书、特殊支架图和特殊材料表等。详细设计阶段需要确认制造厂资料，完成现场设计交底。该阶段主要控制节点是确认分包商（厂商）提供的技术资料、主要设计控制点的进度控制、设计文件会签、设计质量控制、工程费用控制等。

化学品生产装置设计应该严格遵守国家及地方政府的各项法律法规、标准和规范规定，认真贯彻"安全第一、预防为主、综合治理"以及"预防为主、防治结合"的方针，优先选用先进、成熟、本质安全的生产工艺，严格执行现行的标准规范，保证装置建成投产后，达到安全要求，实现安全、长期、稳定生产，保障职工的安全和健康。安全设计就是要把生产过程中潜在的不安全因素进行系统辨识，能够在设计中消除的不安全因素，则在设计中消除；如不能消除，就要在设计中采取相应的控制措施和事故防范措施。对于不安全因素的辨识，既需要设计人员具体考虑，也需要安全专业人员的参与，还要深入听取一线生产人员的意见。只有集思广益，才能最大限度地把不安全因素查清，以便在安全设计中予以消除与控制。

一、工业园区规划与项目选址

工业园区的狭义定义为：在一个特定的地理区域内，有众多通过交换相互生产的产品、技术等要素进行内外部贸易的企业组成的体系。工业园区的广义定义为：由若干个不同性质的工业企业聚集并且在相对独立的区域集中，形成的生产生活区域与产业一同发展，通过统一的行政公司或行政主管单位为进入园区的企业提供必要的管理、服务和基础设施等。

1. 工业园区规划
工业园区规划是对园区的产业发展、土地开发、空间布局、运营管理和招商引资等长期性、全局性、基本性问题的研究分析与统筹安排，是比较系统全面的长远发展计划，同时也是未来一定时期内引导产业园区快速稳定发展的行动纲领。园区规划决定了园区建设的规模等级、性质类型和方向，是园区发展的蓝图。依据国家和地方产业政策、土地政策、环保政策等相关政策，合理确定园区内的产业布局、产业结构、发展方向和政策措施，对各项用地、基础设施、环境保护、安全防灾、园区管理等进行总体安排，确保园区建设和园区经济健康、快速发展。

编制园区规划应遵循绿色发展、集约发展、成链发展、弹性发展、因地制宜等原则。园区规划的内容包括分析园区所在地区的基本情况，综合评价园区的发展条件；确定园区性质和发展目标，确定园区产业发展方向以及结构，划定园区范围；提出规划期内园区用地发展规模，确定园区建设和发展用地的空间布局和功能分区；确定园区对外交通系统的布局，确定园区主、次干道系统的走向、断面、主要交叉口形式，确定主要广场、停车场的位置和规模；综合协调并确定园区供水、排水、防洪、供电、通信、燃气、供热、消防、环卫等设施的发展目标和总体布局等；确定园区绿地系统的发展目标和总体布局；确定园区环境保护目标，提出防治污染措施；确定综合防灾规划的目标和总体布局；估算园区基础设施投资及技术经济指标，提出规划实施步骤、措施和方法的建议。

根据城乡规划、土地利用规划，结合生态区域保护规划和环境保护规划要求，按照资源、市场、辅助工程一体化，基础和物流设施服务共享等要求来实现产业上下游一体化布局。建设覆盖整个园区的安全监管网络，采用先进、安全的生产工艺和"三废"处理技术，建设区域隔离林带、人工湿地保护系统等，达到生产与生态的平衡，发展与环境的和谐。建立高效的公共服务平台，设立应急响应中心，集公共安全、防灾减灾、环境保护、卫生急救、市政抢修等功能为一体，为企业安全有序生产创造良好环境。

2. 项目选址

化学品工厂占地规模较大，建成后对国民经济、地区发展、城镇建设以及厂址所在地周边企业产生重要影响，因此工厂布局及厂址选择必须符合国家的产业政策和发展布局规划。同时，工厂的建设会对当地经济和社会的发展、基础设施的配套建设，以及当地的相关行业、运输能力、环境等各方面产生重要影响，工厂的建设还要符合城市性质和发展定位的要求。因此，厂址选择必须符合当地的总体规划，考虑其对建厂条件的特殊需要以及建成后运营阶段对运输等方面的需求，应保证工程的各阶段在技术上都是可行的。还应特别注重是否存在社会稳定风险以及工程对当地社会环境和自然环境的影响，考虑其在各方面将产生的影响和产生的效益。

厂址选择还应考虑周边设施、环境的现状对工程的影响，同时考虑工程的建设对周边设施和环境的影响。主要考虑因素如下。

（1）厂址安全 根据防火、防爆、防毒、防洪、防地质灾害等安全要求对工厂安全构成威胁的所有要素进行危险源辨识和定性分析。

（2）符合产业战略布局 确定厂址时应符合国家宏观政策和产业战略布局的要求。

（3）周边环境现状及环境污染敏感目标 厂址要远离重要建设项目的防护区域、国家规定的文物古迹保护区、风景名胜区及森林和自然保护区。尽量避免或减少工厂对居民区及环境敏感目标造成直接影响。

（4）符合当地城市规划和工业园区规划。

（5）当地土地利用规划及土地供应条件 要确定建设场地的性质符合当地的土地政策，同时要综合分析可供利用的场地在面积和其他自然条件方面，能否满足工程的技术要求。合理利用土地资源，尽量占用荒坡、劣地，禁止占用耕地、良田。应与项目的总体布置和未来发展相结合进行综合分析。

（6）当地自然条件 从厂址安全角度对当地的自然条件（如气象、水文、地形、地质等）进行定性分析。

（7）充分依托现有交通运输条件 要考虑工程产品和原料对外运输在水路、铁路、公路、管道等方面的依托条件，并对原料和产品运输方式的选择进行分析。

（8）公用工程的供应或依托条件 充分依托现有的公用工程，交通运输、储运设施，辅助生产设施，生活福利及服务性设施。

（9）"三废"处理 废渣、废料的处理以及废水的排放贯彻环境保护政策，注重可持续发展条件。

（10）地区协作及社会依托条件 在同等条件下，厂址应优先考虑生产协作条件和社会依托条件良好的地区，对减少投资、提高效益、促进当地社会和经济协调发展具有重要意义。

（11）施工建设期间的技术和经济条件。

（12）未来发展 应为所有设施保持足够的外部安全防护间距，保留扩建和缓冲区域，应考虑周边设施的性质及与工厂的相对位置。因为化工厂的运行有可能给这些设施及人员带来潜在的危险，而周边设施也可能给化工厂带来各类危险，选址时应充分分析并评估这些潜在的危险。对可能释放易燃或有毒物质的设施，在选址时应考虑主导风向的季节性变化。

二、安全设计过程

工艺装置安全性不仅与工艺技术有关，而且与装置的总平面布置、设备、管道、电气安全、储运系统、自动控制系统、防火防爆措施和科学管理水平有关。安全设计过程中要注重装置本质安全设计和设备设施安全可靠性，尽量降低事故发生的可能性，保证装置稳定安全生产，减少设备设施维护费用。实现本质更安全设计的关键是识别工程项目中存在的所有危险源，在设计期间采用危险源辨识（HAZID）、初步危险分析（PrHA）、健康风险评估（HRA）、HAZOP 分析、SIL 评估、火灾风险评估（FSA）、风险控制合理化研究（ALARP）等不同方法进行风险识别和评估。通过这些多方位、多角度、多层次的风险分析与评估，系统地发现项目中各种风险，然后在本质安全设计方案中采取有针对性的对策与防范措施。

1. 工艺安全设计

由于生产装置中原材料、产品等存在潜在的危险性和过程条件的苛刻性，很难实现真正意义上的安全性，但可以实现本质更安全。本质更安全设计优化策略主要有选择更安全的替代物以降低潜在的危险性、减少危险物料的用量和存储量、简化生产操作程序以缓和操作条件、减少过程产生的有害废料以及设备和管道小型化等。

工艺安全设计贯穿装置设计的全过程，但最重要的是初始阶段工艺技术方案的选择。虽然在后续工程设计和生产实践中可以进行改造、完善，但必然造成成本的提高[18]。工艺安全设计时要全面分析原料、中间产物、成品及加工过程中可能存在的高温、高压、腐蚀、噪声、静电、泄漏、火灾、爆炸、毒害等各种危险有害因素，以确定安全的工艺技术路线；并根据识别出的危险有害因素的特点、程度和影响范围，设置相应的安全设施。比如，采取超压超温保护控制措施，有效地控制超温超压等不正常情况；全面分析工艺用物料的毒性，采取有效的密闭、隔离、检测和通风等措施。

中国石化工程建设有限公司开发的高效环保芳烃成套技术获得国家特级科技进步奖。该技术提高了催化剂和吸附剂性能，开发并应用新型反应及分离工艺，实现了节能降耗、提高本质安全和产品质量、降低生产成本的目标[19]。

（1）工艺技术路线选择　化工装置承载着将原料加工成中间产物和最终产品的任务。加工条件和反应过程决定了装置的工作状况以及危险有害因素的类别和组别，同时也决定着装置应该采取的本质安全防护对策措施。工艺流程设计的任务是根据装置要求，依据物料、能源平衡原理，选择适合于生产要求的工艺流程以及对危险化学品所采取的防火防爆措施。采用技术先进、生产可靠和环境友好的工艺技术，确保生产装置技术先进性、经济合理性和操作可靠性。在尊重技术先进性原则的同时，兼顾考虑技术的工程应用经验，选择无害化的工艺技术，以无害物质代替有害物质等，尽可能从根本上避免危险有害因素的产生。在可靠性的基础上，力求优化工艺条件，尽可能利用现有的设施，以降低建设投资。尽量避免使用高压、高温工艺，不存或少存爆炸危险性物质等。

在能满足产品质量要求和长周期运转的前提下，设计中采用的装备和技术最大限度实现本土化、国产化，积极稳妥地采用节能降耗、环境友好的新工艺、新技术、新设备、新材料，控制进口以降低制造成本，提高回报率。在同等条件下应首选国内专利技术，提高项目国产化程度。

（2）密闭操作系统　密闭操作系统是危险化学品生产过程安全设计的前提条件。所有设备、管线和储存设施均设计为密闭系统，所有物料的输送、加工和储存始终密闭在各类设备和管道中，塔器、容器、泵等设备自身的密封以及与管线连接处均采用成熟、可靠的密封材料和密封技术。管线及其与容器的连接、布置、几何尺寸等设计均需考虑介质的温度、压力、腐蚀性、冲击力以及承重等方面的影响，采取防震、防腐、防热膨胀应力等相应措施，重要管线须做应力研究。对非正常条件下可能超压的设备应设安全阀组并定期校验维修，安全阀应能满足各种事故工况下的泄放量。安全阀排放或开停工吹扫排放的可燃气体、装置非正常操作时排放的危险有害废气均密闭送入火炬系统。装置所有排放均是密闭排放。

轻烃物料排气和排凝管道上采用双阀；尽量减少不必要的连接点和采样点，分别选用适合不同样品条件的采样器，防止采样过程物料的泄漏；可燃气体、液化气的金属管道除必要的法兰连接外，均采用焊接连接；根据输送泵输送物料和操作条件采取相适应的密封形式；装置区经常检修的设备或易发生泄漏的设备下部设小围堰，围堰内的含油污水排入含油污水管道；装置区含油污水排放管线采用密闭重力流敷设，支管进主干管前水封；检查井采用无孔洞井盖，井盖与盖座接缝处密封；汽油、柴油中间原料罐均采取密闭切水设施；轻重污油罐均采取密闭切水设施；含硫污水密闭输送回收。

生产过程中的主要泄漏点及密封措施有[20]：

① 主要泄漏点　设备和管道的静密封、转动设备的动密封、波纹管膨胀节、液位计、玻璃视镜是主要泄漏点，应选择质量可靠的产品。

② 高压阀门　应采用压力阀门结构或更好的密封结构。

③ 机泵　流体流量偏低时可能引起机泵的损坏，应根据机泵的型号设置

最小回流线，并根据具体情况设置高低流量停泵控制。

④ 压缩机　处理含乙炔气体或氨气的压缩机不得采用铜基材料。氧气压缩机或高压空气压缩机应采用无油润滑型或采用合成润滑油。

⑤ 设备　应考虑设备蒸塔时所承受的温度和压力，蒸塔应尽量采用低压蒸汽，防止设备损坏。

⑥ 管件连接结构　除必要的法兰连接外，尽可能采用焊接连接。螺纹连接的危险介质管道，应加密封焊。

（3）超压保护　工艺装置系统中的介质由高压系统串入低压系统，会造成低压系统的压力超过其设计压力，进而造成设备损坏，发生安全事故，因此在工艺安全设计中要考虑高压串低压风险，采取有效措施避免此类事故发生，如：装置内设置安全阀或爆破片和紧急泄放系统防止超压，设置止回阀防止介质倒流，设置紧急切断阀或设置或手动切断设施切断物料，设置限流设备减少超压风险，设置在线监测仪表监测异常状态，设置异常状态报警及联锁等。

带压容器的设计和选型严格执行国家有关标准，设计时需考虑运行时可能出现的最大压力和温度。为了预防事故状态下设备因超压造成破裂，在操作过程中有可能超温、超压的压力容器上设置符合国家标准《石油化工企业设计防火规范（2018 年版）》（GB 50160）和特种设备安全技术规范《固定式压力容器安全技术监察规程》（TSG 21）要求的安全阀。比如由于工艺事故、自控事故、电力事故、火灾事故和公用工程事故等引起设备超压的部位，设置安全阀；压缩机和泵出口管道可能因堵塞，造成系统超压，出口阀可能因误操作而关闭，在此设备出口设置安全阀；容积式泵的出口管线和往复式压缩机的各段出口管线设置安全阀；可燃的气体或液体受热膨胀可能超过设计压力的设备（如换热器）的进出口设有阀门时，若在操作时低温侧阀门可能全部或部分关闭，则低温侧需设置安全阀。安全阀的泄放量、定压、备用、校验和维护均按规定执行，保证生产安全。关键设备和连续操作的带压设备的安全阀设有备阀，阀前后均设切断阀，以便及时检修。通过对各种事故（如停水、停电、停仪表风、停蒸汽、火灾等）及开、停工等工况的分析，确定最大排放量，安全阀泄压或开停工吹扫排放的可燃气体，均送入火炬系统。为避免爆破片的破裂而损失大量的工艺物料，在安全阀不能直接使用的场合（如物料腐蚀、剧毒、严禁泄漏等），可在安全阀的入口安装爆破片。以某加氢装置高低压分离器为例，其热高分设置低低液位联锁切断液控调节阀或联锁切断阀，热低分设置安全阀，安全阀泄放量应考虑热高分串压工况。或者热低分不设置安全阀，冷低分设置安全阀，冷低分安全阀泄放量应考虑热高分串压工况，热低分、热低分到冷低分间气相管线及设备的设计压力应考虑串压工况，热低分到冷低分间气相管线上不设置阀门等措施防止超压。

甲、乙、丙类的设备设有事故紧急泄压排放设施，泄压排放系统和火炬系统连通，放火炬总管的能力应能处理任何单个事故最大排放量。高压气体可以设置手动减压系统，减压系统在事故发生初期和火灾时启动，以降低系统的压力来避免应力破坏的发生。可燃气体设备应连接到将设备内的可燃气体排入火炬或安全放空的系统。可燃气体放空管道内的凝结液应密闭回收，不得随地排放。可燃气体的排放系统设计应满足石油化工行业标准《石油化工可燃性气体排放系统设计规范》（SH 3009）的要求。严禁将混合后可能发生化学反应并形成爆炸性混合气体的多种气体混合排放，氮封储罐排气应引到安全位置后排至大气。安全阀的泄放物料经过分液罐气液分离后，气态部分进入火炬系统燃烧，液态回收，火炬系统可以设置气柜和压缩机用于回收可燃气体；毒性、腐蚀性介质泄放前应进行无害化处理。含氨设备安全阀的排放物料经过吸收处理后才可进入卸压系统；处理硫化氢的火炬线应单独设置。

（4）安全隔离　为防止危险物料的互窜，扩大危险，应设隔离设施。设备所采用的隔离措施通常有完全隔离、阀门隔离和其他设备隔离。

需要进入密闭空间进行作业的设备与有毒物料、易燃物料或惰性气体管道连接处应设置盲板，以便在密闭空间作业时能够完全隔断有毒有害气体进入。工艺物料和仪表空气、氮气、蒸汽的连接管切断阀处应加"8"字盲板。其他进、出设备的可燃气体、有腐蚀性或有毒介质设备侧切断阀处加设"8"字盲板。正常操作时断开的临时管道，应设可拆卸短节，并加设"8"字盲板。含有苯、硫化氢等有毒性物料的设备、操作温度高于物料自燃点温度的高温设备或物料闪点低于环境温度的低温管道、低于物料自燃温度的设备等可设置双隔断阀隔离。设备入口必须进行完全隔离，可在容器入口上设置"8"字盲板。界区内使用"8"字盲板完全隔离，应做到隔离任一装置的工艺物料及所有公用物料系统而不影响其他装置，包括蒸汽、仪表空气、装置气、氮气、工艺水和冷却水。

2. 总平面布置

总平面布置[21]的最根本的原则是满足生产工艺流程的要求；满足防火、防爆、安全、卫生及环境保护对防护距离的要求；符合水、电、气、汽等接入及废水排放的要求；与公路、铁路、水路、管道等厂内、厂外运输方式协调一致；结合场地地形、地质条件，兼顾竖向布置的要求。地形条件和地质条件是客观存在的条件，在设计中要尽量做到因势利导，满足施工、检修、改扩建的要求，满足生产管理、厂容厂貌的要求，满足工厂未来发展的要求。总平面布置是石化工程项目工厂布置设计的核心内容，在设计过程中需要根据项目工厂生产、安全、环保、卫生、节能、运输、安装和检修等诸多方面的技术要求，最终确定厂区内部各装置、罐区和配套设施之间的相对位置关系，并对通道空间进行综合安排。

(1) 功能分区规划　化工工程项目厂区占地面积较大，各种生产装置、储罐、建（构）筑物较多，其火灾危险程度、散发油气量多少、生产操作的方式等差别较大，总平面布置按设施的生产操作、火灾危险程度、经营管理等特点进行分区布置。化工工程项目总平面布置按照各类设施的功能，分为工艺装置区、动力及公用工程区、液体储罐区、辅助设施、仓库及装卸设施区、生产及行政管理设施区和火炬设施区七大部分。功能区块的布置是根据生产工艺流程，结合当地风向、地形、厂外运输及公用工程的衔接条件确定，且符合安全生产要求，便于管理。各功能分区之间应具有经济合理的物料输送和动力供应方式，应使生产环节的物流、动力流便捷顺畅。各功能分区内部的布置应紧凑合理，并应与相邻功能分区相协调。动力及公用工程设施可靠近负荷布置在工艺装置区，也可自成一区布置。图 3-14 为某工程功能分区示意图。

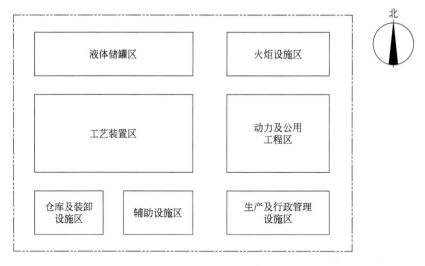

图 3-14　功能分区示意图

(2) 总平面布局　各功能分区内，生产关系密切、功能相近或性质类同的设施，采用联合、集中的布置方式，功能相近的建筑物合并布置；与生产装置联系密切的动力及公用工程设施可按照组团方式集中布置；有毒、有味、散发粉尘的装置或设施集中布置；铁路线路、装卸及仓储设施，根据其性质及功能相对集中布置，避免或减少铁路线路在厂区内形成扇形地带。

① 生产装置区布置　根据全厂总流程，将生产联系紧密、功能相似的单元装置集中布置在一个大型街区内，控制室、办公室、高低压配电间、废水池等公用设施集中布置在一起，在考虑装置联合布置的同时，还可以考虑把几个装置组成联合装置。联合装置内各个装置或单元同开同停，同时检修，可以视为同一装置，其设备、建筑物的防火间距，可按装置内部的相邻设备、建筑物的防火间距确定。联合装置之间直接进料，工艺流程顺畅，管线短捷，减少能耗。

② 通道布置　通道是街区建筑红线（或设计边界线）之间或街区建筑红线（或设计边界线）与围墙之间，用于集中布置系统道路、铁路、地上管廊、地下管线、皮带输送走廊和进行绿化的条状地带。根据统计，石化工程通道用地面积可达厂区总用地面积的30%，合理减少通道数量和宽度是节约用地、减少管线长度、降低能耗、达到通道布置集约优化的有效途径。厂区内通常用通道划分为若干街区，街区的大小取决于工艺装置的大小和街区建（构）筑物和露天设备的组合情况。如果街区规划面积小、数量多，通道用地面积就多。因此，在满足安全防护和使用要求的前提下，合理地减少街区数量，可以减少通道占地面积，提高土地利用率。

③ 公用工程布置　公用工程是为工艺生产过程提供水、电、蒸汽和各种气体的设施，水、电、蒸汽和气体是石油化工厂生产过程所必需的基础介质。动力设施一般布置在负荷中心或靠近与之联系密切的工艺装置，形成组团式布置，缩短管线连接，可以有效降低能耗；在保证安全的情况下，循环水设施靠近主要用户布置，可以缩短管道长度，节省投资，并降低能耗；空分装置、压缩空气站布置在空气洁净地段，远离乙炔站、电石渣场和散发烃类及尘埃的设施，并靠近负荷中心；污水处理场和事故存液池及雨水监控池可联合布置在厂区边缘地势较低处，既方便污水、事故水的自流收集，又减少了占地。

④ 行政及生产管理设施布置　行政及生产管理设施包括办公楼、中心控制室、中心化验室和消防站等，既是企业的生产指挥和经营管理中心，又是对外联系的场所，人员比较集中。应将行政及生产管理设施集中布置在相对安全的地段，为员工提供安全和舒适的工作环境。总平面布置要在满足防火规范要求的前提下，找出爆炸、高毒、高噪声、高污染等对人员有伤害的因素，并且对这些因素分别进行分析，确定人员集中设施与爆炸危险源、高毒泄漏源、高污染设备、高噪声设备等生产设施的防护距离要求。这些距离的要求一般都远大于防火间距，总平面布置时利用两者之间较大的防护距离布置行政及生产管理设施，作为两者之间的物理隔离，既满足了安全环保等要求，又提高了土地的有效利用率。

3. 工艺装置布置

装置布置一般包括工艺设备的平面布置以及装置内部管廊、通道、建(构)筑物的布置等。项目的工艺装置是工厂设计的核心部分,只有把工艺装置布置在合适位置,且布置安全、经济、合理,才有利于全厂生产。装置布置的原则为满足生产要求和安全防火、防爆的条件,并做到节省用地、降低能耗、经济合理、满足用户要求、有利于环境保护。

公用工程系统的水、电、气、蒸汽等的供应,储罐、仓库、机修、仪修等设施的安排,厂内道路、铁路与厂外公路、铁路干线的连接等,都按照全厂的总体规划要求,围绕着有利于装置的安全生产、安装、检修而合理布置。随着技术的发展、设备可靠性和自动控制水平的提高,可实现合理化集中布置,即不仅把工艺过程相关的工艺装置联合起来,而且把有关的系统设施、非工艺过程密切相关的装置联合起来集中控制,共用一个中央控制室、一个变电所等。这样既可以节省投资,节省操作人员,又可减少占地面积、环境污染,使设备和管道布置符合工艺流程,生产操作、施工、检维修方便,满足安全、消防要求,整齐、美观,留有适当的发展余地等。

(1) 安全设计的措施 化工厂的原料和产品绝大多数属于可燃、易燃或有毒物质,存在火灾、爆炸或中毒的危险。火灾爆炸的危险程度,从生产安全的角度来看,可划分为一次危险和次生危险两种。一次危险是设备或系统内潜在火灾或爆炸的危险,但在正常操作条件下,不会危害人身安全或设备完好;次生危险是指由于一次危险而引起的危险,会直接危害到人身安全,造成设备毁坏和建筑物倒塌等。根据有关防火、防爆规范设计装置布置三重安全措施,具体如下:

第一,预防一次危险引起的次生危险。装置内加热炉是主要点火源;控制室、机柜间、变配电所也是可能产生明火及火花的地点,属于点火源;高温设备(尤其是操作温度高于自燃点的设备)属于火源设备。没有可燃、易燃、易爆物质存在,不会引起火灾,所以火源设备应远离可能泄漏并散发大量可燃气体的工艺设备、储罐、压缩机、泵等,并布置在全年最小频率风向的下风侧,将工艺装置发生物料泄漏被点燃的危险降到最低。对于可能泄漏可燃气体的设备,为防止气体积聚宜露天或半露天布置。

第二,一旦发生危险,应尽可能限制次生危险的危害程度和影响范围,防止火灾蔓延和产生连锁反应,减少灾害。这就要求不同火灾危险等级的设备、建(构)筑物之间的距离应符合防火间距的规定,对特殊场合可采取增加防火墙、防爆墙等限制危害的范围,重要设施或设备如控制室、机柜间、变配电所、压缩机等应远离危险性较大的高压设备或厂房等,以减少相互影响。

第三，次生危险发生以后，应为人员安全疏散和应急救援创造条件。除在装置内设置必要的消防设施外，还应在占地面积大的设备区周围设置宽度不小于 6m 的直通式通道或环形通道，以供消防车和救护车通行。对面积超过规定数值的建筑物、构筑物和平台等均需要设置两个以上的进出口，为生产操作人员提供安全疏散通道，为应急救援人员提供救援通道。

（2）满足工艺设计要求　装置设备按流程顺序与同类设备适当集中相结合的原则进行布置。处理有腐蚀性、有毒和黏稠物料的设备宜按物理性质分别集中布置，以便对这类特殊物质采取统一的措施，如设置围堰、敷设防腐蚀地面等。防止结焦堵塞、控制温降或避免发生副反应等有工艺要求的相关设备可以靠近布置。对于在生产过程中有高度差要求的设备，需按照工艺设计要求将各种设备布置在合适的高度位置。设备、建（构）筑物应按照生产过程的特点和火灾危险性类别分区布置，根据需要设置必要的通道和场地，以满足生产操作、检修、施工和消防的要求。为主要操作点和巡回检查提供合适的通道、平台和梯子等。对设备、仪表和管道的维护和检修，应尽量采用移动式的吊装设备；对于需要就地检修的设备，应提供必要的检修场地和通道。

（3）适应所在地区的自然条件　结合所在地区的气温、降水量、风沙等气候条件和生产过程特点，以及某些设备的特殊要求，确定哪些设备可露天布置，便于安装、检修，利于防火、防爆。如严寒地区机泵等设备布置在厂房内；风沙较多地区，非密闭的机械传动设备应布置在厂房内；工艺生产过程需要的设备不能露天或半露天布置时，也应布置在厂房内。结合所在地区的地形特点，一般情况下，将装置布置在长方形平整地段上，以便把管廊设在能联系主要设备的位置，设备布置在管廊两侧；设备、建（构）筑物最好布置在同一地平面上。

（4）满足全厂总体规划的要求　根据全厂总体建设规划要求，如果一个装置内的设备或建筑物需要分期建设时，应按照装置的工艺过程、生产性质和设备特点确定预留区的位置，使后期施工的工程不影响或尽量少影响前期工程的生产，以便满足全厂总体建设规划要求。同时根据全厂总流程设计要求，可将一些装置合并在一起组成联合装置，即由两个或两个以上独立装置紧凑布置，且装置间直接进料，无供大修设置的中间原料储罐，其开工或停工检修等均同步进行，满足全厂总流程设计要求。

工艺装置在厂区内布置时应相对集中，形成一个或几个装置街区。工艺生产流程顺畅，布置紧凑合理，衔接短捷，与相邻设施协调，有利于生产管理和安全防火，便于施工、安装和检修。生产上有联系的建（构）筑物和露天设施布置在同一街区或相邻的街区。同开同停装置按火灾危险性类别、污染程度、物料运输方式和生产联系的紧密程度等条件，合理地联合布置；可能散发可燃气体的工艺装置，布置在明火或散发火花地点全年最小频率风向的上风侧；可能泄漏、散发有毒或腐蚀性气体、粉尘的装置或设施，应避开人员集中场所，并布置在其他生产设备区全年最小频率风向的上风侧。工艺装置区域内的管廊和设备布置应与相关的厂区管廊、运输路线等相互协调、衔接顺畅，装置内的建（构）筑物、设备及其基础等不应超越装置区边界线；装置的控制室、变配电所、化验室和办公室，应成组布置在装置区的一侧，并应位于爆炸危险区范围以外，位于可燃气体、液化烃和甲B、乙A类设备全年最小频率风向的下风侧；装置所需的化学品装卸和储存设施，应布置在装置区的边缘，便于运输和消防的地带；明火加热炉布置在装置区的一侧，位于可燃气体、液化烃和甲B、乙A类设备全年最小频率风向的下风侧。

（5）满足经济合理和用户要求　装置布置时，应尽可能缩小占地面积，合理的平面布置可以减少能耗。经济合理的典型布置是线型布置，即在装置中央布置架空管廊，管廊下方布置设备或检修通道；管廊上方布置空冷器、其他冷换设备、容器等；管廊两侧按工艺流程顺序布置塔、容器、换热器等。控制室或机柜间、变配电所或压缩机房等成排布置。

（6）防火要求　在工艺装置内，设备或管道的可燃、易爆物质一旦泄漏，遇到点火源就会发生火灾或爆炸。因此，防止火灾或爆炸的首要措施就是工艺安全，如加强设备的强度和密闭性能，设置防护设备和灭火设备等。还要保持防火安全距离，使发生火灾的设备不影响其他设备或设施。按照国家标准《石油化工企业设计防火规范（2018年版）》（GB 50160）的规定确定装置内设备、建筑物平面布置的防火间距，同时考虑装置火灾的影响距离和可燃气体的扩散范围，可能形成爆炸性气体混合物的范围。

（7）防爆要求　装置布置应符合国家标准《爆炸危险环境电力装置设计规范》（GB 50058）的规定，分析可燃物质释放源与装置内的变配电所、机柜室、明火设备和点火源之间的关系和影响，将不同等级的爆炸危险介质和非爆炸危险区、明火设备分别布置在各自的界区内，以减少爆炸危险区域；设备尽可能采用露天或半露天布置；装置内的控制室、机柜间、分析化验室及办公室等建筑物应尽量远离爆炸危险设备等。

4. 设备和管道

采用本质安全评价方法找出装置或设备存在的危险源，从材料选择、防腐蚀措施、防应力开裂措施等方面增加保护层，使设备具有较完善的防护和保护功能，以保证设备和系统能够在规定的运转周期内安全高效地运行。同时，对设备实施风险管理，运用 RBI、RCM、RAM、SIL、故障自愈调控等技术在设备层面上降低风险，这是实现设备本质安全、保证工艺安全、防止事故发生的主要手段。

（1）材料选择　除工艺有特殊要求或者专利商有规定，静设备受压元件用钢按照国家标准或行业标准等相关标准选择。储罐采用国外钢板时，其许用应力按照国外相应钢制焊接储罐最新标准的规定确定，但是不高于 262MPa。根据工艺流程、操作条件、运行介质不同，从选材、连接方式等方面严格按规范设计。根据工艺数据表的条件，对操作介质环境属高温（$t \geqslant 240℃$）硫腐蚀和低温（$t \leqslant 120℃$）湿 H_2S、HCl 腐蚀用钢选材要遵循高硫、高酸原油加工装置设备的选材要求，并考虑长周期操作的需要，在选择材料时还应符合特种设备安全技术规范《固定式压力容器安全技术监察规程》（TSG 21—2016）的要求。对于高压及专利商有特殊要求的配管按照标准和规范进行设计、制造、焊接、热处理、检验和试验。在 NaOH、湿硫化氢应力腐蚀等抗低温、湿硫化氢腐蚀介质环境下的选材要满足相应标准要求。

管道材料应根据管道级别、设计温度、设计压力和介质特殊要求等设计条件，以及材料加工工艺性能、焊接性能和经济合理性等选用，如输送腐蚀性介质管道材料应有耐腐蚀能力。高温管道钢材的受压设备元件的使用温度不应超过现行标准中材料许用应力值对应的温度上限，非受压元件的钢材使用温度不应超过钢材的极限氧化温度。根据管线的操作温度、压力、接触介质腐蚀性、冲击、承重等程度不同，严格按规范进行材质和密封材料选择，并留有一定的腐蚀余量。设计时考虑防震、防腐、防冲击、防热膨胀应力等措施，重要管线做应力计算，保证长周期运行。尽量减少不必要的连接点，施工时确保施工质量，开工前做压力实验，确保设备、管线密封完好。

（2）防腐蚀　根据容器的操作温度和操作氢分压，临氢压力容器的主体材质选用应符合美国石油学会（API）标准《炼油厂和石油化工厂高温和高压下临氢用钢材》（API RP941：2016）中抗氢腐蚀曲线（Nelson 曲线）的要求及相应的有关技术条件。凡有高温硫化氢和氢腐蚀存在的部位，材料的腐蚀率按库珀曲线进行腐蚀率估算，确定合适的腐蚀余量，若腐蚀率$\geqslant 0.25mm/a$，则应将材料升级或采用其他抗腐蚀措施保证使用寿命，如不锈钢复合板或不锈钢堆焊层。在管道拐弯、接头、焊缝、泵出口阀、密封材料等易腐蚀处进行防腐特殊处理，定期测量厚度或更换部件，仪器仪表选用抗腐型号。

含有高温硫和硫化氢的压力容器，其腐蚀率根据容器的操作温度和硫化氢浓度（体积分数）从腐蚀曲线查得，按容器的设计使用寿命确定腐蚀余量。为防止设备外表受腐蚀，按行业防腐蚀技术规范要求，对金属容器外表面、管架等喷防腐涂料进行保护。对防雷、防静电的接地网，在选材和施工中考虑防腐措施，尤其是接地网地下部分。

（3）防应力开裂　管道应力应兼顾管道及设备安全，兼顾管道热补偿及防振要求，优先采取自然补偿方法解决管道柔性问题，安装空间狭小而不具备自然补偿条件时方考虑采用金属膨胀节；有明显震源的管道应优先考虑防止其振动等设计原则。凡选用材料在使用中可能发生应力腐蚀开裂的，设备制造完毕后必须进行焊后热处理。凡选用的材料在使用中有可能发生应力腐蚀开裂的情况，设备制造完毕后必须进行消除应力热处理。在 NaOH 和湿硫化氢应力腐蚀、高温高压氢腐蚀以及液氨等四种介质环境下的选材应满足相关标准要求。

（4）设备本质安全可靠与监管智能化　化工企业设备本质安全可靠与监管智能化是沿着设备本质安全可靠性设计制造、风险管理、监管智能化和信息化的路线发展的。在可靠性设计制造方面，应该在其源头，即设计、制造、检验、验收上，设置更加严格的统一化标准。在根源上提高产品的质量，通过完整的标准和法规以及智能化监管系统来共同保证化工设备的安全可靠性。在风险管理方面，设备本质安全可靠与监管智能化贯穿于设备全生命周期的管理，基于 RCM、RBI、RAM 的风险管理技术，对于评价分析设备本质安全可靠性设计非常关键。对于监管智能化和信息化，实现实时状态感知、运行状态辨识与预测、运行自适应规划控制与动态补充修复的智能化、信息化设计，是实现运行监测与诊断智能化的前提；利用工业互联、网络协同和网络集成技术，是实现设备本质安全可靠与监管网络化、智能化和信息化的条件。相应技术包括智能维修决策及任务优化管理系统技术、基于物联网的炼化企业设备智能化监测诊断系统、关于气体泄漏的追源定位空间气体分析监测技术、基于电子通信的智能化 ITCC 控制技术、基于经验与风险定量计算的安全完整性等级设计方法、炼化设备泄漏事故预防指导系统等。

5. 生产过程控制系统

自动控制系统总目标是在实现化工厂科学管理、智能化生产中发挥出科学技术含量高、与生产过程密切相关的系统工程的优势，充分体现安全、健康、环保和循环经济的理念，提高产品质量、有效地降低设备生命周期成本，促使企业获取最大的利润。高标准、一体化的过程控制系统是工厂实现安全、平稳、高效、低耗的生产保证，为企业实现经营管理信息化、增强市场应变能力打下良好的基础。过程控制层控制系统包括：分散控制系统（distributed control system，DCS）；现场总线控制系统（fieldbus control system，FCS）；安全仪表系统（safety instrumented system，SIS）；可燃及有毒气体检测系统/火灾及气体检测系统（GDS/FGS）；储运自动化系统（movements automation system，MAS）；压缩机组控制系统（compressor control system，CCS）；机组状态监控系统（machinery monitoring system，MMS）；包设备控制系统；智能设备管理系统（intelligence device management，IDM）；操作员培训仿真系统（operator training system，OTS）。过程控制系统的核心是分散控制系统。本套丛书的《化工安全仪表系统》[22]介绍了化工安全仪表系统的定义、功能安全管理技术、保护层及保护层分析技术，详细阐述了化工安全仪表系统工程设计、安装、调试、维护、功能安全评估、气体检测系统等相关内容。同时对保护层规划与分配、安全要求规格书编制、安全完整性等级（SIL）确定、SIL 验证（验算）等内容进行了阐述，并介绍了安全仪表系统在重点监管危险工艺等领域的具体实践。

（1）分散控制系统　控制系统的设置原则为集中控制、平稳操作、安全生产、统一管理，从而提高产量和产品质量，降低能耗，充分发挥工艺装置的生产加工能力，尽最大能力获取经济效益，增强企业的生存力和竞争力。分散控制系统设备布置在中心控制室和现场机柜室（field auxiliary room，FAR）内。中心控制室内各工艺装置的 DCS 系统以生产装置为单位设置，公用工程系统和油品储运系统的 DCS 系统以现场机柜室为单位设置。每套 DCS 系统分别在中心控制室设有相应的操作站和 1 台工程师站。每个现场机柜室内均设有 1 台具有工程师站属性的操作站，用于现场调试、开车及维护；设有 1 台仪表设备管理系统（asset management system，AMS）监视站（兼服务器），对具备 HART（highway assressable remote transducer）信号的现场仪表进行数据采集、管理和现场监控。在中心控制室的工程师站室内设有 2 台公共 AMS 监视站，用于所有装置 AMS 信息管理。

DCS 控制系统与其他各类控制系统间均有通信联系，各类系统的重要信号都在 DCS 系统中有指示。DCS 的人机操作界面可同时监视来自其他控制系统的信息，如 SIS 以及部分随专用设备配套的控制系统等。分散控制系统具备的主要功能有：完成工艺装置的常规控制、顺序控制，过程联锁和部分先进控制；操作人员通过人机界面对工艺过程进行控制、操作、监视；提供所有工艺过程参数和系统自身的报警，进行报警管理和分析；提供所有工艺过程参数的实时和历史趋势；装置区内的可燃气体、有毒气体等安全仪表检测信号均在 DCS 上进行报警；装置区内的主要机泵设备的运行状态均在 DCS 上进行显示。用户可以通过工程师站或操作站等终端设备对系统的软件进行修改，提供与 SIS、CCS 等系统的接口。采用 AMS 对现场仪表和控制阀进行维护和故障诊断，自动地为检测和控制仪表建立应用及维护档案，进行预测维护管理，以保证仪表的可靠运行，减少维护，提高设备的管理效率。

（2）现场总线控制系统　现场总线控制系统（FCS）是数字化通信网络实用技术，采用数字多路复用技术，将具有不同地址编码的数字信号通过同一根电缆进行传输，实现现场智能仪表与主控制系统之间的信息交换，可使现场智能仪表管理和控制达成统一，使现场智能仪表完成过程控制，可监视非控制信号等。现场总线系统由现场智能仪表、现场通信总线和计算机接口三部分组成。现场智能仪表可分为智能变送器、智能执行器两类。智能变送器包括温度、压力、流量、物位、在线分析仪等，均具有检测、转换、P&ID 调节、运算、自诊断、自校验等功能。智能执行器按驱动信号分为气动或电动，带有阀门输出特性补偿、P&ID 调节、自诊断、自校验等。

（3）安全仪表系统　安全仪表系统也称为紧急停车系统、安全停车系统、安全联锁系统或安全保护系统。安全仪表系统（SIS）包括测量仪表、逻辑控制器和最终元件，当安全仪表系统内部产生故障时，安全仪表系统应能按设计预定方式，将过程转入安全状态。SIS 能与 DCS 进行实时数据通信并且具有顺序事件记录功能。安全仪表系统独立于过程控制系统，独立完成安全保护功能，保护装置在事故时按次序安全停车或采取安全联锁保护措施，从而保护设备、人员安全。当过程变量超过限量值时，机械设备故障，系统本身故障或能源中断时，安全仪表系统能自动（必要时可手动）地完成预先设定的动作，使操作人员、工艺装置转入安全状态。安全仪表系统可按照安全度等级要求分为 1、2、3、4 级；安全等级越高，安全仪表系统的安全功能越强。

安全仪表系统原则上按故障安全型（fail-safe）设计。系统内发生故障时，应能按照故障安全的方式停机。系统应具有完备的冗余或容错技术，控制站的功能卡（包括处理器卡、通信卡、各级网络通信设备和部件、所有电源设备和部件等）必须冗余或容错配置。系统必须具有完善的硬件、软件故障诊断及自诊断功能，自动记录故障报警并能提示维护人员进行维护。诊断测试应能在系统运行时始终周期地进行，一旦检测出故障，即产生报警及显示。安全仪表系统符合相关的仪表规范要求。

安全仪表系统可采用电气、电子或可编程电子技术或其组合。对有大量输入/输出（I/O），许多模拟信号、逻辑要求复杂的，或包括计算功能的逻辑要求外部数据与过程控制系统进行通信的，应优先选用可编程电子系统技术。安全联锁系统应避免不必要的软件和硬件升级，尤其不得同时对基本工艺控制系统和安全联锁系统进行升级。由于升级难免会出现新的问题或缺陷，安全联锁系统若要升级，应在基本工艺控制系统升级之后。安全仪表系统功能由传感器、逻辑控制器和最终执行元件组成，根据"短板理论"，三个器件应具有一定的安全完整性等级（SIL）。应综合考虑危险工况下事故发生的概率和可能造成的后果，进行 SIL 计算，根据计算结果确定 SIS 的等级。根据确定的 SIS 等级，选定仪表的类型和质量，必要时应采用冗余的传感器。最终的元件和逻辑系统，都要显示在 P&ID 图上。

（4）可燃及有毒气体检测系统　为确保装置安全生产和人身安全，在生产装置、公用工程、储运系统内可能泄漏可燃气体、有毒气体、可燃液体或可能聚集可燃气体、有毒气体的场所按国家标准《石油化工可燃气体和有毒气体检测报警设计标准》（GB/T 50493）设置有毒气体及可燃气体检测器、报警器，并设现场声光报警。释放源处于露天或敞开式厂房布置的设备区域内，可燃气体检测器距其所覆盖范围内的任一释放源水平距离不超过 10m，有毒气体检测器距其所覆盖范围内的任一释放源水平距离不超过 4m。释放源处于封闭式厂房或局部通风不良的半敞开厂房内，可燃气体检测器距其所覆盖范围内的任一释放源水平距离不超过 5m，有毒气体检测器距其所覆盖范围内的任一释放源水平距离不超过 2m。根据规范，可燃气体检测器的一级报警设定值为 ≤25% 爆炸下限，二级报警设定值为 ≤50% 爆炸下限。有毒气体检测器的一级报警设定值为 ≤100% 职业接触限值，二级报警设定值为 ≤200% 职业接触限值。

在发生可燃或有毒气体泄漏时，来自现场的火灾、可燃气体、有毒气体探测器的信号及手动报警信号分别送入各个装置、公用工程及储运系统所属的现场机柜室内 DCS 系统独立的卡件，报警输出信号也经过独立的卡件。在中心控制室内设有 1 台独立的可燃及有毒气体检测系统（GDS）操作站，监控所有可燃气体、有毒气体报警画面。各装置 DCS 操作站可以调用相关装置的 GDS 系统画面。发生可燃或有毒气体泄漏时，报警信号通过 DCS 传送至操作室的显示屏上，操作人员可及时发现可燃气体或有毒气体泄漏，通过 SIS 完成有关的应急处理，及时关闭泄漏物料的供应系统，或进行减压处理等，尽快将危害控制在最小的范围内，避免事态扩大。

可燃及有毒气体检测系统主要用于石油化工行业现场气体泄漏报警，除了极个别的报警有特殊的联动要求以外，大部分仅作为报警使用。系统可以由可编程控制系统（PLC）、分散控制系统（DCS）、数据采集系统、工业控制计算机以及专用报警显示设备等电子单元组成。当可燃气体和有毒气体检测点数较少（≤30）时，GDS 可采用独立的工业计算机、PLC 或常规的模拟仪表。对于大型联合装置、区域控制中心和全中心控制室的可燃气体及有毒气体检测报警系统，可优先考虑与火灾检测报警系统合并设置。报警系统设置在有人值守的控制室或现场操作室内，采用声光报警形式。系统应具有历史事件记录功能，报警声光信号与生产控制系统报警信号应有区别。

（5）储运自动化系统　储运自动化系统（MAS）是全厂过程控制系统的重要组成部分。储运自动化系统包括储罐液位监控管理自动化系统，油品在线调和系统，定量装车、装船系统等。全厂储运系统包括与装置生产密切相关的原料、产品和中间产品等各类罐区，包括与全厂安全生产密切相关的火炬设施以及连通装置、公用系统和储运系统的全厂工艺及热力管网，还包括铁路装车设施、汽车装车设施以及油库和码头等。储运自动化对工厂的安全生产、节能降耗、保护环境、降低成本、提高经济效益有着重要的作用。

储运自动化系统设置原则应与生产装置的自动化水平一致，采用分散控制、集中操作、集中管理的原则，并为全厂的信息管理建立基础。MAS对储运系统的所有单元进行检测、控制和联锁保护、安全报警和数据记录及存储。这些功能主要由DCS完成，也可根据需要与DCS通信，由微处理器集成的专用控制器完成。储运系统各单元的控制系统根据其过程特点独立设置，各单元的信号和信息通过可靠的网络和专用设备进行通信和处理。既可保证各单元分别正常生产和开停工，互不干扰；又可实现信息流通、资源共享，互相协调，有效地提高经济效益和管理水平。

储罐液位监控管理系统要完成储罐及与储罐关联的工艺过程的数据采集、信息处理、控制、安全报警及联锁保护，以及储罐液位、容量、密度等参数的测量和计算。罐区数据采集系统是通过现场总线仪表和智能仪表（如雷达液位计、多点智能温度仪等）提供的储罐温度、密度和液位信息，通过储罐数据管理单元、储罐信号通信单元将测量的液位自动转换为体积值或质量值，计算储罐内油品动态储量，并与DCS通信。

铁路装车监控管理系统和汽车装车监控管理系统设置在油品进出工厂的装车设施中，用于监视和管理装车相关信息及辅助信息。一般每个装车鹤位均设置了就地定量装车控制器、高精度（商用级）质量流量计和多段数控阀等仪表。装车监控管理系统可采用DCS或其他合适的系统，如PLC和采用微处理器控制技术的装车用批量控制仪。装车监控管理系统的过程信息用通信的方式，汇入工厂过程信息网，可以在控制室的DCS操作站上显示装车信息。

（6）压缩机组控制系统　压缩机组控制系统（CCS）主要是指专门用于压缩机过程控制及联锁保护的计算机控制系统。由于控制对象具有高速运动、机械振动等特点，与常规DCS相比，CCS具有扫描速率高、专用性强等特点。CCS独立于其他控制系统，用于完成装置内离心压缩机组的调速、防喘振控制、负荷控制、过程控制、联锁保护等功能。原则上，CCS以离心压缩机组为单位独立设置。如果装置中仅有较简单的机组，如往复式压缩机或螺杆压缩机，则机组的联锁保护由装置的 SIS 来实现；如果装置中无 SIS 则由装置 DCS 实现，不再单独设置 CCS。机组的监控由 DCS 实现；如果装置内既有离心压缩机组又有简单的机组，可以共用一套 CCS。

CCS 显示操作站、辅助操作站及附属设备均集中设置在中心控制室，进行集中操作、控制和管理。以装置为单位，在现场机柜室设置具有操作员属性的现场工程师站，用于正常的维护和历史数据的存储并兼作操作站。当现场机柜室与中心控制室之间的网络联系中断或发生通信故障时，现场工程师站应与所在机柜室内控制器构成独立系统。CCS 采用三重或双重冗余或容错结构，要取得国际标准《电气/电子/可编程电子 安全系统的功能安全》（IEC 61508）规定的 SIL 3 级认证，应具有高可靠性，系统的可利用率不低于 99.99％。系统的设计应是故障安全型的，系统内发生故障时，应能按照故障安全的方式停机。系统应具有完备的冗余或容错技术，控制站的功能卡必须冗余或容错配置；系统应具有完善的硬件、软件故障诊断及自诊断功能，自动记录故障报警并能提示维护人员进行维护。

（7）机组状态监控系统　机组状态监控系统（MMS）主要用于透平机、压缩机和泵等转动设备参数的在线监视，对转动设备的性能进行分析和诊断，支持转动设备的故障预维护，降低维护成本，减少因设备的非计划停车造成的损失。对于重要的转动设备，其主要运行参数，包括轴振动、轴位移、转速等参数，直接传送至 MMS。操作管理人员在 MMS 的管理站上直接读取转动设备运行参数，并对设备的运行性能进行在线诊断分析。对于一般的转动设备，其运行参数是通过便携式数据采集器进行收集，下载到 MMS 中，操作管理人员再通过 MMS 的管理站进行数据读取。MMS 的信号输入卡和数据处理器等系统设备通常安装在现场机柜室内，服务器和工作站等安装在控制室内。状态监测系统工作站应通过面向过程控制的 OLE（对象的链接与嵌入）接口连接到 DCS，从 DCS 数据库中检索所有机组的相关过程变量，以便通过 OPC 连接程序对瞬态振动数据进行显示和趋势分析。通过网络连接数据到达状态监测系统的最大延迟时间应是 5s。如果所监测的设备设有机组控制系统（CCS），监测卡件机架应通过串行通信接口接到 CCS，否则应接到 DCS，并且应传送所有模拟和数字信息，并接受来自 DCS/CCS 的命令，例如机架时钟设定、报警抑制、机架复位等。任何停车信号都应通过带继电器的模拟输出卡硬接线接入 SIS/CCS。停车跳闸设定应在 MMS 监测卡件内组态并一对一输出。所有其他报警和预警应是来自变送器模拟信号（通信），并在 DCS/CCS 中生成。

（8）包设备控制系统　包设备控制系统指的是在生产过程中某一相对独立的工艺过程所采用的独立于常规 DCS 之外的计算机控制系统，采用可编程逻辑控制器（PLC）或专用控制器（EPCS），执行完成独立工艺过程的控制功能。这个系统通常构成简单，输出可直接驱动执行机构，中间一般不需要设置转换单元，因而大大简化了硬件的接线电路。其控制器采用了集成电路，同时其本身设计又采用了冗余措施和容错技术，规模较小，可靠性要比有接点的继电器系统高。大多数采用编程器进行程序输入和更改的操作，人机界面简单直观，操作方便，扩展灵活，成本低廉，安全可靠，适于工业环境使用。

（9）智能设备管理系统　智能设备管理系统（IDM）是对现场智能仪表进行维护、校验和故障诊断的管理系统，是全厂智能设备管理系统的一个组成部分。近年来各种智能仪表，如智能变送器和带智能定位器的控制阀，已在化工厂广泛使用。IDM 具有智能仪表设备组态、状态监测及诊断、校验管理和自动文档记录管理等功能，自动地为检测和控制仪表建立应用及维护档案，进行预测维护管理，以保证智能仪表的可靠运行，减少维护工作量，提高设备的管理效率。IDM 通常包括数据读取、设备组态、设备诊断、预测维护管理、操作员培训仿真系统等。

（10）大屏幕显示系统　随着中心控制室（CCR）中监视和操作设备的技术水平不断提高，设置在 CCR 主操作室中的大屏幕显示系统（digital light procession，DLP）也应需而生。DLP 主要用于现场工业电视监视系统的实时监控、回放以及 DCS 和信息化系统的数据群和画面的显示。其以控制计算机为核心，以高对比度、高分辨率、宽视角的专用无反射复合玻璃屏幕为主体，采用图像输入设备、图像处理设备和相关的软件技术组合而成，是新型的大规模、多功能和清晰、醒目的显示系统，是 21 世纪以来发展比较快的新技术和新设备。随着在控制室内职守人员承担任务以及安装设备关键性的提高，CCR 已是生产操作人员不间断值守、工作和调度、管理人员工作和关注的中心部位，也是领导决策层获得最新生产数据的现场和数据库。一套配置良好的大屏幕显示系统在 CCR 中的运行，对及时正确处理突发事件有很大的帮助，有助于提高正常生产管理的工作效率，有助于提升全厂的管理水平。

（11）消防联锁控制系统　消防水泵房、罐区泡沫站的消防系统设置联动控制系统，系统采用 PLC 方式实现。在中央控制室、消防水泵房、罐区泡沫站各设置 1 套 PLC 控制主机，主机之间通过光缆组网。在中央控制室 DCS 操作室设置消防联动操作站，实现对消防系统的监视与联动控制。消防冷却水系统为稳高压消防水系统，平时由消防稳压给水设备稳定系统压力，管网少量漏水可由稳压泵补充。事故状态下，当管网压力下降 0.1MPa 时，报警装置发出报警信号，30s 内如无人为干涉，消防水主泵自动启动，将消防水注入消防水系统管网内，用水点就近获取高压消防水。消防水泵同时具有手动开启功能，稳压设备在消防主泵启动 5～10s 后自动切断。消防水泵具有消防水罐底停泵功能。消防冷却水泵设置回流管道，定期打回流验泵。柴油机泵为备用泵，油箱的储备容积满足机组连续运转 6h 要求。罐区泡沫站采用就地手动控制和控制室遥控控制相结合的控制方式。中央控制室接到火灾报警后，经监控系统确认，启动罐区泡沫站，泡沫液泵自泡沫液罐中吸取泡沫原液至比例混合器处，压力水与泡沫原液在此根据设定的比例自动进行混合产生泡沫混合液，供罐区消防灭火之用。

6. 电气安全

电力是危险化学品工程项目运行的主要动力源，连续稳定、安全可靠的电力供给是危险化学品工程项目安全、平稳、长周期生产的重要保证。电气安全设计主要包括工程供配电系统设计和爆炸危险环境电力装置及电气线路设计。两者都是以保障人身和财产安全为目的，但前者强调实现可靠供电，后者则强调预防为主，因地制宜采取防范措施，消除或控制电气设备和线路成为工程区内爆炸性混合物的引燃源的可能性。电气防爆、爆炸性气体环境分区的设置要满足国家标准《爆炸危险环境电力装置设计规范》（GB 50058）的有关规定。

（1）供电安全 根据生产过程中的重要性及其供电的可靠性、连续性的要求，生产装置用电负荷划分为一级负荷（重要连续生产负荷）、二级负荷（一般连续生产负荷）和三级负荷（一般性负荷）。一级负荷是指生产装置中工作电源突然中断时，将打乱关键性的连续生产工艺过程，造成重大经济损失，如中断供电造成人身伤害、经济上造成重大损失和将影响重要用电单位的正常工作等视为一级负荷。在一级负荷中，当中断供电造成人员伤亡或重大设备损失或发生中毒、爆炸和火灾等情况的负荷，以及特别重要场所的不允许中断供电的负荷，应视为一级负荷中的特别重要负荷。二级负荷是指生产装置工作电源突然中断时，将造成较大经济损失，如出现减产或停产，恢复供电后能较快地恢复正常的用电设备及为其服务的公用工程的用电负荷，中断供电将在经济上造成较大损失时或将影响重要用电单位的正常工作的应视为二级负荷。三级负荷是指所有不属于一级负荷、二级负荷的其他用电负荷。

一级生产装置用电负荷是指生产装置中重要的或主要的生产单元的用电设备大多数为一级负者；二级生产装置用电负荷是指生产装置中重要的或主要

的生产单元的用电设备大多数为二级负荷者。一级工厂用电负荷是指工厂重要的或主要的生产装置及确保其正常操作的公用设施的用电负荷为一级生产装置用电负荷者。联合型和大型工厂的用电负荷应归为一级工厂用电负荷。二级工厂用电负荷是指工厂主要的生产装置及相应的公用设施的用电负荷为二级生产装置用电负荷者。一级工厂用电负荷应由双重电源供电，当一电源发生故障时，另一电源不应同时受到损坏。

根据《供配电系统设计规范》（GB 50052）的规定，装置大部分用电负荷属于一、二级负荷，应急照明为一级负荷中的特别重要负荷。按照行业标准的规定，新建装置中90%以上的负荷、消防系统、储运系统的原料油泵和成品油泵等属于一、二级负荷；应急照明、DCS、火灾报警、变电站数据采集与监视控制系统（supervisory control and data acquisition，SCADA）、供配电控制系统等属于一级负荷中的特别重要负荷；其他不属于一、二级负荷的如维修、办公、生活设施等的负荷属于三级负荷；新厂区道路照明单元的用电按三级负荷供电。一级负荷由双重电源供电，当一个电源发生故障时，另一个电源不应同时受到损坏。一级负荷中特别重要负荷，除用双重电源供电外，还应增加应急供电电源，并严禁其他负荷接入应急供电电源系统。应急照明采用应急电源装置供电；DCS、SCADA采用不间断电源供电；供配电控制系统采用直流电源供电。二级负荷采用两回线路供电，分别取自不同母线段。三级负荷对电源没有特殊要求。

（2）爆炸危险区域划分　电气防爆选型和爆炸危险区域划分要满足国家标准《爆炸危险环境电力装置设计规范》（GB 50058）的有关规定，在设计过程中，要根据标准规定的要求画出爆炸危险区域划分图，并进行爆炸危险区域审查。

① 分析策划　组建分析小组，确定分析范围及要求，确定划分方法及标准。分析小组主要由项目经理，主持人，记录员，电气、安全、工艺、其他专业人员和建设单位人员组成，需要准备工艺说明书、工艺流程图、工艺管道及仪表流程图、物流数据表、工艺设备数据表、装置平面布置图和建筑物的通风特性等相关资料和文件。

② 划分程序　爆炸危险区的划分程序为：可燃物质的辨识；释放源（包括泵、压缩机、容器、塔、换热器的法兰和阀门等）的识别；确定释放源分级；根据释放源的级别和位置、可燃物质的性质、通风条件、障碍物以及生产条件、运行经验等确定爆炸危险区域划分；确定爆炸危险区域危险半径；确定爆炸危险区域，审查爆炸危险区域划分图。通过爆炸危险区域审查评估的爆炸危险区域划分图，确认释放源组分选取是否合理；释放源等级划分是否合理；

确认区域的通风状况；确认危险区域的建筑物门窗位置、关键设备订货是否受影响；对附加 2 区的划分是否合理；危险区域半径是否合理；特殊区域（如地下罐、污油罐等）的划分考虑是否合理。重点考虑泄漏半径值是否合适，泄漏孔径、压缩机和泵的泄漏口径计算，确认释放源设备是否为二级释放源，引燃温度分组及泄漏频率级别等。

③ 电气设备选型　在爆炸性环境内，根据爆炸危险区域的分区、可燃性物质和可燃性粉尘的分级、可燃性物质的引燃温度和可燃性粉尘云的最低引燃温度等因素选择电气设备。在爆炸性环境内，电气设备保护级别"0 区"为 Ga（设备保护级别 EPL）；"1 区"为 Ga 或 Gb（设备保护级别 EPL）；"2 区"为 Ga、Gb 和 Gc（设备保护级别 EPL）。Ga 电气设备防爆结构为本质安全型"ia"，Gb 电气设备防爆结构为隔爆型"d"、增安型"e"、本质安全型"ib"等。防爆电气设备的级别和组别不应低于爆炸性气体环境内爆炸性气体混合物的级别和组别。例如：某项目加氢装置的爆炸危险 2 区含氢环境内电气设备防爆等级不低于 eIIT3 或 dIICT3，其他场所不低于 eIIT3 或 dIIBT3，气体爆炸危险 1 区含氢环境内电气设备防爆等级不低于 dIICT3，其他环境不低于 dI-IBT3。

（3）防雷防静电接地　为防止产生静电火花，工艺设备、塔、管架、管线、框架、电气设备正常不带电的金属外壳及建筑物均按国家标准《建筑物防雷设计规范》（GB 50057）和《交流电气装置的接地设计规范》（GB/T 50065）进行防雷和接地设计。工艺管线进、出装置处设防静电接地，塔、容器的壁厚大于 4mm 可作为接闪器，只做防雷接地，压缩机房设避雷带防雷。对于具有 2 区或 22 区爆炸危险场所的建筑物，如压缩机厂房、泵房等，按照第二类防雷建筑物进行防雷设计。采用装设在建筑物上的避雷网或避雷带组成接闪器。避雷网（带）沿屋角、屋脊、屋檐和檐角等易受雷击的部位敷设，并应在整个屋面组成不大于 10m×10m 或 12m×8m 的网格。引下线不应少于两根，并应沿建筑物四周均匀或对称布置，其间距不应大于 18m。

防静电的设计应满足行业标准规范的要求，在管道进出装置区（含生产车间厂房）处、分岔处应进行接地。长距离无分支管道应每隔 100m 接地一次。平行管道净距小于 100mm 时，应每隔 20m 加跨接线。当管道交叉且净距小于 100mm 时，应加跨接线。罐区等单元设置人体静电接地棒，汽车装卸设施设置专用接地仪，并与装卸泵联锁。内浮顶上所有的金属部件均应互相电气连通，并通过罐体与罐外部接地件相连。连接内浮顶和罐顶的静电导线可用不锈钢丝线或铜线制成。接地装置以水平接地线为主，局部地方打少量接地极。接地网尽量与建（构）筑物基础内钢筋相连，以降低接地电阻值。

7. 电信系统

电信系统包括有线和无线通信系统、工业电视监视系统、火灾自动报警系统、安全生产管理指挥集成系统等。

（1）有线和无线通信系统　有线和无线通信系统包括行政管理电话系统、生产调度电话系统、无线通信系统及扩音对讲系统。行政管理电话系统设在办公室、控制室、机柜室、值班室等地点。生产调度电话系统由调度电话总机、调度台和调度分机组成。调度电话总机选用数字程控交换机，分机设在控制室、值班室等重要生产岗位，调度台设置在调度室内。无线通信系统能够满足企业开工、检修、巡回检查、消防、保卫及应急等移动性通信联络。无线通信系统采用数字集群通信系统，厂区内使用的无线手持对讲机为防爆型产品，其防爆等级必须满足使用区域内爆炸危险等级最高的级别。在无线信号盲区设置无线信号覆盖。

（2）工业电视监视系统　根据工艺过程监视需求设置工业电视监视系统，尤其是环境恶劣（如有毒、高噪声、高温、高粉尘、窒息、强放射性辐射等）、操作人员不易直接去观察的生产部位和场所；在生产运行过程中，需要随时监视的设备；贵重物品及危险品存放的仓库；火灾危害较大的部位及场所（如生产装置、罐区）；重大危险源中储存剧毒物质的场所或者设施；需要安全防范的场所等。

工业电视监视系统对重要部位和设备、操作区域进行监视，监视信号接入中央控制室。该系统与火灾自动报警系统联网，当发生火灾时，监控分站自动显示报警附近摄像机图像。在中央控制室配置存储管理服务器、视频管理服务器和网络存储设备，用于全厂的监控管理以及监控数据的存储。全厂电视监视系统的控制设优先级，每个控制点分别控制和观察各自管理范围内的摄像机。与办公局域网联网，满足没有专用局域网岗位查看电视监视图像的需求。电视监视核心交换机、防火墙按冗余配置考虑。摄像机安装位置应能确保需要监视的设备或部位得到全面监视。在罐区设置的摄像机应能保证监视到整个罐区，在必要时设置摄像机安装塔。

（3）火灾自动报警系统　为有效预防火灾，及时发现和通报火情，保障安全生产，设有火灾自动报警系统。一般根据工厂布局和管理模式，火灾自动报警系统划分为生产装置及辅助生产设施和管理区。生产装置及辅助生产设施以中央控制室作为火警监控中心，监测范围为生产装置及辅助生产设施内除独立的变配电间以外的所有区域，在各生产装置和辅助生产设施的现场仪表机柜室、控制室或值班室分别设置火灾报警控制器或区域显示器。管理区以办公楼值班室作为火警监控中心，监测范围为管理区的各类建筑和设施，在办公楼值班室和管理区其他建筑物内分别设置火灾报警控制器或区域显示器。所有火灾报警控制器通过总线方式联网，组成全厂性火灾自动报警系统。易燃、易爆的露天、敞开或半敞开生产装置的构筑物和厂房、控制室、配电室、分析化验室等建筑物以及高层或多层办公楼、计算机房、电信机房、资料档案楼以及科研楼等应设置火灾自动报警设施。自备电站、锅炉房、总变电所及其电缆隧道、散发可燃气体的污水处理场等全厂性重要辅助生产装置以及罐区（含地下或半地下储罐）、装卸栈台、灌装间、成品仓库、危险品库、易燃易爆化学品仓库、易燃材料堆场、易燃及可燃物储运站等也应设置火灾自动报警设施。点式感烟、感温探测器设在变压器室等各个房间，线型感温电缆设在配电室电缆夹层电缆槽板内，在装置界区内所有手动报警点设置防爆型和普通型手动报警按钮。

以某企业为例，其在控制室、配电间、变压器室、办公楼的办公室等部位设光电感烟探测器，在各高低压配电间及变电所的电缆夹层设线型感温探测器，在热油泵房等处设火焰探测器，在设有火灾报警控制器的建筑物内各防火分区均设置手动报警按钮。在装置区、罐区设置手动报警按钮，手动报警按钮设在巡检道路旁或经常有人经过的地方。各排烟风机、通风管道的防火阀等消防受控设备均就近纳入火灾报警控制器，并通过全厂火灾报警控制平台汇总到厂消防控制室。各消防受控设备的控制器均有就近控制该消防受控设备的功能。火灾自动报警系统与工业电视监视系统和扩音对讲系统联网。当火灾报警控制器接收到火警信号后，联动控制现场附近摄像机自动转向报警区域，及时确认火警情况。当值班人员确认火警后，通过扩音对讲电话系统发出语音或声响提示。

火灾自动报警系统由具有联动功能的火灾报警控制器、火灾探测器、手动报警按钮和声光报警器等设备组成。根据不同情况和场合，火灾报警控制器可选择壁挂式、嵌入式或机柜式安装等。火灾报警控制器应设在易于观察的安全区域，如有人值班的控制室、值班室等，应具有声光报警、检查、监控功能；当火灾发生时能及时准确地显示火灾具体部位、故障、短路等信息，并能记录历史事件，配有打印机；具备消防联动控制功能；每台火灾报警控制器均具有网络接口，连接组成全厂的火灾自动报警网络。火灾报警系统采用不间断电源供电。备用蓄电池的容量应保证报警情况下全部火灾探测器及手动报警按钮8h的供电，并提供警铃和警笛1h的供电。

（4）安全生产管理指挥集成系统　随着过程控制层各种先进系统的应用，设备、装置的自动化、智能化程度越来越高，在发现、处理、判断警情的时候，人力作用将越来越弱。生产越复杂、关联要素越多，个人就越不能及时处理，高危工厂安全生产管理指挥集成系统的建设非常必要。在高危生产工厂中，安全生产管理指挥集成系统提取与安全生产相关的信息并集中处理，第一时间发现其状态的变化，并实时、多维度传输至生产调度指挥中心，指导调度人员对厂区风险管控、事故应急处置，同时配套日常生产管理、通信调度指挥。通过将不同的电信、信息系统进行功能上的集中、数据上的共享、操作上的集成，形成一体化生产风险管控体系。

以某企业安全生产管理指挥集成系统为例，将环境感知信息、安防管理信息、自然环境信息、静态基础数据、人员及应急通信信息和应急处置资源信息等整合在一个平台。其中，环境感知信息包括硫化氢报警、可燃气体报警、固体硫黄着火报警、建筑物火灾报警、电缆超温报警、不间断电源/应急电源报警、变压器油超温报警、10kV以上电机故障报警等；安防管理信息包括周界报警、门禁报警、火警电话报警等；自然环境信息包括风速、风向、降水量、温度、湿度、气压等；静态基础数据包括报警点的相对地理坐标、厂区道路、装置设备、厂区平面布置、厂区建筑物等；人员及应急通信信息包括企业通讯录、地方应急救援单位联系、厂内人数统计等；应急处置资源信息包括装备、物资、人员、联动的设备、联动的场景等。通过安全生产管理指挥集成系统，有毒气体、可燃气体、火灾报警等信息的实时性已经达到了过程级，实现工厂安全生产风险的全面预警，全面集成工厂危险报警信息、生产异常信息、安防管理信息、气象环境信息，实现了调度指挥大厅的集中监测与监控。设有一键启动消防泵、一键启动应急广播、一键启动逃生门和自动/人工判断联动现场视频等。集中有毒气体、可燃气体、火灾报警、红外热成像监测、震动光缆监测信息，实现全面风险管控一体化预警系统；根据监视对象的不同，选择不同的监控摄像机，实现生产现场可视化、设备状态可视化、危险源可视化。也可以将地理信息系统、预警系统、应急救援快速部署系统、环境监测系统、应急响应系统、短信群发系统、广播报警系统、语音指挥系统、视频会议系统、工业电视系统、保卫安防系统、火炬监控系统、全景视频系统、移动视频系统、可燃气体数据采集系统、实时气象系统等集成在安全生产管理指挥系统中。

8. 建（构）筑物

建（构）筑物的选址及其通风、空气调节措施直接影响装置内人员的安全与健康。

（1）建筑物选址评估 为了保护装置内长期值守的人员，应根据爆炸风险评估进行建筑物设计。美国石油学会标准《工艺装置永久性建筑物布置危险管理》（API RP 752）提供了对建筑物内人员可能受到爆炸、火灾或有毒物释放引起的风险管理指导方法，既考虑到对人员的全方位保护，也避免了不必要的过度设计，是有人建筑物性能化设计的重要依据。有人建筑物的风险管理策略首先是本质安全性，操作人员应远离工艺危险区域进行安全有效的操作，工艺装置区周围的有人建筑物使用率应最小化；有人建筑物的设计、建造、改建和维护应使人员受到爆炸、火灾、有毒物释放等风险影响降至最低；有人建筑物的管理应是项目设计、施工、维护和操作一体化管理的一部分。建筑物是否需要进行专门的风险管理取决于建筑物选址评估。主要基于两个影响因素：一是建筑物是否可能受到火灾、爆炸或有毒物泄漏等事故风险的影响，如果没有这些潜在的风险威胁，则不需要进行建筑物选址评估；二是建筑物内是否有人长时间停留，为了保护人员的生命安全，对有人存在的建筑物需要进行选址评估，以确定建筑物的位置和建筑物内的人员面临的风险是否处于可接受的水平。

当建筑物内有人工作或建筑物具有人员集中功能时，该建筑物就属于有人存在的建筑物。比如火灾、有毒物泄漏等紧急情况下建筑物内有人存在，如设计的避难所、应急指挥中心、控制室、会议室、办公室、培训教室；更衣间、午餐室、警卫室；现场操作间、有人工作的实验室及修理间、有人值守的仓库；"楼中楼"（如建筑物内的有人建筑物）、封闭工艺区域内的有人房间（如办公室、车间和控制室）等。

人员短期使用的建筑是否需要进行选址评估要根据具体情况而定，主要考虑使用人员的数量及使用频率，以及所有使用人员的累积数量。这类建筑物包括吸烟棚、遮雨棚、码头服务站、装卸台操作站、休息室等。

① 建筑物选址评估的主要方法及标准　建筑物选址评估的主要方法基于后果法、基于风险法和间距表法。

基于后果法考虑爆炸、火灾和有毒物释放场景的事故后果影响，这种方法应根据最大可信事件考虑每个建筑物可能受到的危害类型。基于风险法采用定量分析方法，综合考虑爆炸、火灾和有毒物释放场景的事故后果和频率两方面。间距表法考虑工艺设备设施与有人建筑物之间的距离是否满足最小间距的要求。根据经验总结的防火间距不能用作防止爆炸和有毒物释放事故影响的间距要求。因为基于经验的"防火间距表"没有考虑爆炸和有毒扩散事故场景的选择，只适于火灾事故场景。

为了防止和降低爆炸、火灾、有毒物释放的事故影响，需要确定各类危险释放源与建筑物之间的间距。这些间距应基于最大可信事件，即基于后果法，而不是直接采用间距表法。基于后果法和基于风险法包括从简单到复杂的多种分析方法。复杂分析考虑装置布置、地理位置和周围环境等详细信息，简化分析则采用比较保守的假设来替代没有包括在内的细节分析。场景选择包括确定适用的与危险源相关的操作，如物料泄漏、火炬排放、工艺排气筒和大气泄放设备。这些场景主要基于工艺装置的特定因素，如设备故障率数据、工艺设备设计、工艺物流组成和运行条件。选择场景时可参考类似的工艺和设备失效数据。

基于后果法的选址评价标准可以表示为建筑物暴露标准或后果标准。这些标准分别针对建筑材料、建筑物设计和危险类型（爆炸、火灾、有毒物释放）。建筑物暴露标准通常可表示为：爆炸荷载、热通量和暴露时间、可燃气体浓度、有毒气体浓度和暴露时间等。后果标准通常表示为：人员伤残率、潜在建筑物损坏和建筑物内部环境恶化（即无法支持人员生存）等。基于风险的评估标准是将有人建筑物的风险分为个体风险和社会风险，可表示为个体风险值、社会风险值或超标值，也可用图形曲线表示，包括累积频率与后果的曲线，或用横竖数轴的矩阵。

② 火灾对建筑物的影响评估 工艺装置发生的火灾可能是池火、喷射火、闪火或火球。火灾影响在很大程度上取决于释放物料的数量和释放条件，如温度、压力和现场的地形条件。影响火灾延续时间的因素包括燃料储量、泄放速度、排放和灭火减缓措施的有效性。可以采用模型预测火灾对建筑物位置的影响和持续时间。建筑物外部发生的火球和闪火是典型的短时间事件，在建筑物选址评估研究中可不予考虑。

建筑物内人员受伤害的程度取决于建筑物的升温速度、热辐射程度、室内易燃物料以及烟尘等因素。在火灾初期，建筑物可保护室内人员免受外部火灾的热辐射影响，可以有时间疏散和应急响应。而建筑结构、出口位置、火灾暴露的严重程度等因素会影响建筑内人员的撤离过程。现场应急预案应明确为防止人员受到火灾影响的保护措施，包括建筑设计特点、逃生路线设计和其他应急要点。保护措施应规定是采用就地避难还是疏散撤离。

③ 爆炸对建筑物的影响评估 危险化学品项目发生的主要爆炸类型有：蒸气云爆炸（如内部封闭的工艺单元或其他封闭空间）、凝聚相化学爆炸、粉尘爆炸、压力容器爆裂、反应性化学品爆炸、沸腾液体膨胀蒸气爆炸（BLEVE）等。其中，蒸气云爆炸（VCE）是炼油和石油化工厂中最主要的典型爆炸场景。发生蒸气云爆炸的五个必要条件是：易燃物料释放、与空气充分混合产生可燃混合气体、延迟点火的可燃气云扩散、扩散后的蒸气云被点燃、设备拥塞造成火焰前端加速。易燃液体和气体的释放可能形成易燃蒸气云。随着工艺温度或压力的升高，可燃液体的释放也可能导致易燃蒸气云的生成。蒸气云的大小受到

压力、温度、天气条件、点火时间、释放面积、位置和释放方向等多参数影响。虽然工艺过程的物料释放有可能产生易燃蒸气云，但只有部分区域具备产生蒸气云的条件，需要根据区域拥塞和环境的密闭程度来判断。拥塞和受限区域可能位于易燃物料区域或靠近工艺区域，甚至是在非爆炸危险设施的拥塞或封闭区域。物料的固有特性，如可燃范围、汽化和扩散性能以及火焰传播特性都会影响蒸气云爆炸后果的严重性。

爆炸评估包括对建筑物爆炸荷载的计算，可以采用基于后果法或基于风险法。爆炸曲线技术最常用于计算蒸汽云爆炸曲线，根据现场特定的输入信息，基于释放的燃料反应性和拥塞空间的分析来计算爆炸荷载。多能量法（baker-strehlow-tang，BST）和拥塞评估法是这项技术的例证。拥塞评估法包括完全拥塞体积方案和扩散计算拥塞体积方案两种。完全拥塞体积方案是假设释放的易燃物料蒸气云能够完全充填拥塞体积。由于假设蒸气云能够完全充满拥塞体积，该方案中不需要考虑释放源。扩散计算拥塞体积方案将泄漏场景与扩散分析相结合（采用工艺特定信息）来确定易燃蒸气云的尺寸。计算中采用类似的实际拥塞体积或在拥塞体积内的蒸气云的体积。

建筑物损坏的评估结果可以用来估计房屋倒塌和爆炸碎片对建筑物内人员的伤害。爆炸碎片包括外墙或天花板、屋顶塌落抛出的建筑材料，附近或对面外墙的建筑材料也可能成为爆炸碎片。

④ 有毒物释放的暴露保护评估　可假设现场有人建筑物受到有毒物释放的事故影响，或者选择建立有毒气体扩散模型。采用有毒物释放的阈值作为评价标准。阈值可以选择建筑物外部的有毒物浓度或剂量，也可以选择建筑物内部的有毒物浓度。可采用一个或多个气体扩散模型来计算特定的室外场所有毒物浓度。

有毒物质对人员的危害取决于建筑物内有毒物的剂量（浓度和持续时间）。建筑物可为人员提供一个有限时间内的初期保护措施，如通风系统、开孔密封或个人防护装备。对有毒物的暴露保护评估可基于进入建筑物的有毒物浓度和相关暴露时间。当建筑物不能满足标准时，应制订减缓计划或进行详细分析。现场应急预案应反映对室内人员的保护措施、建筑设计特点和逃生路线设计，并确定采取就地避难还是撤离逃生措施。

（2）建筑物的通风、空气调节　厂房内的通风换气次数符合《工业建筑供暖通风与空气调节设计规范》（GB 50019—2015）和石油化工行业标准《石油化工采暖通风与空气调节设计规范》（SH/T 3004—2011）的相关要求。甲、乙类生产厂房和处在爆炸危险区域内的辅助建筑物的送风系统与正压室、电动机正压通风系统的室外进风口，应设在爆炸危险区域以外、无火花溅落的安全地点。根据环境条件的需要，在建（构）筑物的通风及空气调节系统的引风口，设置有毒及可燃气体检测报警和隔离系统。工作场所每名工人所占容积小于 $20m^3$ 的车间，应保证每人每小时不少于 $30m^3$ 的新鲜空气量；如所占容积为 $20\sim40m^3$ 时，应保证每人每小时不少于 $20m^3$ 的新鲜空气量；所占容积超过 $40m^3$ 时，允许由门窗渗入的空气来换气。采用空气调节的车间，应保证每人每小时不少于 $30m^3$ 的新鲜空气量。用于甲、乙类生产厂房的送风系统，可共用同一进风口，但不得与丙、丁、戊类生产厂房及辅助建筑物共用进风口。乙类生产厂房和空气中含有未经处理的可燃粉尘和纤维的丙类生产厂房不应采用循环空气。甲、乙类生产厂房的送风和排风设备不应布置在同一通风机室内；当与丙、丁、戊类生产厂房的送风设备布置在同一送风机室内时，在每个送风机的出口处装设止回阀。用于净化爆炸下限大于 $65g/m^3$ 的可燃粉尘、纤维或碎屑的干式除尘器布置在生产厂房内时，应同其排风机布置在单独房间内；若不大于 $65g/m^3$，设置泄压装置。必要时，干式除尘器应采用不产生火花的材料制作。排除含有爆炸危险物质的局部排风系统，其干式除尘器不得布置在经常有人或短时间有大量人员停留的房间的下面；如与上述房间贴邻布置时，应用耐火极限不小于 3h 的实体墙隔开。

甲、乙类生产厂房的通风系统和排除空气中含有爆炸危险性物质的局部排风系统的设备及管道，均应采取静电接地措施，且不应采用容易积聚静电的绝缘材料制作。易于放散或积聚有毒、可燃和爆炸危险性气体、蒸气的地点和正压室内，宜设置数量不少于两个能发出报警信号的可燃及有毒气体检测器。乙类生产厂房内的通风系统和排除空气中含有爆炸危险性物质的局部排风系统的活动部件及阀件，应采取防爆措施。通风、空气调节系统的风管均应采用不燃烧材料制作。接触腐蚀性气体的风管及柔性接头可采用难燃烧材料制作。在风管穿过风机房、通过贵重设备或火灾危险性大的房间的隔墙和楼板处，应设防火阀。多层建筑和高层工业建筑的每层水平风管与垂直总风管的交接处的水平管段上也应设防火阀。输送空气中含有爆炸危险性气体、蒸气和粉尘的排风管不应暗设。占地大于 $1000m^2$ 的丙类仓库应设置排烟设施。

9. 其他防范措施

除上述措施外，还需要考虑防尘毒、防辐射、个体防护装备等。

（1）防尘毒　工作场所的基本卫生要求应符合职业卫生标准《工业企业设计卫生标准》（GBZ 1—2010）的要求，有毒物质接触限值应达到职业卫生标准《工作场所有害因素职业接触限值 第 1 部分：化学有害因素》（GBZ 2.1）

或《工作场所有害因素职业接触限值　第2部分：物理因素》（GBZ 2.2）的要求。产生粉尘、毒物的生产过程和设备应尽可能采用机械化和自动化操作，并加强密闭，避免直接操作。有毒及含烃物料的采样器应采用密闭采样系统。分析化验过程中，操作人员有可能暴露在有害环境中的化学分析过程及样品处理均应在通风柜中进行，通风量应满足国家有关规定要求。当数种溶剂（苯及其同系物或醇类、醋酸酯类）蒸气，或数种刺激性气体（三氧化硫及二氧化硫或氟化氢及其盐类等）同时放散于空气中时，全面通风换气量应按各种气体分别稀释至规定的接触限值所需要的空气量的总和计算。除上述有害物质的气体及蒸气外，其他有害物质同时放散于空气中时，通风量可按需要空气量最大的有害物质计算。经常有人来往的通道应有自然通风或机械通风，且不得敷设有毒液体或有毒气体的管道。系统的组成及其布置应合理。容易凝结蒸汽和聚积粉尘的通风管道，几种物质混合能引起爆炸、燃烧或形成危害更大物质的通风管道等应设单独通风系统，不得相互连通。装置、单元或储罐区内，可能泄漏酸、碱，有化学灼伤危险，对眼睛及皮肤有损害或易被皮肤吸收的毒物等介质的设备附近应设事故淋浴和洗眼器。事故淋浴和洗眼器设施的服务半径小于15m，连接生活给水系统。设置在爆炸危险区内的事故淋浴和洗眼器设施应具有防爆功能。

（2）防辐射　辐射防护应按国家标准《电磁环境控制限值》（GB 8702）、《电离辐射防护与辐射源安全基本标准》（GB 18871）及职业卫生标准《含密封源仪表的放射卫生防护要求》（GBZ 125）等规定执行。使用放射性元素的仪表和设备的放射源附近设置职业病危害警示标识，具有辐射作业场所的生产过程应根据危害性质配置必要的监测仪表。操作和使用放射线、放射性同位素仪器和设备的人员应配备个人专用防护器具。使用有放射源仪表的装置，在选型时应考虑防放射设施。放射源附近应设安全标志。

（3）安全色和安全标志及应急处置　对重大危险源中的毒性气体、剧毒液体和易燃气体等重点设施应设置紧急切断装置，含毒性气体的设施应设置泄漏物紧急处置装置。

装置四周设置的环形消防通道与全厂的主干道连通，并有逃生和应急救援安全通道，建筑物设有安全出口和逃生通道。在装置主要路口等显著位置标明逃生路线，在装置内有可能泄漏有毒有害物料的危险场所高处可视范围内，设置色彩明显的风向标，事故时工人可根据风向标选择正确逃生方向。装置应设有事故电源和气源，以保证有较充裕的时间对事故进行处理。按规定设置警示牌和警示标识。

设备外表着色和安全标志执行国家标准《图形符号　安全色和安全标志

第 1 部分：安全标志和安全标记的设计原则》（GB/T 2893.1）和《安全标志及其使用导则》（GB 2894）。例如，红色表示危险或禁止接触及消防设施，黄色用于警告人们注意的设施和标识，蓝色用于传递必须遵守的指令性信息，绿色用于提供安全的设备和环境，事故淋浴及洗眼器使用亮绿色等。根据职业卫生标准《工作场所职业病危害警示标志》（GBZ 158）的规定，设置固定式警示标识，用中文标明危险物料种类、危害方式、预防措施、急救办法。在阀门布置比较集中、易引发事故的地方，设置明确的标识和符号，防止误操作。图形符号按规范执行，在特别危险区域设置红色区域警示线；在储存有毒、有害介质的设备附近，设置"当心中毒"或者"当心有毒气体"的警告标识；在特殊危险岗位附近，提示"戴防毒面具""紧急出口""救援电话"等提示标识；在产生噪声的作业场所，设置"噪声有害"警告标识和"戴防噪耳罩"指令标识；在高温作业场所，设置"注意高温"警告标识等。

（4）个体防护装备的配备　首先应识别化工建设项目涉及的每个工作岗位所有可能产生的危险、有害因素，再根据国家的有关职业卫生标准，对作业环境、作业状况进行评价，判定危害程度，依据可能接触到的危害因素、存在的方式、环境条件及有害化学品浓度等综合因素，为作业人员选用适合的个人防护用品。

各生产装置及储运系统应根据各操作岗位的需要、所接触的能量（物质）的主要危险特性和工作条件的类别，为正常生产工作人员配备必备的工作服、工作鞋、手套、耳塞（耳罩）、口罩、安全帽、眼镜等个体防护装备。根据各操作现场可能发生的意外事故和应采取的紧急处理措施的需要，为操作人员配备必需的事故应急个体防护装备，如防毒面具、空气呼吸器、隔绝式防护服、防火防化气密服等。根据有毒物质的性质、有毒作业的特点和防护要求，企业内的有毒有害车间、岗位应设置事故柜。每个事故柜中的空气呼吸器不得少于两套，防毒面具数量应按车间最大班外操人员数量配置，其他用品（如应急照明灯、堵漏工具等）的配置应视装置情况而定。根据生产使用的原、辅材料和生产中可能产生的物质有害特性，应为外操人员、分析采样人员、外来检修人员、HSE 管理人员、气防人员等配备便携式可燃、有毒气体检测报警仪，仪器的数量应视装置具体情况而定。

（5）外操人员辅助用室及卫生设施　应根据生产特点，以满足生产人员更衣、休息、卫生需求和使用方便的原则设置辅助用室，辅助用室的设置及卫生要求应符合职业卫生标准《工业企业设计卫生标准》（GBZ 1）的相关要求。辅助用室包含更衣室、交接班室、休息室、卫生间等。

　　工程设计切实贯彻"安全第一、预防为主、综合治理"的方针，严格执行国家、行业、地方各项相关的规范标准，做好本质安全设计，实现安全设施与主体工程同时设计。工艺本质安全设计是装置达到本质安全的首要一环，是确保安全生产的重要前提。危险源的辨识、风险评价和控制是实现本质安全设计的科学方法；消除人的不安全行为和物的不安全状态是本质安全设计各阶段的最高目标。在工程设计中，分析、研究工艺装置运行过程中人、机、料、法、环等因素对生产本质安全的影响，根据安全评价及对策措施的基本要求，采取消除、预防、减弱、隔离、联锁保护、警告提示等措施，通过生产工艺安全设计、总平面布置、工艺设备平面布置、设备和管道设计、电气安全、自动控制系统、电信系统、建（构）筑物和其他防护等各项安全措施的实施，体现对事故的预防、控制和应急管理，提高工程项目的本质安全设计水平。

参考文献

[1] Robert E. Bollinger etc, Inherently Safer Chemical Processes A Life Cycle Approach [M]. New York: Center for Chemical Process Safety of the American Institute of Chemical Engineers, 1996: 1-15.

[2] Guidelines for Engineering Design for Process Safety [M]. New York: Center for Chemical Process Safety of the American Institute of Chemical Engineers, 1993: 5-6.

[3] 李克荣, 刘银顺, 周建新, 等. 安全生产管理知识（2011版）//全国注册安全工程师执业资格考试辅导教材 [M]. 北京: 中国大百科全书出版社, 2011: 5-6.

[4] 胡晨, 张建敏. 基于风险的本质安全设计 [J]. 化工安全与环境, 2019（01）: 8-10.

[5] 胡晨. 石化装置火灾爆炸风险最小化设计 [J]. 石油炼制与化工, 2001, 32（08）: 55-58.

[6] 胡晨. 大型石化项目设计应用 QRA 技术要点 [J]. 石油化工安全环保技术, 2009, 25（02）: 47-49.

[7] 蒋军成, 潘勇. 化工过程本质安全化设计 [M]. 北京: 化学工业出版社, 2020.

[8] Parkinson G, Johnson E. Supercritical Processes Win CPI Acceptance. A Slew of New Applications are Verging on Commercial Viability [J]. Chemical Engineering, 1989, 96 （7）: 35-39.

[9] Urben P G. Bretherick's Handbook of Reactive Chemical Hazards [M]. Oxford UK: Butterworth-Heinemann, 1999: 246-251.

[10] Ruppen D, Bonvin D, Rippin ④ Implementation of Adaptive Optimal Operation for a Semi-Batch Reaction System [J]. Computers & Chemical Engineering, 1998, 22（1）: 185-199.

[11] Rahaman M, Mandal B, Ghosh P. Nitration of Nitrobenzene at High-Concentrations of Sulfuric Acid: Mass Transfer and Kinetic Aspects [J]. AIChE journal, 2010, 56（3）: 737-748.

［12］ 胡晨．火灾风险评估与消防安全设计［C］．第二届中国工程建设标准化高峰论坛论文集（工程建设标准化特刊）．北京：中国工程建设标准化协会，2015：278-281.

［13］ 陈网桦，陈利平，郭子超．化工过程热风险［M］．北京：化学工业出版社，2020.

［14］ 卫宏远，白文帅，郝琳．化工过程安全评价［M］．北京：化学工业出版社，2020.

［15］ 中国安全生产科学研究院．职业卫生评价与检测-建设项目职业病危害评价［M］．北京：煤炭工业出版社，2013.

［16］ 舒小芹，邱少林．HAZID 方法浅析［J］．中国安全生产科学技术，2011，07（05）：171-175.

［17］ 郭伟．RAM 设备评价分析技术在催化裂化装置上的应用［J］．安全、健康和环境，2016，16（09）：40-43.

［18］ 陈让曲．石油化工装置安全设计讨论——Ⅳ．管道安全设计［J］．炼油技术与工程，2016，46（08）：55-60.

［19］ 孙丽丽．创新芳烃工程设计开发与工业应用［J］．石油学报（石油加工），2015，31（02）：244-249.

［20］ 陈让曲．石油化工装置安全设计讨论——Ⅰ．工艺安全设计［J］．炼油技术与工程，2016，46（03）：60-64.

［21］ 孙丽丽．石化工程整体化管理与实践［M］．北京：化学工业出版社，2019：45-46.

［22］ 俞文光，孟邹清，方来华．化工安全仪表系统［M］．北京：化学工业出版社，2020.

第四章

危险化学品生产装置设计与施工安全管理

　　化学品生产工程具有技术来源复杂、危险程度高、关联范围广、建造周期长和质量安全环保要求苛刻等特点，是一个复杂的系统工程。基于系统工程理论，以数字化为支撑的"五位一体"工程整体化管理模式融合信息技术成果，创新发展集约化、协同化、集成化、过程化和数字化的管理方法，将技术研发、工厂规划、工程设计、装备制造、施工建设、过程风险、产品交付、投产试车等工程各环节融为一体，实施全生命周期综合整体管理。通过对安全风险进行全方位的过程管理，使工程项目设计与建设过程中对健康、安全和环境的危害降到最低，促进项目的可持续发展，提升科学技术的工程转化水平和工程建设的实施能力，为国家能源安全和石化产业高质量发展提供保障和支撑[1]。

第一节　安全设计过程管理

　　本质安全环保设计是构建安全环保型现代化企业的重要基础和关键。安全环保设计过程管控体系建设是提高化工工程本质安全设计能力，推动化工行业可持续健康发展的重要保障。

一、国内外化工项目安全设计过程管理现状

　　随着"走出去"战略的实施，国内工程公司开启了世界范围内的工程服务，在为业主提供优质工程服务的同时，对国外的安全设计理念和过程管理方法也不断地进行学习、探究和实践。尤其是基于风险的安全设计理念和系统性过程管理体系值得学习，对构建我国安全环保型现代化石化企业具有重要的借鉴意义。

1. 国内化工项目安全设计过程管理现状分析

改革开放以来，化工行业得到了快速的发展，具备了依靠自主技术建设重大工程项目的能力，积累了丰富的工程建设经验。我国早期的安全理念是通过员工素质、劳动组织、装置设备、工艺技术、标准规范、监督管理、原材料供应等企业经营管理的各个方面和每一个环节为安全生产提供保障。

1997 年劳动部颁发了《建设项目（工程）劳动安全卫生监察规定》（劳动部令第 3 号），第一次明确提出了建设项目中的劳动安全卫生设施必须符合国家规定的标准。2002 年颁布的《安全生产法》，从生产建设、安全条件论证和安全评价、设计、施工、设备、重大危险源管理、从业人员资质和培训、应急救援与调查处理、安全生产监督管理等方面给予了规定。同年，国务院发布《危险化学品管理条例》（国务院令 344 号），将《安全生产法》中有关危险化学品的原则性规定予以进一步细化和明确。2011 年国务院对该条例予以修订，发布了《危险化学品安全管理条例》（国务院令 591 号），对危险化学品安全管理的职责、要求进行了更为清晰的划分和明确。

2010 年发布的安全生产行业标准《化工企业工艺安全管理实施导则》（AQ/T 3034），在借鉴国外化工企业生产过程中的工艺过程安全管理模式和管理方法的基础上，结合我国实际情况形成了化工企业工艺安全管理实施导则，为企业提供本质安全管理的思路和框架。实际上，该标准就是中国化的"过程管理体系"（PSM）。

但是国内的过程管理还存在不足之处，如：对本质安全核心内涵理解还不够充分；基于风险的性能化设计理念还没有融入相关专业的设计标准中，没有形成完整的基于风险的标准体系；缺乏对建设项目全生命周期效益的综合考量；长期以来国内以工程进度为驱动的项目管理模式使其本质安全环保设计、审查、评估和改进等过程管控得不到有效实施，安全设计过程管控比较粗放；定量风险评估缺乏技术标准和依据等[2]。

2. 国外项目安全设计过程管理现状分析

20 世纪 80 年代以来，国外发生的重大安全事故推动了危险化学品行业过程安全管理和风险管理的发展。一系列过程安全管理法规相继发布，经过几十年的发展已经形成基于风险的安全管理理念和完善的过程安全管理体系。

（1）基于风险的安全理念　在工程项目实施过程中，基于风险的管理体系贯穿建设项目的全生命周期。在项目研发、设计、施工、开车、操作、拆除过程中，通过一系列危险评估技术方法和管理活动，对各类危险进行辨识并评估。经分析研究后，形成风险和后果注册表、关键活动一览表和整改行动计划表等一系列文件。通过对所有辨识的风险、预防措施进行跟踪关闭，最终形成操作运维安全、环保风险数据库，在生产运维期间继续随时对风险进行跟踪。基于风险的安全环保管理过程见表 4-1。

表 4-1　基于风险的安全环保管理过程

序号	项目阶段	不同阶段的重要过程
1	工程建设	1. 辨识 HSE 危险和持续性问题 2. 辨识与消除 HSE 危险、控制影响并采取挽救措施 (1)技术选择 (2)项目选址 (3)本质安全设计 (4)资源管理
2	操作	1. 辨识与操作、检维修相关的 HSE 危险和持续性问题 2. 辨识与消除 HSE 危险、控制影响并采取挽救措施 (1)维修程序 (2)管理程序 (3)行政控制
3	退役和拆除	通过消除或减少危险和风险,预防未来的不利条件 (1)清理 (2)修复 (3)拆除

（2）基于风险的安全设计管理标准　安全标准体系从 20 世纪 80 年代开始建立，目前已经形成了较为成熟的标准体系。1982 年欧洲首次颁布了《工业活动的重大事故危害》，被称为"赛维索指令Ⅰ"；1996 年颁布了《设计危险物料的重大事故危害控制》，被称为"赛维索指令Ⅱ"，取代了"赛维索指令Ⅰ"。美国职业安全和健康管理署 1992 年发布了《高危险化学品过程安全管理》（OSHA 29 CFR 1910.119）。围绕着 OSHA 29 CFR 1910.119，美国石油学会颁布了一系列 API 设计标准和推荐做法。1993 年前后，美国化学工程师学会 AIChE 下设的化工过程安全中心（CCPS）发布了 30 余本与过程安全有关的技术指南，主要有《工厂化学过程安全管理技术指南》《过程安全工程设计指南》《过程安全管理体系应用指南》《过程安全管理体系审计指南》《基于风险的过程安全指南》《化学过程量化风险分析指南》《过程安全变更管理指南》等。这些标准指南的颁布更好地推动了石油化工行业的安全生产工作，提高了安全生产水平。

国外很多知名企业以美国 OSHA PSM 和英国管理体系（Control of Major

Accident Hazards，COMAH）为依托建立了企业的安全设计管理程序，形成一套较完整的基于风险的企业安全标准体系。基于风险的理念贯穿于设计、采购、施工、预试车及试车、运行、维护的各个环节。以国外某工程项目采用的安全设计标准为例，其采用的安全设计标准汇总见表4-2。

表 4-2　国外某工程项目安全设计标准

序号	安全设计项目标准名称	序号	安全设计项目标准名称
1	HSE 管理体系	12	工艺安全控制指南
2	人机工程学指南	13	定量风险分析指南
3	人体工程学程序	14	健康风险评价
4	听力保护程序	15	危险与可操作性分析指南
5	电离辐射指南	16	危险源辨识分析指南
6	工作环境危害分析	17	危害和影响管理过程指南
7	安全标志和安全色标准	18	陆上装置火灾安全分析评价
8	危险源辨识指南	19	火灾气体和感烟探测器系统
9	工艺危害分析指南	20	主动防火和个人防护用品标准
10	机械完整性指南	21	报警管理指南
11	设计完整性指南	22	防护服配备指南

从上述体系建设可见，国外先进的安全管理标准体系从法律法规、技术标准和技术指南，到企业和项目级管理程序形成了较完整的体系，保证安全管理落实到工程项目的每一个环节。

（3）系统性安全设计过程管控　系统性过程安全设计管理的重要特征是基于风险的安全设计理念贯穿于设计的各阶段和各专业。通过明确的安全设计管理规定和程序，使基于风险的一系列系统的危险辨识和风险评估活动在设计过程中得到有效开展，分析评估的风险控制措施得到有效落实，从而保证了装置的安全生产。国外某项目安全设计管理程序清单见表4-3。

表 4-3　国外某项目安全设计管理程序清单

序号	名称
1	危险源辨识（HAZID）程序
2	危险与可操作性分析（HAZOP）程序
3	设备关键等级分类（ECA）程序
4	健康风险分析（HRA）程序
5	火灾及气体检测审查程序

续表

序号	名称
6	安全仪表功能审查(IPF)程序
7	爆炸危险区域划分(HAC)审查程序
8	火灾安全评估(FSA)程序
9	可靠性、可用性和可维护性(RAM)审查程序
10	基于设备可靠性的检维修(RCM)审查程序
11	报警分级评估程序

二、项目安全设计管理过程

工程建设项目管理一般是从合同生效开始到项目执行关闭全过程的管理工作。项目安全设计过程管理贯穿于项目的启动、计划、实施、控制、收尾五个过程中。

1. 项目启动过程安全设计管理

在项目启动阶段，设计管理工作的主要内容有：组建项目设计组，研究、熟悉合同文件和有关资料，获取开展工程设计所必需的输入条件和数据，建立项目设计协调程序、编制项目设计计划和设计开工报告等，为开展工程设计做好充分的准备工作。

在项目启动阶段，组建项目组织机构的同时要建立项目 HSE 管理组织机构，明确各级管理人员的职责。以某设计采购施工总承包项目为例，其 HSE 管理组织机构如图 4-1。

项目经理是项目 HSE 管理第一责任人。项目组结合合同要求、安全生产责任制、设计 HSE 管理程序、施工现场 HSE 管理程序等相关规定和程序，明确各级管理人员的 HSE 责任。

在项目启动阶段，确定工程项目的 HSE 管理方针和管理目标是开展项目 HSE 管理的第一项重要工作。根据国家和行业要求以及工程项目的合同约定，综合考虑业主和公司的 HSE 方针和目标，来确定项目 HSE 管理方针和目标。HSE 管理方针和目标要经过项目经理批准并向相关方发布。应以宣传和培训的方式向员工、分包商和服务商传达 HSE 管理方针和目标，使之充分理解项目 HSE 方针和各级目标，并在工作中贯彻落实。

2. 项目策划过程安全设计管理

在项目策划阶段要编制项目设计执行计划，包括项目设计进度计划、人工

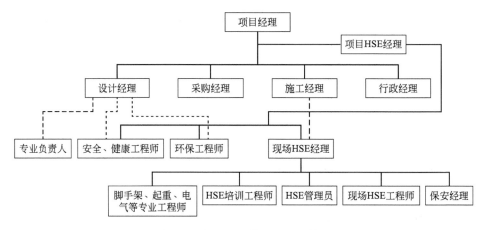

图 4-1　项目 HSE 管理组织机构图

时使用计划、设计协调程序、设计质量计划、项目 HSE 执行计划和设计评审计划等。需要编制各专业设计统一规定和项目设计开工报告，召开项目设计开工会，为开展工程设计做好充分的准备工作。

HSE 管理策划的主要内容是根据项目合同和建设单位的要求进行法律法规和标准规范的获取和识别，形成辨识清单；制定危险源辨识、分析与风险评价计划以及安全设计审查计划；编制项目 HSE 管理规定和程序，制定设计、采购、施工、行政 HSE 管理方案，对开工报告中 HSE 管理部分进行评审；对项目组成员进行 HSE 培训，确保项目人员明确项目 HSE 的各项目标和计划。HSE 管理策划基本模式如图 4-2。

安全设计管理在策划阶段主要识别法律法规和标准规范，危险源辨识、分析与评价，编制 HSE 管理计划；在执行阶段要运用各种风险管理工具分析具体过程和作业场所的风险。

（1）识别法律法规和标准规范　中国 HSE 法律法规体系分为四个层级。第一层级为法律，法律的效力高于行政法规、地方性法规、规章，如《安全生产法》、《消防法》和《环境保护法》等。第二层级为法规。有行政法规和地方性法规。行政法规的效力高于地方性法规、规章，地方性法规的效力高于地方政府的规章。行政法规如《危险化学品安全管理条例》等，地方性法规如《北京市消防条例》等。第三层级为规章，主要有部门规章和地方政府规章，部门规章之间、部门与地方政府规章之间具有同等效力，在各自的权限范围内实施。第四层级为政府主导制定的标准，有国家标准、行业标准、地方标准，如国家标准《石油化工企业设计防火标准（2018 年版）》（GB 50160）、石油化工行业标准《石油化工工艺装置布置设计规范》（SH 3011）、北京市地方标准

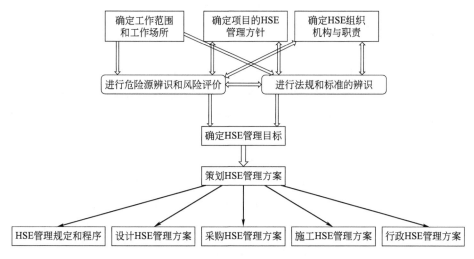

图 4-2 HSE 管理策划的基本模式

《车用汽油》（DB11/238）。

HSE 管理的基本依据和行为准绳是 HSE 法律法规及标准规范，满足国家的 HSE 法律法规及标准规范要求是项目 HSE 管理的基本要求。对于承接的国外工程项目，项目组要组织相关专业对当地的 HSE 法律法规进行辨识，识别出适合本项目的法律法规，并在项目的开工报告和统一规定中予以明确。

（2）危险源辨识、分析与评价 危险源辨识、分析与评价可分为三部分：危险源辨识、危险源分析、风险分析与评价。危险源辨识是识别危险源的存在并确定其特性的过程，是开展 HSE 风险管理的重要基础和起点，主要包括外部危险源和主要过程危险源的辨识。危险源分析是对识别出的主要危险源和过程危险源进行分析。风险分析与评价主要包括定性和定量两种方法，主要考虑不同业主的要求和项目的经验，确定项目所采用的风险评估方法与标准，通过风险评估矩阵图评估风险的高、中、低等级，再确定风险管理对策。

危险源辨识、分析与评价的策划应根据建设项目的规模、性质以及合同要求，明确分析范围、内容、方法和实施时间，并纳入项目安全设计管理计划中。

在前期设计阶段，可针对建设项目外部危险源以及主要过程危险源开展危险源早期辨识（HAZID）和初步风险分析。在基础工程设计阶段，开展建设项目危险源辨识和过程危险源分析；在详细工程设计阶段，对新增的设计内容和发生的重大设计变更补充开展过程危险源分析。

为了能为项目 HSE 管理体系的建立提供有效输入，危险源辨识和风险评价应尽早进行。危险源辨识和风险评价报告经项目经理批准后发布。项目各部门经理如施工经理、行政经理、采购经理、控制经理、HSE 经理等负责具体落实风险控制措施。

危险源辨识及其风险评价报告是设计、采购、施工、行政等部门进行 HSE 管理策划的重要输入。在项目执行过程中，结合项目进展及时进行更新。

（3）编制 HSE 管理计划　HSE 管理计划提出明确的 HSE 管理活动和管理要求，保证在项目执行过程中 HSE 管理方针和管理目标能够顺利实现，HSE 管理计划需要随着项目的进展和变化而进行必要的升版更新。

在项目的执行过程中各岗位人员均需按照项目 HSE 管理计划中的要求开展安全设计管理的活动，并形成相关的活动记录，HSE 经理负责组织对全过程安全设计活动进行检查和合规性评价，确保设计遵守设计标准，HSE 管理计划得到有效执行。HSE 管理计划内容及其关键文件和记录要求见表 4-4。

表 4-4　HSE 管理计划

序号	管理计划内容	形成文件及记录要求
1	HSE 管理方针、目标和分解	项目 HSE 管理计划
2	项目 HSE 管理组织机构及职责	项目 HSE 管理组织机构图及岗位 HSE 管理职责
3	项目经理及 HSE 经理岗位人员资质及任命	项目岗位人员任命书，项目经理、HSE 经理、HSE 工程师的资质证明等
4	项目 HSE 管理要求	项目合同 HSE 管理条款及相关附件
5	识别 HSE 法规及其他 HSE 要求	项目 HSE 法律法规、标准规范和其他要求辨识清单或记录
6	项目职业健康安全危险源辨识和风险评价	项目职业健康安全危险源辨识和风险评价报告
7	项目环境因素辨识和评价	项目环境因素辨识和评价报告
8	项目 HSE 管理程序和规定	项目 HSE 管理规定目录及文件
9	项目 HSE 评审和审查要求	评审计划及评审记录
10	各项 HSE 培训要求（包括入场培训、专项培训等）	HSE 培训管理制度、培训计划、培训记录、完成的培训人工时等
11	项目 HSE 沟通程序要求	HSE 例会纪要、周报或月报、HSE 公共栏、宣传活动报道及 HSE 相关会议记录
12	设计及现场 HSE 交付文档的要求	交付物清单、HSE 文件的归档、分发、签署、管理记录
13	实施和运行控制 HSE 管理规定和程序要求	各类执行记录、检查记录、整改通知单等，包括 HSE 日检、周检、月检及专项检查记录及整改关闭记录等
14	安全设计变更管理要求	按照变更审批权限签署变更文件

续表

序号	管理计划内容	形成文件及记录要求
15	应急与事故管理要求	项目总体、专项应急预案文件,应急预案演练记录和总结
16	HSE绩效测量和检查	承包商绩效考核表,安全人工时统计,事故统计,HSE绩效考核报表,合规性评价记录,检查意见及整改记录,政府对项目安全、环保的验收报告

3. 设计过程的安全设计管理

安全生产行业标准《化工建设项目安全设计管理导则》(AQ/T 3033—2010)规定:基于风险的管理原则应贯穿项目设计全过程。设计过程安全设计管理基本框架如图 4-3,但国内、外的过程管理又各有特点。

(1)国内项目各阶段安全设计过程管理 工艺装置从立项到投产一般经历项目前期设计阶段、基础工程设计阶段、详细工程设计阶段、施工安装阶段等,各个阶段有其不同的安全过程管理内容和管理重点。

① 前期设计阶段 前期设计阶段一般包括项目立项论证、可行性研究报告编制、工艺包设计和工艺概念设计等。

在前期设计阶段,识别设计必须遵循的法律法规、标准规范、项目所在地的标准规范和安全规定等,确保前期设计方案的合法合规。

在前期设计阶段需要进行工艺技术危险性分析和本质安全设计审查,一般由工艺专利商负责。总图布置方案比选,分析评估拟建项目装置之间及装置和周围社区之间的安全影响,研究确定人员集中建筑物与装置重大危险源的安全间距。工艺安全工程师和环保工程师应根据专利商或工艺包文件内提供的初步工艺安全和环境保护分析文件,进行 HAZID 和初步风险分析,分析拟建项目存在的主要危险源及危险和有害因素,当地自然地理条件、自然灾害和周边设施对拟建项目的影响,以及拟建项目一旦发生泄漏、火灾、爆炸、中毒等事故时对周边安全可能产生的影响,根据危险源辨识和风险分析结果,制定初步的安全设计方案及安全对策措施建议,完成安全预评价报告。

在前期设计阶段需要根据拟建项目在建设期及投产后的主要职业病危害因素及其来源与分布、可能对人体健康产生的影响及导致的职业病等进行分析,确定职业病危害风险类别,提出采取的防护措施,完成职业卫生预评价报告。

在工艺包设计阶段应进行过程危险分析(PHA),以便发现和解决工艺上可能存在的本质 HSE 方面的问题,从源头上消除重大危险源。在基础工程设计前应对工艺包设计文件进行安全审查,重点审查工艺技术的危险性分析及安

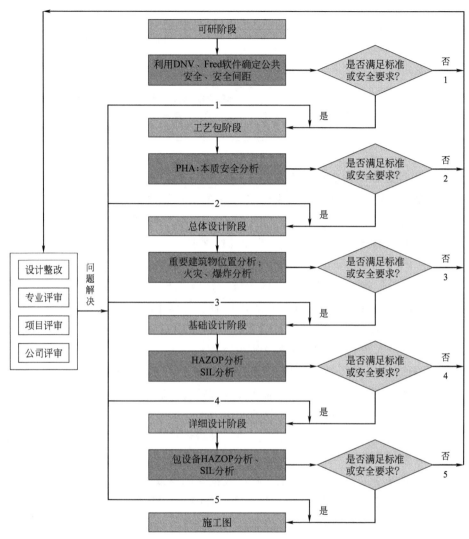

图 4-3　安全设计管理基本框架

全对策措施。

　　② 基础工程设计阶段　基础工程设计阶段是在工艺包基础上进行工程转化的一个工程设计阶段，主要目的是为提高工程质量、控制工程投资和确保建设进度提供条件。在基础工程设计阶段，按照国家和地方政府有关规定及对专篇编制的要求，编制 HSE 审查报批文件，主要包括安全设施设计专篇、消防设计专篇、职业卫生设计专篇、环境保护专篇、抗震设计专篇和节能设计专篇。国家对工程建设项目的安全、消防、职业卫生与环保有专门的审批制度和程序，在工程项目管理中必须严格执行。具体要求详见图 4-4～图 4-6 所示的各审批流程图。

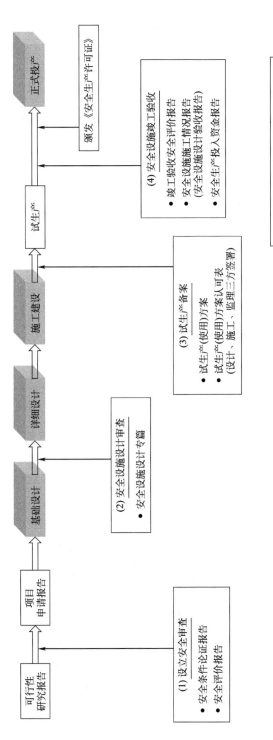

图 4-4　建设项目安全设施审批流程

编制依据：
- 《危险化学品建设项目安全许可实施办法》（国家安全监管总局局令第 8 号，2006 年 9 月 2 日）
- 《关于危险化学品建设项目安全许可和试生产（使用）方案备案工作的意见》（安监总危化[2007]121 号）

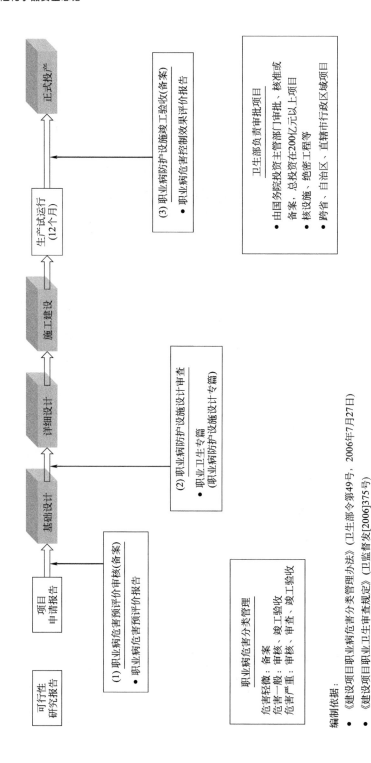

图 4-5 建设项目职业病防护设施审批流程

卫生部负责审批项目
- 由国务院投资主管部门审批、核准或备案，总投资在200亿元以上项目
- 核设施、绝密工程等
- 跨省、自治区、直辖市行政区域项目

生产试运行（12个月）

(3) 职业病防护设施竣工验收（备案）
- 职业病危害控制效果评价报告

正式投产

施工建设

详细设计

(2) 职业病防护设施设计审查
- 职业卫生专篇
  （职业病防护设施设计专篇）

基础设计

(1) 职业病危害预评价审核（备案）
- 职业病危害预评价报告

项目申请报告

可行性研究报告

职业病危害分类管理
危害轻微：备案
危害一般：审核、竣工验收
危害严重：审核、审查、竣工验收

编制依据：
- 《建设项目职业病危害分类管理办法》（卫生部令第49号，2006年7月27日）
- 《建设项目职业卫生审查规定》（卫监督发[2006]375号）

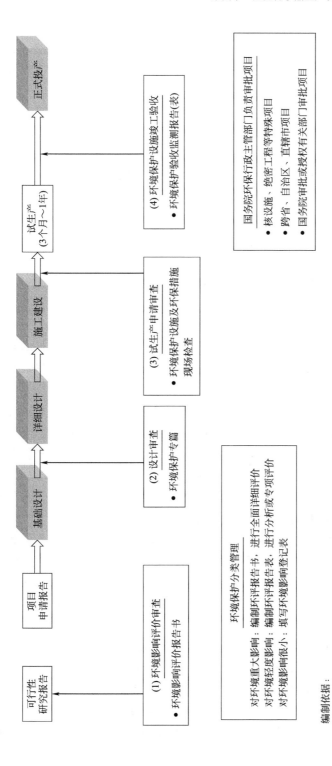

图4-6 建设项目环境保护设施审批流程

在基础工程设计过程中，可根据项目设计相关信息，结合建设项目安全评价报告进一步开展过程危险源辨识、风险分析和评价。同时依据建设项目安全评价报告及主管部门的批复意见，落实安全评价报告提出的有关对策措施及建议。对没有采纳的意见应予以解释和说明。

对建设项目的外部依托条件及相邻装置或设施的相互影响应进行重点分析，厂外公用工程供给设施的可靠性，如电源、水源、气源等；厂外应急救援设施的可依托性或项目自建的必要性，如消防站、气防站、医疗急救设施等；厂内公用工程系统配套设施设计规模的合理性，如变配电站、给水及消防水泵站、空压站等；外排或自建的火炬和安全泄放系统的设计工况和设计能力等。当建设项目涉及多套装置时，应分析上下游装置突然停车或发生事故时可能对相关装置产生的不利影响；当建设项目毗邻同一企业的在役装置时，应分析与相邻装置的相互间影响及可能产生的危险。

根据国家安全生产监管总局《关于进一步加强危险化学品建设项目安全设计管理的通知》（安监总管三〔2013〕76号）规定，对基础设计中的重要设计文件应进行安全审查。主要包括：总平面布置图，装置设备布置图，爆炸危险区域划分图，工艺管道和仪表流程图（P&ID），安全联锁、紧急停车系统及安全仪表系统，可燃及有毒物料泄漏检测系统，火炬和安全泄放系统，应急系统和设施等。

建设单位在项目设计合同中应主动要求设计单位对设计进行危险与可操作性（HAZOP）审查，涉及"两重点一重大"和首次工业化设计的建设项目，必须在基础设计阶段开展 HAZOP 分析。目前正在修编的安全生产行业标准《化工建设项目安全设计管理导则》（AQ/T 3033）增加了 SIL 审查和验证、本质安全审查。在基础设计阶段进行重要建筑物的抗爆设计分析，进行爆炸冲击力的模拟计算，据此确定建筑物的抗爆要求。

③ 详细工程设计阶段　详细工程设计应以审批通过的基础工程设计文件为依据，落实行政主管部门的审查意见。各专业在详细工程设计中应落实 HSE 设计专篇及基础工程设计各项 HSE 审查提出的设计整改措施意见，组织开展详细工程设计阶段要求的 HSE 专项审查，完成关键设备操作规程的编制。

对于基础工程设计阶段已经进行主流程 HAZOP 分析的项目，在详细工程设计阶段需要对成套设备或大型机组进行 HAZOP 分析，根据设计变更情况及供货厂商提供的详细资料，开展必要的过程危险源分析及安全审查。

详细设计过程如发生重大设计方案变更，按国家有关规定进行重新报批或履行必要的变更手续。没有经过基础工程设计阶段而直接开展详细工程设计的建设项目，按照基础工程设计阶段的要求开展相关安全设计管理。

④ 施工安装阶段　现场施工安装前应进行工程设计交底，说明涉及施工安全的重点部位和环节，并对防范生产安全事故提出建议。在采购、施工和安装过程中应加强设计变更控制，任何设计变更不得影响工程安全质量。施工安装完成后，应根据合同要求及时整理编制设计竣工图。在施工阶段对施工作业活动开展施工作业工作安全分析（JSA），管控作业过程风险，在此阶段还要为安全开车做准备，要进行开车前安全审查或三查四定，检查开车流程和开车设施的安全性。

⑤ 投料试车阶段　在装置投料试车前，根据相关技术资料开展装置预开车安全审查，为安全开车提供保障。预开车安全审查包括：审查现场许可；确认设备、仪表、管道最终测试已经完成；确认安全操作的预防措施已经完成（操作指南、安全培训等）；确认安全措施已经得到落实；设备、管道、仪表及其他辅助设施的现场安装符合设计规格和要求；危险源分析已经完成，分析中提出的所有建议已经决策并已实施；所有变更项目已按变更的要求实施；员工培训、操作程序、维修程序、应急响应程序已经完成；应急响应措施完备。

⑥ 项目建成投产阶段　项目建成投产后应建立和落实设计回访制度，及时了解装置开车及生产运行中发现的安全问题和现场对设计的修改情况，不断提高设计质量。

（2）国外安全设计管理过程　在先进国家的工程设计过程中，安全设计理念不是一句简单的口号。完善的体系保障、系统的策划和管理将基于风险的安全设计理念贯彻在设计过程各个专业中，安全设计目标在设计过程中得到有效的落实，提升设计的本质安全水平，实现风险削减和风险控制的目的，保证项目的过程安全。

① 安全设计策划　在项目执行过程的管理体系中，非常重视安全设计策划。根据项目性质、规模、合同要求和设计阶段，在系统的 HSE 管理体系保障下，HSE 管理团队对项目安全设计进行系统的策划，制订出详细的安全设计管理计划。项目安全设计策划主要考虑以下方面：明确项目安全设计的方针、目标和合同要求，确定项目安全设计管理模式、组织机构和职责分工，明确项目安全设计的范围、依据、法律法规、标准规范和有关规定的要求，开展项目安全设计管理活动的时间、方法、内容和要求等。

根据项目安全设计管理策划，编制项目安全设计管理计划。包含下列要素：项目安全设计的方针和目标，项目安全设计机构及职责，项目安全设计应遵守的法律法规、标准规范和其他要求，项目危险源分析及风险控制，项目安全设计文件评审和专题研究计划，项目安全设计变更管理和项目安全设计交付文件清单等。

项目策划明确规定了在设计过程中所需要开展的安全审查和安全设计文件交付清单。在整个设计过程中承包商应按照策划的要求进行各种安全审查,提供的交付文件覆盖所有安全设计内容。以某国外建设项目为例,其安全设计交付文件清单见表4-5。

表 4-5   某国外项目安全设计交付文件清单

编号	交付文件名称	安全设计内容
1	爆炸危险区域划分图	按照标准对装置爆炸危险区域进行划分
2	爆炸危险设备表	装置危险介质设备清单及介质特性
3	火灾及气体检测和报警图	火灾及气体检测和报警设置位置
4	火灾及气体检测逻辑图	火灾及气体检测及联锁逻辑
5	被动防火分区图	被动防火设施设置位置及要求
6	被动防火设施	被动防火设施内容
7	逃生通道及紧急集合点布置图	逃生通道和紧急集合点的设置及平面位置
8	个人防护用品规定及数据表	个人防护用品的要求及技术参数
9	安全标志图	安全标志的位置
10	安全标志规定及数据表	安全标志设计要求及参数
11	危险源辨识(HAZID)程序和报告	规定危险源辨识的工作流程和方法,记录项目中辨识的危险化学品及其特性,项目中可能造成伤亡的危险及有害因素
12	危险与可操作性分析(HAZOP)程序和报告	规定 HAZOP 分析的工作流程和方法,记录识别出所有可能对安全、操作和环境造成不良后果的工艺过程和建议措施
13	安全仪表功能审查程序和报告	规定安全仪表审查的工作流程和工作方法,记录对联锁回路进行半定量化的风险分析和评估结果,确定相应的安全完整性等级
14	健康风险分析程序和报告	规定健康风险分析的工作流程和分析方法。记录识别出的可能使劳动者暴露于健康危险下的工作类型,识别健康危险的特征,暴露程度分级,以及控制、减缓和消除措施
15	火灾及气体检测审查程序和报告	规定火灾及气体检测审查的工作程序,记录火灾及气体检测相关文件对标准符合性审查的结果及改进措施
16	爆炸危险区域划分(HAC)审查程序和报告	规定爆炸危险区域划分审查工作程序,记录爆炸危险区域划分相关设计文件的标准符合性检查结果及改进措施
17	火灾安全评估(FSA)程序和报告	规定火灾安全评估工作程序和评估方法。采用安全检查表的方法对工艺火灾安全设计的标准符合性检查,记录审查结果及建议措施
18	可靠性、可用性和可维护性(RAM)审查程序和报告	规定可靠性分析工作程序和分析方法,对装置开工在线率、设备可靠性进行分析,辨识出可能造成非计划停工的关键设备

编号	交付文件名称	安全设计内容
19	基于设备可靠性的检维修（RCM）审查程序和报告	规定设备可靠性评估工作程序及采用的方法。对设备维修策略进行评估，确定风险等级，提出改进措施
20	噪声研究报告（NOISE）	进行设备噪声计算，评估结果，以及提出降噪的措施
21	人机工程学报告	符合人机工程的操作设施设置
22	量化风险分析报告（QRA）	量化风险评估是运用数学手段预测工程建设项目发生事故的风险，识别与设计相关的潜在重大事故危险，主要包括火灾、爆炸及有毒事故后果模型计算
23	报警管理系统程序和报告	规定报警分级管理评估工作程序和分级方法，确定报警的分级并按照分级进行报警设置
24	电气安全和可操作性审查报告	规定电气系统安全和可操作性审查工作流程和方法，记录识别出的电气系统的安全、操作隐患和建议措施
25	腐蚀管理计划和基于风险的检验（RBI）	通过专门的风险评估软件分析不同腐蚀环境中设备和管道腐蚀风险等级，对高风险等级的部位提出检测计划和安全应对措施
26	领结图分析（Bow-tie）	通过对导致事故发生的潜在危险因素和事故发生后导致的后果进行分析，提出预防事故发生所采取的措施及事故发生后为减小事故损失所能采取的控制措施
27	关键活动目录	将 Bow-tie 分析中生成的重大风险形成关键活动归类，主要记录 HSE 关键措施，执行标准，关键责任人，预防性控制措施和减缓措施的输入输出条件
28	危险和后果记录表	将各 HSE 分析报告中识别出的主要风险建议措施在危险源和影响记录表（HER）中列出，对于识别出的高风险危险源进一步进行 Bow-tie 分析
29	补救措施计划	将各 HSE 提出的建议措施都列在整改计划关闭记录表中，在记录表中逐一列出所有提出对策措施的关闭情况
30	安全关键要素和执行标准	对所有安全设施清单，按照专业分类，列出这些安全设施的位号、采用标准、文件编号和图纸号等
31	设计 HSE 情况	设计 HSE 情况报告是风险管理的终版文件，将高风险危险源的风险等级降低到最低合理可行原则（ALARP）内，实现对安全风险的闭环管理

从上述的安全审查和交付文件清单可看出，国外项目在安全设计方面更突显基于风险的安全审查，对于要求的交付文件、管理程序文件更加全面和系统。

② 系统的过程管理　国外管理经验丰富的公司为保证工程项目的安全运作，已建立了一套完整的安全设计过程管理体系。以某国际知名公司危害和影

响管理过程（hazard and effect management process，HEMP）为例介绍 HEMP 风险管理体系。

HEMP 风险管理体系从设计阶段开始就开展 HSE 风险管理，通过 HEMP 风险管理工具如 HAZID、HAZOP、HIRAC、HRA、QRA、LOPA、IPF、Bow-tie 等一系列危险评估工具和技术对各类 HSE 危险进行辨识，对相关风险进行评估，按 ALARP 原则确定控制危险和降低危险产生影响的措施。在项目的各个阶段适时地进行风险研究，及时采取预防措施避免返工和产生费用。将 PDCA（plan，do，check，action）的管理理念贯穿到项目 HSE 风险管理的各个环节，是国内项目值得借鉴和学习的新方法、新理念。HEMP 的框架结构见图 4-7。

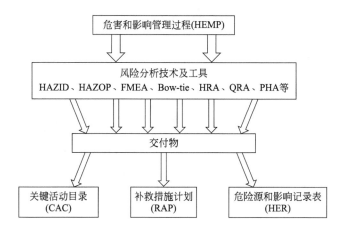

图 4-7　HEMP 的框架结构

HAZID—危险源辨识；HAZOP—危险与可操作性分析；FMEA—失效模式和后果分析；
Bow-tie—领结图分析；HRA—健康风险评估；QRA—量化风险评估；PHA—过程危险分析

HEMP 风险管理过程分为识别、评估、控制、纠正、再评估和行动措施六部分。其中，识别是通过 HAZID、HAZOP、HRA、PHA、Bow-tie、QRA 等风险分析方法，识别出安全、环境、健康方面的危险源及危险、有害因素，明确原因；评估是通过 RAM、LOPA、SIL、QRA、HRA、风险矩阵等风险分析方法来评估危险源发生的可能性和后果严重程度，明确危险源对人、环境、资产和声誉带来的后果，确定风险等级及重大风险；控制是通过危险源和影响记录表、安全关键要素和执行标准、Bow-tie、关键活动目录等交付文件来评估控制措施的必要性，控制的层级及有效性；纠正是通过采取预防性控制措施和减缓措施后，评估潜在的后果和影响是否减轻，确保纠正措施的必要性、充分性和有效性；再评估是对制定预防性措施和修订的控制措施再评估；行动措施是经过再评估后，如果剩余风险仍"很高"或"高"，则提出进一步降低风险的措施，最终所有风险都降低在 ALARP 内。在整个项目的设计中，HEMP 风险管理过程工作流程见表 4-6。

表 4-6　工作流程

步骤		交付文件
	①辨识危险和初始事件 ②辨识后果 ③评估影响 ④确定风险等级	危险源和影响记录表
	⑤辨识控制和补救措施 ⑥按照最低合理可行原则（ALARP）进行风险管控 ⑦建立完整的控制和纠正措施	关键活动目录
	⑧制订整改行动计划 ⑨整改计划纳入年度 HSE 计划中 ⑩更新危险源和影响记录表、关键活动目录	补救措施计划

　　HEMP 风险管理过程主要通过识别、评估、控制、纠正等过程管控活动，形成可持续追踪的安全记录，包括危险源和影响记录表、补救措施计划、关键活动目录、安全关键要素和执行标准、设计 HSE 情况等交付物，最终实现项目的安全环保风险管理。交付文件及具体内容见表 4-7。

表 4-7　HEMP 交付文件及具体内容

序号	交付文件	具体内容
1	危险源和影响记录表（HER）	通过在设计过程中做过的 HSE 分析如 HAZID、HAZOP、HRA、PHA 分析等，将分析报告中识别出的主要风险建议措施列在危险源和影响记录表中，包括危险源类别、原因、顶上事件、后果、风险等级、高风险、预防性控制措施和减缓措施等。通过此文件可以将所有分析出的项目风险集中记录，对不同级别的风险采取不同的管理措施，比如对于识别出的高风险危险源进一步进行 Bow-tie 分析
2	关键活动目录（CAC）	将 Bow-tie 分析中生成的重大风险预防和控制措施形成关键活动目录，主要记录 HSE 关键措施，执行标准，关键责任人，预防性控制措施和减缓措施的输入输出条件，控制措施采用的标准规范和设计成品（包括平面图、设计文件、分析报告和闭合报告等）。通过关键活动目录可以对分析出的高风险进一步管理，检查降低高风险相应的控制措施是否必要和有效

续表

序号	交付文件	具体内容
3	补救措施计划(RAP)	将各 HSE 提出的建议措施集中管理,随时检查每个建议措施的落实情况,在计划表中逐一列出所有提出对策措施的关闭情况,比如建议措施是什么?完成日期?完成人是谁?主要负责人是谁?审核是谁?由谁签字批复?通过这个文件可以知道每个建议措施具体闭合情况
4	安全关键要素和执行标准(SCE&PS)	对所有安全设施清单,按照专业分类,列出这些安全设施的位号、采用标准、文件编号和图纸号等,包括结构基础、设备、管线系统、加热炉、电气、消防、逃生、控制和报警系统、个人防护等属于安全关键要素的设计内容。比如安全专业需要将火灾和可燃气体探测器的位置和数量,建筑物抗爆结构类型、采取标准、位置等,紧急集合点的位置、数量和标准,逃生路线的要求、具体逃生路线图和标准要求,个人防护用品数量、位置和执行标准等都体现在此文件中
5	设计 HSE 情况	设计 HSE 情况是风险管理的综合文件,包括将前期分析出的所有高风险危险源具体所在位置、高风险危险源的预防和控制措施、采取的设计标准和要求等都体现在此报告中,通过整个风险管理过程可以将风险等级降低到 ALARP 内,实现对安全风险的闭环管理

以上过程管理的文件形成完整的安全设计数据库,全部进入装置安全管控系统中,在生产运行过程中继续对于风险记录单中的风险进行监控,实现了装置全生命周期的安全管理。

4. 安全设计变更管理

设计变更控制是确保化工建设项目安全性的重要措施,在项目策划阶段应建立项目安全设计变更管理程序,并严格按程序进行变更管理。项目安全设计变更管理至少包括过程危险源分析或安全设计审查后的设计文件变更,如:HAZOP 分析后的 P&ID 的变更;主管部门审批后的《安全评价报告》《安全设施设计专篇》等设计文件的变更;采购和施工安装过程中的设计文件变更等。

项目安全设计变更应建立变更控制程序,明确变更申请、变更签署和变更审批的管理程序和要求。在实施重大设计变更前应进行危险辨识,分析设计变更是否有可能带来新的安全风险或隐患,是否有必要采取措施消除和控制新的风险,并经过相关审核批准程序后方可实施。对于经相关行政主管部门批复后的安全设计文件图纸,如有重大安全设计方案变更时,应重新报原管理机构进行审查、批复和确认。所有的安全设计变更需要在项目全过程进行记录、跟踪和报告,及时更新变更的状态。变更实施后,由变更批准部门组织验证,对不符合规定要求的，应提出整改意见限期整改。在变更结束后形成记录文件，并通知提出变更的部门和人员。

三、基于风险的全方位系统审查与跟踪关闭

为保证工程项目的安全运作，在项目建设的各个阶段需要开展不同的安全设计审查。项目安全设计审查的主要依据是国家及行业现行标准、地方政府有关标准及规定、项目危险源辨识和风险评价结果、生产操作经验和相关事故教训等。

根据建设项目特点和要求采取安全检查表或安全审查会等不同形式进行安全设计审查。安全审查会也可委托有资质的第三方主持审查，相关设计专业人员参加，主要对安全设计内容的合规性进行检查和对项目安全风险的辨识分析纠正。在整个设计过程中，安全设计审查至关重要，有效的审查可以避免重大安全风险、减少设计的返工、改善项目进度，为项目节省投资。

1. 不同阶段基于风险的审查与研究重点

项目前期阶段重点是根据工艺专利技术在其他工厂的应用情况和经验教训对工艺技术的本质安全性进行审查。识别工艺过程的危险物料、操作条件、危险物质的储量，审查其采用的工艺过程安全防护措施是否充分有效；是否按照本质安全设计的原则，采取消除、预防、减弱、隔离等方法，将工艺过程危险降到最低等。

项目建设厂址、工厂总平面布置、与外部周边设施的安全防护距离、内部总体布局的合规性和合理性；建设项目内在的危险、有害因素和建设项目可能发生的各类事故，对建设项目周边单位生产、经营活动或者居民生活的影响；建设项目周边单位生产、经营活动或者居民生活对建设项目投入生产或者使用后的影响；建设项目所在地的自然条件对建设项目投入生产或者使用后的影响。

项目比选阶段需要审查技术方案的安全和环保性能的比选结果，包括建设项目地点的特殊条件和要求、当地特殊法规要求、有哪些重大危险隐患和如何应对、是否有需要特殊关注的健康问题、是否可以把项目的无组织排放降到最小等。

项目定义阶段主要审查平面布置及装置设备布置，重点审查项目内部各装置设施布置和防火间距。HAZOP 等安全审查是否开展并及时关闭、设计规定中是否包含了相关的 HSE 要求、项目的完整性管理是否体现在工程设计过程

中、采用的工程设计标准是否恰当、在施工队伍进入现场前是否做了充分的准备、文档管理制度是否已经建立等。

项目实施阶段主要审查变更的控制管理是否有效、工程设计质量的控制和检查是否有效、有关的 HSE 审查意见是否已经在工程设计中完全采纳，包括 HAZOP 审查提出的所有建议是否完全关闭、变更记录是否保存等。

生产运营阶段主要审查遗留的 HSE 审查事项是否均已关闭、是否达到了预期的 HSE 目标和期望、项目建设期的文件是否已全部交付、事故教训等经验是否已进行了分享等。

2. 基于风险的安全审查和研究内容

基于风险的安全审查和研究内容包括：危险源辨识，健康风险评估，爆炸危险区域划分审查，火灾安全评估，火灾及气体检测研究，仪表安全功能审查，保护层分析，危险与可操作性分析，安全仪表完整性等级评估，噪声研究，人机工程学，定量风险分析，可靠性、可用性和可维护性审查，以可靠性为中心的维修审查，开车前安全审查，报警分级研究，基于风险的腐蚀检测，电气可靠性研究，电气稳定性和可操作性研究，领结图分析，可施工性审查，可检维修性审查，三维模型审查，电磁兼容研究，流振研究，声振研究，火炬泄放动态模拟，水锤研究等。应根据项目合同的不同要求选择不同的审查内容。

3. 审查控制点

依据项目所在地的国家相关法律法规和标准规范的要求条款对设计过程文件和产品进行安全审查。国家安全监督管理总局发布的《危险化学品建设项目安全监督管理办法》对危险品建设项目的三个阶段规定了安全检查控制点：

（1）安全条件审查　在可行性研究阶段后和初步设计审批前开展的项目安全评价报告审查。

（2）安全设施设计审查　在基础设计审查后对基础设计的安全设施专篇进行审查。

（3）安全设施竣工验收　在项目建成投入生产和使用前，对建成的生产装置是否符合安全设施设计要求等方面进行检查。

设计单位严格按照《危险化学品建设项目安全设施设计专篇编制导则》（安监总厅管三〔2013〕39 号）的要求编制设计专篇，配合建设单位报送相关管理部门审查，并根据审查意见进行修改完善。

4. 审查意见的跟踪关闭

安全设计审查意见的关闭是项目安全设计管理的关键环节，对于风险分析和设计审查提出安全防护对策措施及建议必须在设计文件和现场施工中逐一落实，对没有采纳的意见应予以解释和说明。

政府对安全设计专篇审查的意见必须落实到设计文件中，对安全审查意见进行逐条答复并形成正式文件签署确认，答复意见作为设计依据在设计文件中应予全部落实，并形成意见关闭报告由相关人员签署确认。对于与审查相关的设计变更要严格按照变更管理规定进行必要的重新审查。

对于安全设计风险评估意见的跟踪和关闭，国内规范中没有明确的规定和管理要求。如 HAZOP、SIL 分析等有相关标准规定和程序文件，但对于闭合跟踪情况没有明确要求。对于此类安全设计审查意见关闭应该与安全设计专篇同等重视，保证所有的安全审查报告都编制关闭报告，关闭报告中的每一项改进意见和措施都要有相关人员提供落实的证据文件，由相关负责人签字确认，关闭报告才能批复。关闭报告将作为重要设计文件的交付物移交业主，并作为后续生产安全运行管理监控的重要依据。对于和安全审查相关的设计变更要严格按照变更管理规定进行必要的重新审查。从而避免由于审查意见没有得到真正落实而使安全风险评估流于形式的问题。

综上所述，任何单一的先进管理方法都不能很好地解决本质安全设计问题，对项目安全设计的管理应更注重体系的建立和过程的有效管控，用整体化的管理方法落实项目实际的执行力和执行效果。近几年安全设计过程管理水平不断提升，通过适度引进国外安全设计新理念、新标准，强化基于风险的本质安全设计要求，吸取国内外的重特大事故教训，补充安全设计的要求，加强可操作性，使得我们的安全设计体系更系统和完整，安全设计过程管理更为有效。

第二节　装置施工过程安全管理

化学品生产装置在施工建设过程中，其施工安全管理方面的总体目标应是最大限度地追求不发生事故、不损害人身健康，创造良好的安全管理业绩。施工安全管理的目的是保证在健康、安全、安保和环保方面满足国家、地区和建设方的法律法规和监管要求（如合同要求），防止事故发生造成人员伤害、环境破坏、财产和声誉损失。施工过程的安全管理包括作业管理规定、作业安全分析程序、会议制度和绩效考核的规定，在实施阶段要确保所有规定得以严格执行。

装置施工建设通常作为一个项目或项目的一个组成部分来执行，项目建设方或所在国家、地区会对安全管理提出具体的量化关键指标，即所称的管理指标。表 4-8 给出了国内、外两个项目对关键指标的具体要求。

表 4-8　项目关键指标

关键指标	国内某项目	国外某项目
死亡事件率	0	0
损失工时事件率	每 100 万工时＜0.5	每 100 万工时＜0.3
可记录事件人数发生率	每 100 万工时＜2.5	每 100 万工时＜0.5

对于连续安全生产工时记录有不同的定义，部分项目以不发生人员死亡事件为原则来记录，国际上通用做法是以不发生工时损失事件为原则来记录。对关键指标的设置和理解将直接影响施工安全管理所采用的方针、政策、管理模式和策略以及资源配置等各方面。

施工安全实际包含和体现了健康、安全、安保、环境（HSSE）四个方面的内容，同时也受到以上因素的影响和作用。本章将概括出在装置施工过程中对 HSSE 方面的各项管理要求及如何贯彻和执行。

一、建立施工安全体系

1. 体系建立的基础

在施工安全领域，当前普遍以 OHSAS 18000 系列职业健康和安全管理体系，ISO 14000、GB/T 24000 系列环境管理体系和 ISO 9000、GB/T 19000 系列质量管理体系为基础来建立自身的施工安全体系。其中，OHSAS 18000 体系逐渐转换为 ISO 45001、GB/T 45000 体系。

建立项目施工安全体系的目的是为装置施工的安全管理活动提供一个通用的接口和平台。这个体系用于预防工作人员发生与工作相关的人身伤害和健康损害，确保施工现场拥有安全、健康的工作条件。基于这一体系对施工安全工作进行总体策划，并通过适宜的内、外部审核确保体系正常运行，从而实现施工安全管理总目标。

建立完善的安全管理体系，通过系统化和精细化管理确保承包商安全责任落地，规范参与装置施工建设各方人员安全培训和安全管理资金的投入。将安全生产责任制落实到参与项目建设的每个人，使之清楚自己应承担的安全生产责任，强化"安全管理人人有责"的观念，建立良好的安全文化。

2. 指导和承诺

从事装置施工的组织应确保建立适用的安全承诺并以此指导其工作的开

展。承诺最大限度不发生事故、不损害人身健康，符合所有安全管理要求以及为此进行一切必要和持续的投入，保障必要的资源；承诺设立和执行整体的管理策略，在安全管理上采取有效的措施和持续改进；承诺对装置施工的参与者提供必要的培训；建立安全管理责任制，明确装置施工所有参与者的安全责任；认可所有的事故和伤害都可以预防，并可以追溯到管理原因；建立应急响应体系；承诺所有行为符合法律法规监管要求。

3. 方针政策与战略目标

为了明确安全管理最重要的原则，基于体系并结合相关方的管理要求，建立安全方针政策。除安全管理总体方针之外，还可以根据具体情况，如项目或装置的建设规模等，制定在装置现场安保、停工和酒精等管制方面的详细政策。

总体方针应与组织的承诺保持一致，通常包括以下方面内容：

① 确保在装置施工的所有阶段、过程、场所和活动中进行卓越的安全管理，进行持续的监视与测量以减少安全风险，并尽可能降低其所带来的负面影响。

② 相信所有的事故都可以预防，并将建立完整的安全管理体系来消除或控制现存或可能存在的安全风险，防止事故发生带来人员伤害、环境破坏、财产和声誉损失。

③ 建立应急响应系统，通过培训和演练确保人员具备必要的应急意识和技能，为应急响应保证必要的设施、器材投入。

④ 运用现有和可能的资源和技术，持续改进和提升装置施工的安全管理和绩效。

⑤ 建立明确的安全管理责任制，装置施工的所有参与者都有其相应的安全责任。

另外，还可根据需要建立专项政策，如：酒精等管制政策，明确任何人不得在酒后、服用麻醉类药物等后在装置施工现场工作，身体受到以上物质影响时不得工作。

为指导参与装置施工建设各级组织的行为，通常会建立零违章、零缺陷、零事故等安全管理战略目标。确保下一级组织（如分包单位）的安全管理政策和目标与组织保持一致，将安全管理的方针政策、目标和要求贯彻给组织内的每一个人。

4. 安全管理系统的组成

安全管理系统包括安全管理计划与文件、安全组织机构与岗位人员等。

(1) 安全管理计划与程序　在装置现场开展任何工作之前，首先应制订安全管理方面的计划和程序文件，即所谓"建章立制"。其目的是使现场所有安全管理工作有章可循、有规可依。如果将装置施工作为一个项目进行管理，其中最重要的文件是项目安全管理计划。还应建立其他安全类工作计划和程序文件，用以支撑这个基干文件。各项安全工作计划和程序文件在整个装置施工过程中得到持续维护和改进。

项目安全管理计划涵盖的元素和内容比较广泛，通常包含：指导和承诺、政策与目标、组织、职责、资源和使用的标准、健康管理、环境管理、安全运输管理、风险管理与评估、培训、合规性评价、工作计划和程序、分包商安全管理、作业管理、变更管理、事故事件调查与应急管理、持续维护和改进、审核等。

安全程序文件包括程序、指导书和检查表等。从项目安全管理计划中识别出的各项管理要素均需体现在安全程序文件中。程序文件应提出装置施工各个阶段、各项活动的详细安全管理要求。

(2) 安全组织机构与岗位人员　为执行装置施工安全管理工作，应确定必要的岗位及其人员职责和工作内容，形成内部安全管理部门组织机构。关键岗位的人员配置必须由上一级组织或管理者审核批准。典型的安全管理组织机构如图 4-8。

图 4-8　典型的安全管理组织机构

在装置施工过程中，通常配置安全经理岗位来统筹管理装置施工活动所有的健康、安全、环保工作。根据项目或装置规模情况不同，可单独设置保安经理，也可将其职能并入安全经理岗位内，此时该岗位则为 HSSE 经理。作为装置施工团队的主要管理人员，安全经理将直接向项目经理汇报。根据不同国家、地区法律法规要求或建设方合同、规范要求，对安全经理会有明确的资质要求及工作经历、经验要求。对化学品生产装置施工项目，一般安全经理应具备在相关建设项目上 10 年及以上的安全管理工作经历。

需要指出的是，安全管理是分级管理责任，安全经理不替代其他人员的安全责任，各部门和人员应承担其自身在安全管理上的责任。在装置施工安全管理机构内，还应配置足够的安全管理和监管人员，其职责是对装置施工现场直接作业环节进行检查、监管，强力推动安全要求的落实。这样的岗位在国内一般称为安全员，在国外依据不同习惯，可称为 site safety supervisor 或 site safety officer。装置建设规模较大或由于各种原因配置的安全员较多时，可设置安全员主管岗位（国外一般称为 superintend），协助安全经理进行管理。安全员向安全经理或安全员主管直接汇报。一般要求安全员在相关建设项目上有 3 年及以上的安全管理工作经历，安全员主管则要求有 5 年及以上的安全管理工作经历。国外施工项目普遍设有环保检查员岗位，关注施工现场化学品的使用、存储，侧重化学品对施工现场环境的影响。

为保证化品装置施工现场活动安全，一般每 50~100 名作业人员需配置 1 名全职的安全员。根据施工的不同阶段、不同的工作内容和风险等因素，可适当增加安全员数量。

安全经理、安全员主管和安全员构成了装置施工过程中安全管理部门的主体。此外，还应按专业配置一定规模和数量的专业安全工程师，以提高精细化管理水平。在安全管理活动中，专业安全工程师的职能偏重从技术角度进行检查、监督以及执行相关工作程序的建立和维护任务。在化学品生产装置施工中，一般建议设立电气安全工程师、吊装安全工程师、架设安全工程师等岗位。

化学品生产装置施工过程中存在大量的用电或临时用电活动和行为，涉及发电（受电、送电，如临时发电机等）、配电（如配电箱、配电柜、临时电缆敷设等）和用电机具的使用等。施工队伍内配置有相应的电工进行以上工作，安全管理部门需进行监督检查。电气安全工程师的职责就是监管电工的工作结果。在对施工现场防雷击有特定需求或管理要求的国家或地区，电气安全工程师还要负责防雷击方面的管理工作。

在化学品生产装置施工过程中，吊装和架设工作是常见且高风险的作业活动，同时具有较高的专业技术要求。设立吊装安全工程师和架设安全工程师，有利于从整体和细节上对这两个专业的现场作业活动进行全面监管。

对装置现场的安保管理，可以设置专门的保安经理岗位或将其职能纳入安全经理岗位中，统一领导保安队伍对现场人身和财产安全进行保卫。如有条件或依据法规要求，组织应向政府相关机构申请协助或由专业第三方机构对保安经理和队伍进行背景审查。

以上各个岗位必须具备的职业资质资格和人员配置数量依据具体国家、地区法规要求或建设方合同（规范）要求执行。必须确保这些岗位的从业人员在资质上依法合规，在工作经验和技能上满足工作需求。

安全管理人员在现场佩戴的安全帽、穿的劳保服（或反光背心）等的颜色应与其他人员有所区别以便于识别。

5. 安全责任

许多国家和组织都面临过安全生产严峻形势长期无法得到改善、发生安全事故都是安全部门承担责任的困境。目前，人们对安全主体责任重新认识，明确哪个部门出了安全事故，哪个部门就承担安全责任，而安全部门承担安全监督责任，不对具体事故负责。督促业务部门更加重视安全工作，摆脱对安全部门的依赖，全员安全意识得以提高，安全形势逐步好转。

以一个化学品生产装置施工过程为例，列举出可能存在的工作岗位的安全责任，特别是关键管理岗位和普通员工的安全责任，以便于读者理解。一般会有以下岗位存在：

（1）项目经理　作为合同项目管理上的第一责任人，项目经理对合同项目的安全生产负有直接管理责任。在策略和方针上，项目经理需明确装置施工过程中安全生产的目标与管理计划。

项目经理应确保团队的工作符合合同文件中提到的所有安全管理要求，有责任和义务为所有人提供安全的工作条件和环境。

项目经理应有足够的资源投入到对项目安全生产产生影响的各个方面，负责批准项目安全管理计划并确保该计划的实施及项目安全生产所需的人力、费用、技术的落实。确保在装置开始施工之前，相关的安全管理计划、程序文件已经制定并得到批准。项目经理有责任确保安全管理的各项要求在装置施工现场得以贯彻落实并根据实际情况和需求持续改进，确保所有管理人员和工作人员正确理解自己的安全职责。

项目经理负责组织召开并主持项目安全管理委员会会议，参与并确保相关的人员参加对安全的检查、审计。理解并支持"零违章、零缺陷、零事故"的理念，确保相关人员参加安全培训和相关安全主题活动以提升安全文化。经常参与项目的各类安全活动，如班前会、各类安全会议、安全培训宣贯等。

（2）施工经理　作为装置施工活动的组织者，施工经理负责项目安全管理计划在施工现场的实施，向项目经理直接汇报。不仅负责实施各种直接作业活动的安全计划，还负责与施工现场相关联的安保计划以及应急响应计划的具体实施。

施工经理负责策划和组织具体的施工活动。当两个以上施工单位在同一作业区域内进行活动，由于存在关联、交叉界面而产生潜在的、可能危及对方生产安全的风险，由施工经理组织协调，减少和控制此类风险。如：组织签订安全生产管理协议，明确各自的安全生产管理职责和应当采取的安全措施等。

施工经理要确保项目组识别了与施工环节相关的所有安全风险，并制定了对应的消除、替代和控制措施，并确保相关信息被传递给施工作业相关方，如分包商施工队伍，并以文档控制方式保留相关传递记录。这项工作可以通过工作安全风险分析和作业许可票的方式来实现。

在作业开始前，施工经理要确保具体实施作业的组织已经完成施工方案、工作安全风险分析，该组织自己的安全管理计划已完成制订、批准和提交并确保文件中提到的风险控制措施得到落实。确保所有现场工作人员和作业人员充分了解安全信息。施工过程中，施工经理应参与项目的各类安全活动。

（3）安全经理　安全经理对其管理职责范围内的安全生产、环境保护工作负直接管理责任，直接向项目经理汇报。在矩阵式管理模式下，安全经理也可直接向相关的更高级管理者汇报。

项目安全经理协助项目经理来具体制定和发展项目安全管理体系，并监督和维护该体系的运转。组织编制项目安全管理计划并监督实施。协助项目经理、施工经理组织应急管理，策划项目应急管理体系，组织编制项目应急预案，检查监督其演练和实施，并评审由安全保证体系组织的应急演练。

安全经理将直接领导和管理装置施工的安全管理部门，包括 HSE 人员和安保队伍。组织进行每日安全检查，包括常规、专项和综合类检查。负责组织开展有针对性、实效性的入场和专项安全教育培训，提高全员安全意识，规范作业行为。负责现场直接作业环节的安全监管。对施工作业方案的制定、作业许可证的签署审批和现场监护等环节实施监督管理，定期组织施工作业全过程的安全检查、审计及隐患排查，督促事故隐患的整改。

安全经理参加装置施工的进度会议，包括周例会和月度进度会等。进度会的第一项讨论内容应为安全管理方面事务，讨论、解决重要的安全问题。作为安全管理委员会的重要成员，安全经理也需要参加月度委员会会议。

安全经理负责建立具体的项目 HSE 事故和事件管理制度，组织项目的事故统计、上报，根据要求参加事故的调查分析处理。统计装置施工安全管理工作，并以报表形式向各相关方汇报。对工作安全风险分析中识别出的各项风险及其对应的削减控制措施进行识别和评估，并批准工作安全风险分析结果，以确保风险得到有效的控制。

（4）施工主管　化学品生产装置的施工过程中，通常会存在土建、设备、机械、管道、电气、仪表等各项专业施工内容。施工主管的职责是：以分专业或分区域的方式辅助施工经理对各专业施工活动进行具体和细化的管理。

施工主管负责组织编制或校核施工方案和工作安全风险分析，确保提出的内容符合装置现场安全管理程序的要求，并确保装置现场的施工作业严格按照已经批准的施工方案进行。参加装置施工的进度会议，在会议上就安全管理事务进行沟通、协调和解决。

（5）施工专业工程师　各施工专业配置的专业工程师负责本专业施工活动风险削减控制措施在现场的落实。

在施工作业活动开始前，通常是每日的班前会上，专业工程师将组织进行安全交底，一般是将工作安全风险分析中识别出的各项风险及其对应的削减控制措施信息向所有作业参与者进行充分的传递。在施工作业开始时，保证施工方案、工作安全风险分析已经就绪。在作业过程中，检查安全事项并实时纠正偏差。确保参与作业的人员符合基本的安全要求并文明施工。

对于装置施工现场使用的所有设备、机具，专业工程师将组织进行使用前的检查和维护，将合格的设备、机具提交安全管理部门核验以获取使用批准。

作为施工作业现场第一线和最基本的管理人员，施工专业工程师应及时发现和汇报事故、事件，参与相关事故、事件调查，并将整改措施落实在之后的施工活动中。

（6）所有员工　所有员工是指在装置施工现场进行工作的人员。员工有依法获得安全生产保障的权利，并应当依法履行安全生产方面的义务。参与入场安全培训和各类相关的专项安全培训，了解安全管理和程序要求。在作业前，员工必须参加班前会，了解风险控制和应急措施。

在作业过程中，员工应严格遵守自己的安全承诺，自觉遵守各项 HSE 管理制度和本岗位操作规程，遵守劳动纪律，服从管理，不违章作业，正确佩戴和使用劳动防护用品，认真履行各自的安全职责，对本岗位安全生产工作承担直接责任。

员工有权了解其作业场所和工作岗位存在的危险因素、防范措施及事故应急措施，有权对本岗位的安全生产工作提出建议。及时报告不安全的行为和不安全的状况，发现直接危及人身安全的紧急情况时，有权停止作业或者在采取可能的应急措施后撤离作业场所。发生生产安全事故后，事故现场有关人员有责任立即报告本部门负责人或项目经理。

所有员工都有维护消防安全、保护消防设施、预防火灾、报告火警和参加灭火的义务。

除上述化学品生产装置施工活动中存在的关键、基本的工作岗位外，其他各个工作岗位的人员承担其具体的岗位安全责任。

二、装置施工过程安全管理控制要点

装置施工过程中的安全因素广泛，涉及环节众多，安全管理工作细致而重要。本节仅就其中不容忽视的重点要素和环节进行阐述。

1. 疲劳管理

疲劳管理本质是对工作时间和工效的管理。在化学品生产装置施工过程的安全管理工作中，疲劳管理目前属于容易被忽视的部分。规范疲劳管理工作，加强疲劳危害因素的控制，有利于减少现场工作疲劳，有效降低因工作疲劳引起的伤害事故。

装置施工的组织者首先应根据当地法律法规要求明确定义正常工作时间，制定制度确保超出正常工作时间的工作都应得到管理者的批准和确认。确保在一定周期内，连续工作时间和总工作时间都依法合规。

对超出正常工作时间的工作内容，应进行相应的风险评估，如：健康评估、工作安全风险评估等。识别出相应的疲劳风险因素，如：工作班次间休息时间不足、单班次内工作时间过长、外部环境不适于作业等。

根据工作人员组成、具体工作任务和劳动负荷等，评估装置施工人力计划，确保有足够和适合的人员从事相关工作。疲劳管理应识别出每班次、每周和每月间工作负荷变化，特别是识别出可能导致延长正常工作时间的工作任务，如：混凝土浇筑等。

当计划在正常工作时间外进行施工作业时，应关注监管人员的级别和数量是否应适当增加，装置施工现场和工作路径、通道的夜间照明条件等是否满足规范要求。关注是否与其他工作产生交叉界面并可能受到其危害因素影响，如：夜间的射线检测工作。还需关注特殊的应急响应和医疗准备。

具体的劳动时间安排因国家、地区法律法规等有所不同。以国内为例：应严格执行劳动定额标准，不得强迫或者变相强迫劳动者加班。按照《劳动法》中的规定：如因工作需要，经协商后可以延长工作时间，一般每日不得超过1h。因特殊原因需要延长工作时间的，在保障相关人员身体健康的条件下延长工作时间每日不得超过3h，但是每月不得超过36h。劳动者每周至少休息一日。同样，各国劳动劳工类法律法规会对劳动者单次工作时间、每日加班工时（日工作时间）、每周和月加班工时（总工时）、连续工作时间、连续工作日等做出明确要求，组织应严格予以遵守。

装置施工现场排班时，需充分考虑高温、恶劣天气等环境因素和体力劳动强度，以减少工作疲劳。在重大节日尽量不安排加班，并组织有益于身心健康的活动，防止现场人员产生心理疲劳。

管理者要定期检查工作排班记录和考勤记录，确保工作时间符合要求。当事故、事件发生后，应检查相关的排班、考勤记录，检查和评估引发事故、事件的因素中是否包括疲劳因素。定期开展疲劳风险评估和统计，加班率和平均工作时间应作为指标。

2. 作业许可管理

作业许可管理的实质是通过作业许可证制度对现场直接作业环节进行完整的过程管理，以削减和控制直接作业环节存在的各类风险。一份作业许可证的背后，实际包括了作业前的风险辨识，许可条件的确认，票证的申请、审批、实施和关闭，以及作业许可证的协调管理。

作业许可证通常由许可证、施工方案、工作安全分析和计算数据表四部分文件组成。进行作业许可前，应编制施工方案和填写必要的计算数据表，以此为基础，对其工作内容、方法、步骤和环节运用工作安全分析等方法进行危害识别和风险分析，形成工作安全分析文件。

作业许可证必须在工作前进行申请，审批人必须在现场确认和审批。申请人、审批人、接收人必须在作业许可证上留下签字痕迹。这三个岗位的工作人员应经过作业许可管理培训并考核合格，取得相应资质。

化学品生产装置施工过程，组织内部的管理职责一般划分为三级：施工管理部门是施工作业的管理责任主体，按照审批权限进行审批和现场管理。安全管理部门是施工作业的监管责任主体，对作业许可的执行情况实施监督管理，负责作业许可审批人和接收人的资质培训，负责作业许可证的协调和作业许可证关闭后的归档管理。施工作业单位是作业的实施责任主体，负责施工方案的编制，组织做好作业前的工作安全分析和现场安全交底，落实现场监护和作业条件确认；作业结束时应进行核实、关闭、现场恢复。

以某化学品生产装置施工过程为例，其作业许可的基本管理内容和要求是：

（1）将典型的高风险作业活动纳入作业许可管理，如：高处作业、受限空间作业、岩土爆破、临时用电（如配电箱内部接电、拆除和维修，总配电箱和分配电箱移位、受送电等）、动土作业（如土石方开挖、钻孔、打桩作业，以及使用推土机、压路机等进行填土、平整场地等作业）、起重作业、脚手架作业、射线检测作业、特定条件下的动火作业（如动火作业 10m 范围内存在易燃、易爆物质，电缆上方的动火作业）、夜间作业、压力试验（如气压试验、设计压力大于 1.6MPa 的工业管道与设备的水压试验）、化学清洗作业，以及其他经评估为风险高、非常规的作业。

（2）危害因素识别及风险分析施工方案确定后，组织施工管理人员、技术人员、班组长和安全管理人员运用工作安全分析等方法进行危害识别及风险分析，并根据风险分析的结果，制定和实施相应的安全措施，对作业风险进行控制，并对所有作业人员进行安全技术交底。

（3）作业许可工作流程由作业单位的施工负责人组织编制施工方案，装置施工管理部门（如施工经理、施工主管）进行审批。作业单位施工负责人组织工作安全分析编制，装置施工管理部门会同安全管理部门按照设定的审批权限，组织对工作安全分析的结果进行审批。

施工方案和工作安全分析都获得批准后，作业单位施工负责人组织作业许可申请，确保作业许可规定的各项安全防范措施均已落实到位。装置施工管理部门对作业许可进行审批确认。

安全管理部门在确认作业许可审批后，对该项作业许可进行会签，对会签的作业许可进行登记注册，形成管理台账。安全管理部门内设立作业票协调员，对作业票进行发放、登记、回收和关闭归档工作。在此过程中，可以提前发现一部分可能存在交叉的作业，提醒现场安全员注意予以管控。

（4）作业许可管理系统使参与装置施工活动的各部门、各单位之间责任主体明确，职责划分明晰，过程中安全交底格式化、正式化，是"谁的工作谁负责、谁的业务谁负责、谁签字谁负责"这一基本原则的具体体现。施工部门签发作业票更有利于掌握作业动态、合理安排施工计划、强化责任意识。

作业许可证一般一式三联，由安全管理部门印制发放，以利于做好许可的控制、统计和追溯。第一联由施工管理部门留存，第二联由作业人员持有并放置在工作点备查，第三联由安全管理部门留存。作业许可应每日办理，最长不应超过一周。作业许可证到期或作业完成后，作业单位关闭确认并提交安全管理部门进行归档。

在作业环境改变、作业条件变化、气候突变、安全措施失效等情况下，立即停止作业。施工管理人员或安全管理人员应在作业许可上签字，并交回或收回作业许可证。

3. 设备机具控制

机具包括人员五点式安全带、灭火器、小型起重设备（手拉、电动葫芦等）、起重传动设备（吊索、卸扣、吊钩等）、发电机、电焊机、电动工具和配电箱等。

现场应建立机具色标管理系统，按月或季度采用不同颜色的色标、色带，以利于现场人员清晰区分、识别相关机具的许可使用状态，确保施工人员使用安全、适用的施工设备和工具来进行工作。所有施工作业机械、车辆在带入现场前进行检查，合格后粘贴色标、色带，开始使用后每月或每季度检查一次，更换当季色标。未粘贴检查合格色标的机具严禁使用和带入场内。通过日检、周检、月检等方式发现缺陷或损坏的，则立即收回色标，安排维修、更换。同时，任何使用设备机具的人员都要经过相关的培训。

4. 沟通与协商

有效沟通和协商是现场安全管理计划、程序、要求得以贯彻落实的重要方法。沟通协商的形式有多种，包括会议、活动、通报、报告等，其目的都是为了使管理者和参与者能清楚地理解安全管理的各项事务和要求。以某项目为例，将装置施工中典型和关键的沟通协商形式介绍如下。

（1）安全启动会议　在任何作业单位或组织开始现场的工作之前或者在第一次动迁进入现场之前，以安全管理部门为主的装置施工管理者需要与该组织或单位召开一次安全启动会议，传达、澄清、确定各项安全管理要求，其范围包括：

工作范围、工作性质和时间，双方的安全管理组织机构和岗位职责，项目安全管理计划和应急响应计划，装置施工现场具体运用的安全标准、规章制度和要求，人员入场和其他培训的安排，劳动保护的配置要求，制定安全管理协议，确定与其他作业方和组织的工作界面，安全检查、审核的方法、范围、频率和要求，施工危险源辨识和风险评估，作业许可管理系统要求，装置现场交通安全和安保要求，现场的应急、医疗、福利设施和情况以及其他需要告知和讨论的工作风险等。

（2）安全管理委员会会议　在装置施工现场建立安全管理委员会是普遍推荐的管理方式，在部分国家或地区也是法律要求。安全管理委员会的组织和运作方式应依法合规，如：会议的频率、组织者的资质和级别、会议文件的保留和提交等。

委员会的主持人应为装置的第一负责人，一般为项目经理或施工经理，其成员包括作业单位的负责人、施工经理或施工主管等施工管理部门负责人、安全管理部门人员、相关部门负责人和工人代表等。

委员会的主要工作内容是对安全管理的重大事项进行决策，对本月现场发现问题进行讨论，检查确认前次会议决定事项的落实完成情况，传达上级各项通知、要求和指导意见，公布本月对施工单位的考核情况、发生的事件和存在的安全隐患，讨论应采取的预防措施，协调各单位之间的安全管理界面冲突以及通报下月主要活动事项、工作安排等。

安全管理委员会会议应梳理和关闭前次会议纪要，统计和呈现重要的安全绩效指数，包括领先和滞后指数分析；开展施工队伍绩效考核并公布考核结果与奖惩措施，统计上月事故、事件和未遂事件报告，分析、教训吸取和整改措施落实；通报安全审计和检查发现情况与整改进展；对各方就当前和近期施工活动、计划、安排进行通报；进行必要的施工界面安全管理协调，讨论装置施工各方对安全管理的建议与关注问题。

（3）班前会 包括每日班前会和全体安全大会。在作业队伍开始每一班次的现场施工作业之前，必须组织班前会，由施工管理人员和安全管理人员对作业人员进行当次工作任务的安全交底，交底后应要求所有人员在记录表中签名并保存相关文件。

在装置施工现场，每周应举行一次全体安全大会，由主要的施工或安全管理人员主持安全宣讲。目的是牢固树立安全生产方面的法治理念、事故预控理念、安全价值理念、岗位安全理念等 HSE 文化理念，提高全体参加人员的安全素质、自我保护意识与技能。

与培训活动相比，这类文化活动更加注重 HSE 文化习惯的引导，形成良好的 HSE 文化氛围。以每周现场全体安全大会为主要载体，开展各项警示教育、知识竞赛、宣传承诺活动，培养遵章守纪、依法合规的作业习惯。

（4）安全月报 装置施工过程中应形成安全月报。记录本月现场施工安全管理工作内容和绩效、事故事件记录及分析报告、现场安全观察记录及整改措施制定与执行、安全检查和审计情况汇总、各项培训计划和完成情况记录、重要的安全活动和施工作业的图片记录等。

（5）安全关键指数 安全关键指数由领先指数和滞后指数两部分组成，用于捕捉和提取现场安全管理活动中的重要数据。领先指数是具有前瞻性的一套指标，用于观察为防止发生事故而建立的关键工作内容、计划的执行情况和绩效，包括安全观察数量、培训工时和人数、班前会次数、应急演练次数等参数。滞后指数则是现场各类已发生事故、事件的分级分类统计情况。常用指数类别详见表 4-9。

表 4-9 常用指数类别

滞后指数	领先指数
死亡事件	应急演练次数
死亡事件率	培训工时和人数
工时损失事件	未遂事件数量

续表

滞后指数	领先指数
损失工时事件率	安全观察数量
医疗处理事件	班前会次数
工作受限事件	工作安全分析(JSA)次数
总可记录事件率	安全会议次数
急救事件	管理层现场安全巡检次数
火灾事件	
财产损失事件	
交通事故	

5. 施工单位管理

化学品生产装置的施工活动中，对施工单位的安全管理是装置安全管理的主要工作，对施工单位的安全考核是管理工作的关键部分。

在装置施工过程中，应事先约定一部分资金为安全管理考核影响部分，每月对施工单位的安全管理状况进行考核，落实安全与经济利益挂钩的奖惩考核制度。如某项目在月进度款中约定 2.5％作为安全考核部分，每月对施工单位现场安全绩效和管理水平进行全面评分，根据得分的高低对分包商进行排名，按照考核结果决定 2.5％月进度款的释放比例。

考核方式应注重可量化、可操作性与可执行性。考核一般由三部分要素组成：发现问题整改关闭率，包含检查中发现问题的整改情况，以及对各项安全指令的执行情况统计；零容忍违规违章情况统计；当月是否出现医疗处理事件、工作受限事件或工时损失事件级事故，出现一起则当月进度款安全部分全部扣除。

这样的考核设定有章可依、有据可循，既是合理的，也是必要的。从实际执行情况看，这类月度考核系统统计项定义明确，数据便于采集和记录，明确了施工单位在现场安全管理工作的重点，考核方式中使用的数据不容易存在争议。在每月组织的安全管理委员会会议上对考核打分结果进行公布、确认，切实起到了激励先进、鞭策落后的作用。

设置合理的考核指标，某项目规定：月度分数在 90 分以上时，施工单位的安全管理处于受控状态，现场作业运行平稳有序；80～90 分时，需要施工单位加强管理力度；低于 80 分时即表明现场管理存在严重问题，至少在某些方面需要深入整顿。而低于 80 分时，从经济、声誉等方面因素考量，施工单位也能自发地采取必要措施，加强安全管理。

三、常见作业环节安全管理

施工现场对于高风险施工作业要加强管理，制定安全措施和要求。装置常见的高风险施工作业主要包括：开挖作业、高处作业、脚手架搭设作业、起重作业、受限空间作业、吊篮作业、焊割作业、电工作业、动火作业、爆破作业、机械设备和电动工具操作、试车与试压作业、大型设备吊装作业、大型设备运输作业以及装置检修作业等。

1. 装置施工现场安全一般要求

施工分承包方应按工程施工总平面布置图设置各项临时设施，机具摆放、材料堆放和水、电、气（汽）管网的布置等均应符合安全防火和项目 HSE 要求。

施工现场内的坑、井、孔洞、陡坡、悬崖、高压电气设备、易燃易爆等场所必须设置围栏、盖板及危险标志，夜间应设信号灯，必要时指定专人负责监督。各种防护设施、安全标志未经施工负责人批准不得移动或拆除。施工现场险、暗场所和有夜间施工时，应有足够的照明。

施工现场的道路必须保持畅通，排水系统应处于良好的使用状态。道路宽度、转弯半径必须满足行车安全要求。场地狭小、行人来往和运输频繁地点应设立临时交通指挥和交通标志。做好季节防护工作，夏季要防暑降温，冬季要防寒、防冻、防煤气中毒。雨季和台风到来之前，应对现场排水系统、临时设施、电气设备和大型机械进行检查。工地要做好防洪抢险准备，雨雪过后采取防滑措施。

专库专人保管易燃、易爆、有毒物质。施工单位应建立和执行防火管理制度，设置符合要求的消防栓和消防器材，并保持完好的备用状态；严格执行动火用火手续。

施工单位应做好施工现场安全保卫工作，采取必要的防盗措施。在现场周边设立维护设施，非施工、操作人员不得擅自进入工地。

施工现场的各种安全设施和劳动保护器具必须定期进行检查、维护和保养，及时消除隐患，保证其安全有效。

2. 施工机械与电气设备安全

施工机械进现场，须经安全检查合格后，方准使用。操作人员必须建立机组责任制，持证上岗，禁止无证人员操作。

各种施工机械必须设专人管理，按该机械安全管理规程进行操作，并定期维护、检修，保持机械性能良好。各种施工机械的传动部分和危险部位必须装设防护罩，起重机械、木工机械上的各种安全装置必须齐全完好。施工现场的电气设备、工具、用电线路必须由持证电工专职维护管理。所有电气设备必须保证接线正确，保证接零或接地良好。架设的高、低压电气设备必须符合有关电气安全工作规程的要求。手持电动工具和移动电器用具必须绝缘良好，并应配置漏电保护装置。塔吊、龙门吊及铆焊平台等必须保持接地良好。电气设备的所有接头应牢固可靠、接触良好，如发现松动，应立即切断电源进行处理。

施工机械启动前，应检查地面基础是否稳固，转动部分的部件是否充分润滑、制动器、离合器是否动作灵活，经检查确认合格后方可启动。施工机械在运行中，如有异常响声、发热或其他故障，应立即停车，切断电源后，方可进行检修。

3. 焊接作业

焊接作业时，要注意防火、防爆，严格按规定办理动火作业证。动火周围易燃、易爆物应清理干净。如附近沟池可能存在可燃气体、液体时，应采取有效的安全技术措施。

电弧焊、切割作业时，电焊机要设置独立的电源开关，电焊机的二次线圈及外壳必须进行接地或接零保护，其接地电阻不得大于 4Ω。一次线路与二次线路绝缘应良好，且易辨认。在特殊环境和条件下进行焊接作业时，应采取相应的安全措施。

氧-乙炔焰焊接或切割作业应注意焊接作业的工具必须符合质量标准，焊炬、控制阀要严密可靠。氧气减压器要灵活有效。气体软管应耐压合格且无破损，氧气瓶、乙炔瓶不得靠近热源，并禁止倒放、卧放。钢瓶内气体用完后必须留有余压。氧气瓶与乙炔瓶之间应留有 5m 以上的安全距离，和明火点应保持 10m 以上距离。在高压电源线及工艺管道下，禁止放置乙炔瓶。

等离子切割、氩弧焊接等特种作业时，应采取有关安全防护措施。焊工在操作中，要遵守焊工安全技术操作规程。在多人作业或交叉作业场所，从事电焊作业要设有防护遮板，以防止电弧光刺伤眼睛。

4. 高处作业

凡在基准面 2m 及以上位置进行的作业称为高处作业。高处作业一般不应交叉进行。因施工工序原因，必须在同一垂直下方工作时，必须采取可靠的隔离防范措施。在石棉瓦、玻璃钢瓦上作业，必须采取铺设踏脚板等安全措施。凡在高处从事管道安装、焊接作业、防腐保温、油漆等作业时，应在作业位置垂直下方设置安全网。

在容易散发有毒气体的厂房上部及塔罐顶部作业时，应在施工现场进行环境监测，并设专人监护。在邻近有带电导线的场所作业时，必须按电业安全工作的有关规定与带电导线保持一定的安全距离。

高处作业人员必须经体检合格，凡不适合高处作业的人员，不得从事高处作业。作业时，必须系好安全带，戴好安全帽，随身携带的工具、零件、材料等必须装入工具袋。按有关规定架设脚手架、吊篮、吊架、手动葫芦，吊装升降机严禁载人。

六级以上的大风、暴雨、雷雨、大雾等恶劣气象条件下，应停止高处作业。冬季高处作业，必须及时清扫脚手架、跳板、平台等处冰雪、霜冻，并采取防滑措施。

5. 起重吊装作业

起重吊装作业必须分工明确，并按规定的联络信号统一指挥。起重机械应经常检查，保证各部位的灵敏可靠。从事起重吊装、校正构件等高处作业的人员要正确使用安全带和安全帽，作业时不宜用力过猛，以防身体失稳坠落。

对于形状复杂、刚度小、长径比大、精密贵重等施工条件特殊的情况，或20t以上的重物和土建工程主体结构的吊装，应编制吊装方案。

不得利用厂区、管道、管架、电杆、机电设备等作吊装锚点，未经确认许可，也不得将生产性建（构）筑物等作吊装锚点。起吊重物要拴溜放绳，吊装物件不得长时间在空间停留，构件或机械设备未经固定不得松钩，且不准在起重物上行走操作。严禁将安全带挂在起吊的构件上。使用各种起重机械、吊具和索具时，必须按安全技术操作规程操作。操作人员应经特殊作业专门训练和考核，持证上岗。起重作业前，需对起重机械的运行部位、安全装置、吊具、索具等进行详细检查，吊装时进行试吊检查。严禁超负荷吊装，吊具、索具必须经过计算后选择使用。严禁在起重臂和吊起的重物下面停留和行走，大型构件或设备吊装要设警戒区，防止坠物伤人。

6. 安全用电

电气作业必须由持有电工特种作业操作证的人员担任。施工用电源线路应采用绝缘良好的软导线，而且不得接触潮湿的地面或接近热源，严禁电线直接挂在树、金属设备、构件和脚手架上，不得用金属丝绑扎电线。临时用电如需将电线铺设在地面或埋入地下时，应用橡皮护套电缆，在通过马路处应加设钢套管保护。施工现场及作业场所应有足够的照明，主要通道上装设路灯。线路必须绝缘良好，布线整齐，且应固定，经常进行检查维修。

施工用电设施对地电压在 110V 以上时，用电设备及其金属外壳（安全电压除外）必须作接地或接零保护，零线必须重复接地。地线和工作零线应分开接地，严禁接地和接零共用一根导线。

露天配电及配电开关应有防雨措施。外露带电部分必须采用绝缘防护措施，并应挂"带电危险"警告牌。不准在电气设备供电线路上带电作业（无论高压或低压）。停电后，应在电源开关处上锁或拆除熔断器，同时挂上"禁止合闸！有人工作！"等标示牌。工作未结束或未得到许可，不准任何人随意拿掉标示牌或送电。

行灯电压不得超过 26V，在潮湿地点、坑井、沟道或容器设备、储罐内作业时，电压不得超过 12V。行灯必须为防爆型，带有金属护罩。在脚手架上设临时照明线路时，竹、木脚手架上应加设绝缘子；金属脚手架上应架设木横担。在脚手架上使用电动工具时，应采取有效措施，防止脚手架带电。

使用电动工具时，应站在绝缘板上或站在干木板上。如在潮湿地点、金属结构架上或金属容器、设备、储罐内作业时，应穿绝缘鞋和戴绝缘手套。施工现场用的电动机及电动工具等必须装设防触电保护器。

电焊软线应合理布设，不得与吊装用钢丝绳相互交叉在一起，严禁与钢丝绳同时接地使用。其软导线应绝缘良好，接地应有护套胶管。应严格按规定选用熔丝，不得任意用其他金属丝代替。

电气设备或线路着火时，应立即切断电源。有人触电时，应立即拉开闸刀开关或熔断器，用木棍挑开电源线将触电者脱离电源。站在干燥木板上或木凳上拉住触电者的干衣服，使其脱离电源，严禁赤手拉拽触电者的肢体。在触电者脱离电源后，应立即通知医院并将触电者的衣服、袖、带松开，进行抢救。抢救方法可采取人工呼吸、氧气呼吸器或输送氧气和心脏按压。

7. 射线作业

对从事射线探伤的作业人员应加强射线防护知识教育，自觉遵守有关射线防护的各种标准的规定，有效地进行防护，防止事故的发生。从事射线探伤的人员，要进行就业前体检及定期体检，严格控制职业禁忌证。

对射线源的储存、保管应严格按照国家有关文件规定执行，采取有效的防火、防盗、防泄漏的安全措施，并设立标志，指定专人负责。

进行射线探伤作业前，要提前通知邻近施工分承包方及施工人员，以防止意外事故的发生。设置的安全防护警戒带必须标志鲜明，进行射线探伤时，应有专人值班监护。待安全防护警戒带内的人员全部撤离，经检查确认无人后，方可准许进行作业。作业时必须严格控制照射剂量。

8. 受限空间作业

在受限空间作业时，该设备必须与其他设备隔绝，并应清洗、置换合格。进入设备内作业前 30min 内，需取样分析有毒、有害物质的浓度、氧含量，经检查合格后，方可进入设备内作业。在作业过程中，至少每隔 2h 分析一次，如发现超标应立即停止作业，迅速撤出作业人员。进入有腐蚀性、窒息、易燃、易爆、有毒物料的设备内作业时，必须穿戴适用的个人劳动保护用品及防毒器具。

受限空间内作业必须根据设备具体情况搭设安全扶梯及台架，并配备救护绳索，确保紧急情况下撤离的需要。受限空间内应有足够的照明，照明电源必须是安全电压，灯具符合防潮、防爆等安全要求。禁止用氮气吹风。

禁止在作业的受限空间内、外投掷工具及器材。在设备内动火作业，除执行有关规定外，焊接人员离开时，不得将焊（割）炬留在设备内。

受限空间内作业必须设作业监护人，监护人应由有经验的人员担任。监护人不得离开岗位，并应与作业人保持有效的联络。作业完工后，经监护人及施工负责人共同检查，确认设备内无作业人员及遗留工器具后，方可封闭设备人孔。

9. 试压作业

试压作业应符合对试验介质、压力、稳定时间等的要求，不得采用有危险性的液体或气体。对大型储罐、容器、重要设备及高中压设备、管道，在试压前必须编制试压方案及安全技术措施。

试压现场应设设围栏和警告牌。管道的输入端应装设安全阀。带压设备、管道严禁受到强烈的冲撞或气体冲击，升压和降压应缓慢进行。水压试验时，设备、管道的最高点应安装放空阀，最低点应安装排水阀，充水或放水时应先将放空阀打开。试压合格后，应用压缩空气将积水吹扫干净。试压用的压力表应经校验合格，不得少于两块。法兰、盲板的厚度应符合试压要求。

在试压前及在试压过程中，应详细检查被试设备、管道的盲板、法兰、压力表的设置情况，以及试压过程中的变形情况等。在试压过程中如发现泄漏现象，不得带压紧固螺栓、补焊或修理。检查受压设备和管道时，在法兰、盲板的侧面和对面不得站人。受压设备、管道如有异常响声、压力下降、表面油漆剥落等情况，应立即停止试验，查明原因，确保试压安全。

10. 单机试车或联动试车

单机试车前，应由施工分承包方编制试车方案、安全技术操作规程及安全技术措施，经施工管理组批准后方可实施。

试车区域内，应设置围栏和警告牌，无关人员不得入内。试车前必须查明设备、容器、大型管道、炉膛内是否有人或杂物，经确认后，方准开车。

不得对运转过程中的机械旋转部分或往复移动部分进行清扫、擦抹和加注润滑油。在擦抹运转机器的固定部分时，不得将棉纱、抹布缠在手上。严禁用触摸的方法检查轴封、填料函的温度。

试车过程中，对管道系统进行吹扫时，检查人员应站在被吹扫管道设备的两侧。在机械设备运转过程中，试车人员不得在设备的轴承上、安全罩和栏杆上坐立或行走。严禁在可能受到异常温度伤害的危险地点停留，如工作需要，应采取有效的安全防护措施。

11. 防火与防爆

施工现场应设置符合要求的消防设施，并保持完好的备用状态。在容易发生火灾的地区施工或储存、使用易燃易爆器材时，应采取特殊的消防安全措施。消防用水龙头、砂箱、斧、锹等消防器材应放在明显易取之处，不得任意挪动，并要经常进行检查。消防设施应有防雨、防冻措施。消防用水应充足，灭火器定期更换药液，保证有效。

仓库材料堆放场地、木工厂及其他严禁明火的地方，应挂上"严禁烟火"的警告牌。氧气瓶与乙炔瓶不得同库存放。

进入易燃、易爆区域的汽车、吊车等机动车辆的排气管必须装有防火罩或阻火器。乙炔瓶、氢气瓶等盛装易燃、可燃气的容器的存放和使用，均应距明火 10m 以外，并应防止阳光下暴晒，还需设置防爆膜、安全阀或防止回火的安全装置。使用时，不得放在架空线路、生产设备、工艺管道等垂直下方以及污水井或有火花溅落的地方。

设备、管道上严禁放置可燃物品。施工完毕，应将与设备、管道等接触的竹木脚手架及跳板、可燃物等拆除。严禁使用汽油、丙酮、苯等易燃物擦洗衣服、地面、墙面，清洗设备及机械零件、机动车辆等。

在高处用火的下方，周围如果有可燃物应予清除，或用不燃物遮盖，并设专人负责监视。动火时，凡可能与易燃、可燃物相通的设备、管道等部位均应加堵盲板，与系统彻底隔离。清除其周围的沉积物、杂物，清洗、置换分析合格后，方可动火。如进入设备、容器内动火，同时要办理设备内作业许可证。在用塑料、树脂等可燃物质制造的设备容器内焊接，要切实做好防火隔离措施，以防止炽热焊渣引起火灾。五级以上大风应停止室外动火作业。

动火部位应备足适用的消防器材或灭火措施。电气设施着火，严禁用水和泡沫灭火；油类、油漆、沥青、有机溶剂等易燃液体及忌水化学药品着火时，严禁用水灭火。

在具体的工作中，一定要结合所在国家、地区的法律和规范去执行和修正细节。同时，安全管理工作又应该遵循"标准就高不就低"的原则来进行，管理者一定要在对作业进行具体的风险分析后决定采用什么样的标准和策略。

四、装置施工阶段化学品安全控制

在装置施工阶段，化学品安全控制的目标是确保装置施工过程中化学品的采购、使用、储存及废弃符合国家法律法规及项目标准的要求，保证现场施工人员生命安全，不损害人身健康、保护环境，预防化学品伤害事故的发生。为实现安全控制目标，需要设置并执行一系列的管控程序。

1. 化学品采购过程控制

在满足施工现场要求的同时，采购的化学品必须符合国家、行业标准规范要求，满足安全及职业健康要求，由经过批准的、具备安全生产许可证资质的企业生产。所购替代品必须符合化学品的批准程序，列入《中国严格限制的有毒化学品名录》的化学品禁止进入项目施工现场。

按法规要求向化学品供应商索取准确、完整和最新的化学品相关资料，包括化学品安全技术说明书、安全性数据表、产品合格证明等资料。项目采购部门负责对以上资料备案，化学品安全技术说明书应提供给安全管理部门和使用部门各一份。

当供应商更换时，要求新的供应商重新提供化学品安全技术说明书，并对现有化学品安全技术说明书按照年度进行更新。

2. 施工现场化学品的管控

在项目施工现场，使用化学品的人员需要严格按照化学品安全技术说明书关于化学品安全使用、泄漏应急处置、燃爆、毒性和环境危害等方面的要求及相关的安全操作规程操作。编制化学品应急管理程序，在化学品发生泄漏时，按照应急程序及时清理。

使用新化学品时，应在使用地点的化学品安全技术说明书公示牌张贴"新化学品使用通知"，在危险品的使用区设置消防器材和应急措施。此通知应达到最大限度告知所有相关人员的目的。如：某项目要求通知至少保留一个星期，如果此化学品使用不到一个星期，应保证在其使用期间保留此通知。

经过班组或安全部门培训之后，现场员工方可使用化学品。不明化学品严禁使用口尝、鼻闻、手摸的方式辨识。使用危险化学品之前，每位使用人员应穿戴相应的劳动防护用品，例如面罩、化学手套、围裙、防毒面罩等，并掌握紧急情况下的处理方法。使用完毕后，清洗劳动防护用品，妥善保管。化学品不慎入眼、摄入、吞食、粘在皮肤上，按照化学品安全技术说明书或 GHS 标签上的要求紧急处理，避免伤情加重。

使用危险化学品的工位或区域，应有醒目的警告标志牌及安全措施，禁止将火源及其他会产生火花的工具靠近易燃品。皮肤破损者或对危险化学品有不良反应的人员不得从事危险化学品作业。

在使用易燃、易爆、腐蚀性和毒性危险化学品的施工地点配置专门的危险化学品防爆柜，危险化学品每次使用之后，容器必须盖紧密封，入柜存放，以免泄漏起火、爆炸或引发中毒等事故。易燃、易爆化学品严禁靠近火源或在高温环境下使用；必须在空气流通良好的情况下使用化学品，如进入长期密闭或通风很差的化学品区域，需提前 10~15min 置换空气。

禁止向下水道、生活垃圾区、地面倾倒化学品。长期不使用或已替换的未拆封化学品申请退库处理，已拆封优先替代使用，不能替代的情况下按危险废物处理。禁止使用没有化学品安全技术说明书及全球化学品统一分类和标签制(Globally Harmonized System of Classification and Labelling of Chemicals，GHS) 标签的化学品。

搬运化学品时，需轻拿轻放，防止泄漏及静电的产生。严禁使用铁器敲击化学品容器，尤其是易燃化学品。化学品需在阴凉、通风、空旷的地点进行分装，避免高温或有火源的区域。操作人员应佩戴好个人防护用品，备好处理化学品泄漏的用具，选用合适的工具进行分装。完成后，及时擦洗分装工具。

在满足生产周转需要的前提下，按最少用量领用化学品，以减少暂存量。确因进度需要暂存危险化学品时，应在指定的固定地点分类、分室存放，并做好相应的防挥发、防泄漏、防火、防盗等预防措施，并应有处理泄漏、着火等应急保障设施。使用单位应加强对使用场所和暂存场所的检查，形成检查记录。安全管理部门负责对其进行不定期巡查。以施工现场乙炔瓶的使用为例，某项目规定：使用乙炔瓶的现场，乙炔气的存储量不得超过 $30m^3$；乙炔瓶的放置地点不得靠近热源和电气设备；放置地点与明火的距离不得小于 10m，高空作业时，此距离为在地面的垂直投影距离；气瓶必须直立使用，应采取措施防止倾倒，严禁卧放使用；禁止乙炔瓶受暴晒或受烘烤；移动时，应采用专用小车搬运；瓶阀出口处必须配置专用的减压器和回火防止器；正常使用时，减压器指示的放气压力不得超过 0.15MPa，放气流量不得超过 $0.05m^3/(h \cdot L)$；

使用过程中，开闭乙炔瓶瓶阀的专用扳手应始终装在阀上；暂时中断使用时必须关闭焊、割工具的阀门和乙炔瓶瓶阀，严禁手持点燃的焊、割工具调节减压器或开、闭乙炔瓶瓶阀等。

3. 施工现场化学品运输和装卸

施工现场常用的易燃、易爆化学品有汽油、柴油、润滑油、氧气、乙炔、丙烷、油漆等。汽油、柴油主要用于发电机和以汽油、柴油作为燃料的施工动力设备，润滑油用于各类转动设备设施的润滑，氧气、乙炔、丙烷主要为施工现场气焊、气割用气，涂料主要用于防腐作业。这些化学品运输和装卸应符合所在国家的强制性要求。

需设立制度以防止加油车运输和装卸过程中出现问题。以某项目为例，其制度中的安全要求主要有：车辆安全技术状况应符合《机动车运行安全技术条件》（GB 7258）的要求，压力罐体应符合《压力容器》（GB 150）的要求，运输车辆或人员具有有效的危险化学品相关许可证；车辆应配置符合国家标准《道路运输危险货物车辆标志》（GB 13392）的警示标志；按规定配备应急器材或个人防护用品；车辆的排气管应安装隔热和熄灭火星装置，并配装符合标准的导静电橡胶拖地带装置，加油装卸管带有静电释放钳夹的螺旋钢丝软管；现场加油时熄火发动机；严禁直接使用塑料桶作为临时装油桶；加油操作位置附近暂停动火作业、热处理或其他烟火；操作时尽可能避免溢油洒漏，设备设施安装接油盘和定期清洁；严格执行禁止吸烟的规定等。

乙炔瓶运输管理和现场搬运严格遵循运输、储存和使用相关要求。气瓶上有明显的危险物品运输标志，戴好瓶帽，轻装轻卸，严禁抛、滑、滚、碰和倒置。立放时，应妥善固定且运输车辆厢体高度不得低于瓶高的 2/3；横放时，乙炔瓶头部应方向一致且堆放高度不得超过厢体高度。吊装乙炔瓶时应使用专用夹具，严禁用链绳捆扎，严禁使用电磁起重机。运输时按规定路线和时间行驶。

4. 化学品存储

化学品存储仓库、设备和安全设施应符合相关安全和防火规定，与施工作业区域和人员休息区域保持一定的安全距离，尽可能设置在位置较偏、人员活动较少的位置，设有明显的警示性标志。化学品仓库按要求配置灭火器、消防沙箱，并保证通风、照明良好。化学品存储应设置集油盘等防泄漏装置，并配备吸油棉、吸油桶、抹布等防泄漏处理用品。化学品存储场不得动用明火，不得使用电炉等加热设施，不得接临时电源线。

原则上，使用现场不可存放危险品。若确需现场存放，必须有良好的存放场所和预防措施，向安全管理部门申报并获得批准最低存放量后方能存放。库管人员应定期检查存储条件、物品的变化情况，发现问题及时报告和处理，并作好检查记录。化学品入库存储前，应进行检验和登记，核对其名称和外包装质量，并贴上标签，注明名称。不能接收有泄漏的化学品。库存物应分类存储，保持距离。化学性质或防护、灭火方法相抵触的化学危险物品，应分库或隔离分堆存储。未经许可，外部的危险化学品严禁寄放或随车带入施工工地和仓库现场。

5. 涉及危险化学品环境下的施工作业安全管控措施

对于在厂区区域内新建或改扩建施工项目，施工前需对施工环境进行充分辨识，分析常年风向、土壤、水文等。若发现土壤中可能存在有毒有害、易燃易爆的残余危险化学物质，或发现地下水体受到渗漏化学品的污染、危险化学品装置处于常年下风向等，从编制施工方案开始就应充分考虑应对危险化学品安全措施，具体作业时应做好工作安全风险分析。

如：含油气等危险化学品土壤开挖作业时，需要根据现场实际情况，严格按照受限空间、动火作业、临时用电进行许可管理和现场安全管控。进入施工区域要防范火灾、窒息、中毒等风险，含有有毒有害、易燃易爆危险化学品的工程地下污水应导引排入污水处理系统，现场污染土壤应做好无害化处理，不能处理的土壤应送入指定的化学污染物填埋场。在项目施工期间进入厂区现场的机动工程车辆应办理相关审批手续，佩戴标准阻火器，按指定路线行驶。大型设备运输和吊装均应编制详细方案，考虑厂区内路途和邻近的工艺管道、管廊、框架、架空电缆等对运输与吊装的影响。

在邻近装置的区域内施工的项目，施工前应充分辨识施工位置与已有装置、设备、设施的安全距离，进行区域封闭施工。对周边装置建立应急联动机制，在周边装置应急状态下能及时应急响应；做好施工区域气体监测，防范周边可能出现的弥漫性重质油气组分积聚到施工低洼地点引发事故，或有毒有害气体扩散造成人员伤害等。挖掘作业、动火作业、受限空间作业等需要做好会签管理，相关方需对施工安全环境进行进一步确认。

以化工企业固定动火区审批管控为例，要求：不属于生产正常放空时可燃气体可能扩散的区域，边界外 50m 范围内不准有易燃易爆物品，距液化烃类储罐的距离不应小于 60m。办理审批手续，对设置的固定动火区进行风险评价并制定相应安全措施、管理制度，画出固定动火范围平面图，指定防火负责人。设有明显的"固定动火区"标志，标明动火区域界限。配备足够的消防器材，建立应急联络方式和应急措施，定期进行检查。

在和装置存在交叉区域内进行施工，应严格按照企业生产装置进行安全施工管理。以某中国石化工程施工企业在交叉区域内施工作业为例，其规定：用火作业应严格执行《中国石化用火作业安全管理规定》；受限空间作业应严格执行《中国石化进入受限空间作业安全管理规定》；临时用电应严格执行《中国石化临时用电作业安全管理规定》。对管线、设备打开作业以及施工管线与已有生产装置生产管线对接碰头作业等，必须认真做好工作安全分析，编制好施工作业风险评价报告表并经相关方审批确认，落实风险削减和控制措施后方可施工作业。

在施工后期进入试车、收尾消缺和关闭阶段，从引入公用工程物料到工艺物料，危险化学品对施工安全影响的风险大幅增加，施工安全管理更需严格管控。作业许可审批由生产单位主导，施工单位严格按照票证要求落实安全措施后进行施工操作。如果施工区域存在和生产区域连接的管道、电线电缆等，必须通过加装盲板、挂牌上锁等双重隔离措施严格落实能量隔离，不得盲目依赖开关、阀门的关闭措施，防止误动、误操作、失灵等风险。施工、试车、开车界面应非常清晰，按照程序严格办理交接。

6. 化学废物管理

不得擅自倾倒、堆放、丢弃、遗撒化学废物，必须采取防扬散、防流失、防渗漏或者其他防止污染环境的措施。将产生的化学废物进行分类、打包，严禁和施工现场的施工垃圾、生活垃圾掺混。属于危险废物的，粘贴危险废物标签后送到指定的仓库储存，并由符合资质的处理单位进行处置。禁止将危险废物提供或者委托给无经营许可证的单位。对每次转移的危险废物进行记录、汇总，保留记录。

因发生事故或者其他突发性事件造成危险废物严重污染环境的单位，必须立即采取措施消除或者减轻对环境的污染危害，及时通报可能受到污染危害的单位和居民，并向所在地县级以上地方人民政府环境保护行政主管部门和有关部门报告，并接受调查处理。

7. 应急响应

危险化学品的存放、使用及废弃过程中发生紧急情况时，应按化学品安全技术说明书的相关要求及按规定编制的化学品应急响应要求及时进行处理，避免或减少人员伤害和环境影响。

从风险识别和分析来看，涉及危险化学品的施工现场存在易燃易爆气体、液体和固体等引发火灾、爆炸事故的风险，如受限空间的刷漆作业、电气焊钢瓶、施工炸药、动火作业和其他明火、电气线路及故障、违章用电等。

应针对性编制现场应急预案，定期组织预案演练。现场建立完善的应急组织机构，由项目经理或项目经理授权的现场负责人担任应急指挥，成立应急指挥部，设置抢救排险组、医疗救护组、后勤保障组和公共关系组等应急专业组。应急与救援成员间通信畅通，配备必要的应急器材。应急信息接报后按照事件等级分类和分级及时报告和传递信息，第一时间启动应急预案，各应急专业组按照应急处置程序，在保证个体防护的前提下控制现场局势，坚持"以人为本"的指导思想先组织人员疏散、撤离，对受伤害人员进行现场急救和送医治疗。应急信息发布应按程序内容标准规范，在确认安全条件满足时由总指挥下达应急终止指令。

8. 培训和沟通

使用或接触化学品的员工应接受专业培训，使之获得工作区域化学品潜在危害性和预防控制措施的知识，了解化学品的标识系统以及标识的使用，掌握化学品安全技术说明书的查询和获取方法，熟悉化学品使用的沟通历程，掌握化学品事故应急处理措施。

施工现场涉及危险化学品的任何作业之前，都要对作业人员进行安全技术交底，因地制宜地开好班前会议，提示作业风险，提高员工安全意识，督促落实安全措施。

安全管理工作是装置施工活动的重要组成部分，进行这项工作的根本目的是保障装置施工活动在全时段、全过程、全范围内得以安全、平稳、有序地进行。为了开展安全管理工作，需要组织和管理者在人、财、物等各方面做必要的投入。管理者需要树立"以人为本、预防为主、安全发展"和"安全高于一切，生命最为宝贵"的原则和理念，从整章建制、制度细化、组织建设、费用保障、培训教育、措施落实、检查管控等各个环节，开展健康、安全、安保和环保四个方面的管理工作，建立健全项目的安全管理体系，确保参与装置施工工作人员的人身安全和身心健康。具体的安全管控要求会因装置背景、情况不同而有所调整，需要注意按照"文件写现场要做的，现场要做程序所写的，文件记录实际做过的"原则来对管控体系进行不断补充与修正，避免出现"两张皮"和"运动式管理"的现象。

通过识别风险，并采取预防措施进行风险防控，有助于防范项目实施过程中存在的潜在风险，降低风险防控成本。只有强化风险意识，加强风险识别和风险控制措施，才能有效消除和规避项目风险。同时，制定安全过程管理制度和标准，促进员工按照既定的制度和流程来执行，提升安全过程管理水平，进一步提升安全过程管理工作效率，保证建设项目设计和施工安全过程管理顺利进行，降低装置风险，减少事故发生。

参考文献

[1] 孙丽丽. 石化工程整体化管理模式的构建与实践 [J]. 当代石油石化，2018，288（12）: 1-8.

[2] 孙丽丽. 石化项目本质安全环保设计与管理 [J]. 当代石油石化，2018，26（10）: 1-8.

第五章

危险化学品生产装置运行安全

　　化学品的生产过程一般包括三个大步骤。第一步骤为原料处理阶段，主要是物料的物理变化。为了使原料符合化学反应所要求的状态和纯度，在原料处理阶段对其进行加工净化、提纯、提浓、乳化或粉碎等处理。第二步骤为化学反应阶段。在一定的温度、压力等条件下，经过预处理的原料进行化学反应，生产所要求的目标产物。第三步骤为产品分离精制阶段。将化学反应得到的混合物进行分离处理，除去未反应的原料、副产品或杂质，以获得符合要求的目的产品。对于复杂的化学品生产工艺，这三个步骤所涉及的过程是交替进行的，其中的物理变化和化学变化也可能是掺杂在一起的。

　　危险化学品事故后果严重，有必要采取措施来对危险化学品的生产过程进行严格管理，确保其运行安全。危险化学品生产过程的危险性主要表现在原料、中间体和产品的燃烧、爆炸、毒害、腐蚀等的危险性以及生产装置的危险性两方面。

　　化学品生产过程中，作为原料的化学品特别是危险化学品往往表现出反应剧烈的特点。如果工艺设计不合理或者操作不当，或者由于非人为的外界因素干扰，这种剧烈的化学反应可能造成温度或压力急剧升高而引起泄漏、着火或爆炸等事故，生产装置的危险性转化为实际的生产事故。

　　区别于一般化学反应过程，危险化学品的重要特性就是爆炸性快速反应，反应一旦开始，实际上是没有时间在操作上做出反应的。爆炸性反应与缓慢燃烧不同，燃烧反应由于反应缓慢，气体产物可以扩散而不致形成高压；爆炸性反应由于过程的快速性，在反应过程中大量的气体聚集于有限的空间，所放出的热量集中在有限的容积内而造成很高的能量密度，形成高温高压气体，一旦设备承受不住高压而发生爆裂，则有巨大的能量逸出，形成更大的破坏力。

　　评价一个化工过程或一个化工工艺装置的危险性不能单看其涉及介质的性质和数量，还要看它所包含的化学反应类型及化工过程和装置的操作特点。化工生产装置的安全技术与化工工艺是紧密相连的，《首批重点监管的危险化工工艺目录》列出了重点监管的危险化工工艺。

危险化工过程的危险性主要来自参与该过程的物质危险性，过程本身的危险性、条件的危险性、设备的危险性等。危险性物质属第一类危险源，决定着事故后果的严重性，化工工艺过程及环境、设备、操作者的不安全因素属第二类危险源，决定着事故发生的可能性。危险化工生产过程具有易燃易爆、高温高压、连续作业等特点，生产流程长，危险性大，涉及工艺、设备、仪表、电气等多个专业和复杂的公用工程系统。化工过程安全管理涉及安全生产信息管理、风险管理、装置运行安全管理、岗位安全教育和操作技能培训、试生产安全管理、设备完好性（完整性）管理、作业安全管理、承包商管理、变更管理、应急管理、事故和事件管理等内容。企业应严格落实化工过程安全管理，采用危险与可操作性（HAZOP）分析技术进行风险辨识分析，明确风险辨识范围、方法、频次和责任人，开展个人风险和社会风险分析，规定风险分析结果应用和改进措施落实的要求，对生产全过程进行风险辨识分析，落实相应安全控制措施。吸取事故教训，认真做好变更过程风险辨识，严格落实特殊作业许可、作业过程监督和承包商管理。

危险化学品生产过程风险分析包括：工艺技术的本质安全性及风险程度；工艺系统可能存在的风险；对严重事件的安全审查情况；控制风险的技术、管理措施及其失效可能引起的后果；现场设施失控和人为的失误可能对安全造成的影响。在役装置的风险辨识分析还包括发生的变更是否存在风险，吸取本企业和其他同类企业事故及事件教训的措施等。

危险化学品生产企业要采用 HAZOP 技术对其生产、储存装置进行风险辨识分析。一般每 3 年进行一次，企业管理机构、人员构成、生产装置等发生重大变化或发生生产安全事故时，要及时进行风险辨识分析。应组织全员参与风险辨识分析，力求风险辨识分析全覆盖[1,2]。

第一节　装置试车安全

危险化学品装置试车分为四个阶段，即试车前的生产准备阶段、预试车阶段、化工投料试车阶段、生产考核阶段。从预试车开始，每个阶段必须符合规定的条件、程序和标准要求，方可进入下一个阶段。危险化学品装置试车及各项生产准备工作必须坚持"安全第一，预防为主，综合治理"的方针，安全工作必须贯穿试车的全过程。危险化学品装置试车工作应遵循"单机试车要早，吹扫气密要严，联动试车要全，投料试车要稳，试车方案要优，试车成本要低"的原则，做到安全稳妥，力求一次成功[2]。

建设（生产）单位应负责组织建设或检维修、生产准备、试车、生产考核等各项工作，负责化工投料试车的组织和指挥、生产考核工作。试车前，建设（生产）单位应将试车日期、内容、采取的安全措施和应急救援组织、设施等事项书面报告当地安监部门，编制试生产（使用）方案并报安监部门备案。

一、试车前各项准备工作

试车前的准备工作包括生产设施与规程、组织机构与人员、技术方案、人员培训、安全设施、应急预案等各方面的工作。

1. 生产准备

生产准备工作应从危险化学品建设项目审批（核准、备案）后开始。建设（生产）单位应将生产准备工作纳入项目建设的总体统筹计划，组织生产准备部门，聘请设计、施工、监理、生产、安全方面的专家，参与编制危险化学品项目建设统筹计划和工程项目的设计审查及设计变更、非标设备监造、工程质量监督、工程建设调度等工作，办理技术交底、中间交接、工程交接等手续，并编制《生产准备工作纲要》。

生产准备工作中必须严格检查和确认以下条件：采用的工艺技术成熟、安全可靠；设计、施工、监理均由具备相应资质的单位承担；使用的设备、材料和其他物资符合国家有关标准的规定；安全、环保、职业卫生等设施必须和主体装置同时设计、同时施工、同时投入生产和使用，经相关检验测试合格并满足试车需要；所有特种设备及其安全附件经检测、检验合格，依法取得特种设备使用登记证。在施工安装过程中，进行化工专业工程质量监督，按照施工及验收规范规定的项目进行检验。

化工投料试车前，建设（生产）单位应按照设计文件和工程建设计划的要求，完成全部生产准备工作。组织设计、施工、监理和建设单位的工程技术人员进行"三查四定"（查设计漏项、查工程质量、查工程隐患，定任务、定人员、定时间、定整改措施），制订试车方案，严格按试车方案和有关规范、标准组织试生产。

2. 组织准备

危险化学品建设项目审批（核准、备案）后，建设（生产）单位应及早组建生产准备及试车的领导和工作机构，根据工程建设进展情况，按照"精简、统一、效能"的原则，统一组织和指挥危险化学品装置生产准备及试车等工作。

领导机构负责组织、指挥、协调和督导危险化学品装置生产准备和试车工作，负责人应由建设（生产）单位的主要负责人担任，成员包括主管生产、技术、安全、环保、工程建设、设备动力、物资采购、产品销售和后勤服务等工作的有关负责人。必要时，还应吸收设计、施工、监理、设备制造等单位的有关人员以及同类型企业的有关专家参加。根据危险化学品装置的生产原理、工艺流程和装置组成，分专业或单元系统成立工程技术、安全管理、现场管理和服务保障等方面的若干个工作组。各工作组负责人应由建设（生产）单位的分管负责人担任，成员包括各相关专业的骨干人员。

建立健全试车指挥机构及相关制度、生产调度、设备、工艺、安全、环境保护、职业卫生、原材料供应及产品储运销售等管理制度，还应建立以岗位责任制为中心的生产班组管理制度，建立健全企业人力资源、财务、档案、预算、质量、成本、后勤等相应的管理制度等。

遵循"按岗定职、按职进人、全员培训、严格考核"的原则，有计划地配备和培训人员。生产技术骨干人员要有丰富的生产实践和工程建设经验，主要生产技术骨干应在建设项目筹建时到位，参加技术谈判、设计审查、施工监督和生产准备等工作。主要岗位的操作、分析、维修等技能操作人员在预试车阶段到位。在相同或类似岗位工作过的人员应达到项目定员的1/4以上。

建设（生产）单位应根据化工装置生产特点和从业人员的知识、技能水平，制订全员培训计划，以技能培训和安全教育为重点，分级、分类、分期、分批组织培训工作。生产指挥人员及工艺技术骨干、生产班组长和主要岗位操作人员，应至少经过专业培训、实习培训、现场演练和实际操作培训四个阶段的培训，以便熟悉开停车、正常操作、异常情况处置、事故处理等全过程，掌握上下岗位、前后工序、装置内外的相互影响关系。机、电、仪修人员掌握设备检修、维护保养技能，熟悉安装调试全过程。

专业培训主要学习有关化工专业及所涉及危险化学品的基础知识，学习机械、设备、电气、仪表、工艺原理、生产流程、危险有害因素及应急救援有关知识等。实习培训是在同类型企业学习生产操作与控制、设备性能、开停车和事故处理等实际操作知识。现场演练是按照试车方案要求逐项开展岗位练兵，熟悉现场、工艺、控制、设备、安全等规章制度、前后左右岗位的联系等，通过演练，提高生产指挥、操作控制、应急处置等能力。实际操作培训是参加化工投料前的各项试车工作，进行实际操作、事故应急处置的技能培训，参加现场的预试车工作，熟悉指挥和操作。培训工作实行阶段性考核，上一阶段考核合格后，方可进入下一阶段培训。安全培训贯穿各阶段培训的全过程。

3. 技术准备

技术准备的主要任务是编制各种试车方案、生产技术资料及管理制度，使生产人员掌握各装置的生产操作、设备维护和异常情况处理等技术。

建设（生产）单位要尽早建立生产技术管理系统，分期分批集中各专业技术骨干，通过参加技术谈判和设计方案讨论及设计审查等工作，使其熟练掌握工艺、设备、仪表、安全、环保等方面的技术，具备独立处理各种技术问题的能力。

参加技术准备工作的人员应对其所承担的专业工作负责到底。技术准备工作应着重在以下方面：组织编制或参与编制及审查预试车方案，组织编制总体试车方案和化工投料试车方案；组织翻译、复制、审核和编辑引进装置的流程图册、机械简图手册、模拟机说明和操作手册等资料；组织编制技术培训资料，并以适当方式将各类试车方案置于试车现场；组织编制各种技术规程和岗位操作法；收集设计修改项目、操作方法的变更和在安装、试车中出现的重大问题；编制试车阶段的现场应急救援预案等。

装置试车前，组织生产准备部门或聘请设计、施工等单位的相关技术人员，根据"三查四定"的技术资料编制危险化学品装置的试车计划和方案。在危险化学品装置投料试车两个月之前，编制出安全可靠的总体试车方案。

根据设计文件，参照国内外同类装置的有关资料，适时完成各种培训教材、技术资料、试车方案、应急救援预案和考核方案的编制工作。

培训教材主要包括主要设备结构图、工艺流程图、生产准备手册、计算机仿真培训软件等工艺、设备、电气、仪表控制等方面的基础知识和专业知识，还包括安全、环保、职业卫生及消防、气防等知识教材。生产技术资料主要包括工艺流程图、岗位操作法、安全技术及操作规程、工艺技术规程、环保及职业卫生技术规程、事故应急预案、分析规程、检修规程、主要设备运行规程、电气运行规程、仪表及计算机运行规程、控制与联锁逻辑程序及整定值、设计修改项目和安装试车过程中的重大问题等，还包括各种报表、台账、技术档案等资料。综合性技术资料主要包括企业和危险化学品装置情况、原材料手册、物料平衡手册、自动控制系统手册、产品质量手册、润滑油（脂）手册、"三废"排放手册、设备手册、备品备件手册、安全设施一览表、阀门及垫片一览表、轴承一览表等，并及时收集整理随机资料。

引进装置要翻译并复制工艺详细说明、电气图、联锁逻辑图、自动控制回路图、设备简图、专利设备结构图、操作手册等技术资料，并编制阀门、法兰、垫片、润滑油（脂）、钢材、焊条、轴承等国内外规格对照表。

各种试车方案应覆盖全部试车项目，主要有：供电系统的外电网到总变电（总降）站、总变电站到各装置变电所、自备电站与外供电网联网、事故电源、不间断电源、直流供电等受送电方案；给排水系统的水源地到装置区的试车方案；原水预处理、脱盐水、循环冷却水系统冲洗、化学清洗、预膜、污水处理场试车方案；空压机试车、设备及管线吹扫方案；锅炉及供汽系统的燃料系统、锅炉冲洗、化学清洗、煮炉、烘炉、安全阀定压、各等级蒸汽管道吹扫、减温减压器调校、锅炉并网等方案；其他工业炉化学清洗、煮炉、烘炉等方案；空分装置的空压机、管道及设备吹扫、试压、气密、裸冷、装填保冷材料等，氮压机、氧压机及液氮、液氧、液氩等系统投用方案；储运系统的原料、燃料、酸碱、三剂（催化剂、溶剂、添加剂）、润滑油（脂）、中间物料、产品（副产品）等储存、进出厂（铁路、公路、码头、中转站等）方案；消防系统的消防水、泡沫、干粉、蒸汽、氮气和二氧化碳、可燃和有毒气体报警、火灾报警系统及其他防火、灭火设施等调试方案；调度通信系统的呼叫系统、对讲系统、调度电话、消防报警电话等方案；系统清洗、吹扫、试压、气密、干燥、置换等方案；三剂（催化剂、溶剂、添加剂）装填、干燥、活化、升温还原及再生方案；自备发电机组、事故发电机、自备热电站等试车方案；大机泵、超高压和超高、高径比大的设备以及涉及易燃易爆物品的设备试车方案；联动试车方案、危险化学品投料试车方案、事故应急预案、试车过程中产生危险废物的处置方案等。

危险化学品装置的总体试车方案和化工投料试车方案应经建设（生产）单位或试车领导机构的主要负责人审批，其余各种试车方案、培训教材、技术资料等，应经建设（生产）单位或试车领导机构的技术总负责人审批。

4. 安全准备

危险化学品装置试车之前，建设（生产）单位应按法律、法规的规定，设置安全生产管理机构网络或配备专职安全生产管理人员。在试车期间，还应根据需要增加安全管理人员，满足安全试车需要。按照《危险化学品从业单位安全标准化通用规范》（AQ 3013—2008）的规定，结合本企业特点，组织制定各项安全生产责任制度、安全生产管理制度等。充分收集和整理国内外有关安全技术资料和事故案例，收集本企业装置的安全、消防设施使用维护管理规程和消防设施分布及使用资料等，明确装置试车前必须具备的安全条件，形成培训教材，实施针对性安全教育。建设（生产）单位的主要负责人、安全生产管理人员和特种作业人员应依法接受政府有关主管部门组织的安全生产培训教育、安全作业培训，经考核合格取得安全资格证书或特种作业操作资格证书后，方可任职或上岗作业。对所有员工进行严格的安全教育，使其具备必要的安全生产知识，熟悉有关的安全生产规章制度和安全操作规程，掌握本岗位的安全操作和应急操作技能。未经安全生产教育和培训不合格的人员，不得上岗作业。

建设（生产）单位应按风险评价管理程序，运用工作危害分析、安全检查表分析、初步危险性分析等方法，对各单元装置及辅助设施进行分析，辨识可能存在的危险因素和危险区域等级，制定相应措施，编制事故应急预案。把防泄漏、防明火、防静电、防雷击、防电气火花、防爆炸、防冻裂、防灼伤、防窒息、防震动、防违章、防误操作等作为安全预防的主要内容。大、中型危险化学品装置以及危险性较高、工艺技术复杂的化工装置，应采用 HAZOP 技术，系统、详细地检查工艺过程，分析拟订的操作规程。列出引起偏差的原因及其后果，以及针对这些偏差应使用的安全装置，提出相应的改进措施。

建设（生产）单位必须建立应急救援组织和队伍，按照危险化学品装置的规模、危险程度，依据有关标准规定，编制企业、车间和班组三级应急救援预案，履行企业内部审批程序，配备应急救援器材，组织学习和演练。

装置试车现场的应急通道设置应符合有关标准规范的要求并保持畅通，建筑物的安全疏散门应向外开启且数量符合要求，设备的框架或平台的安全疏散通道应布置合理，疏散通道设有应急照明和疏散标志，设置风向标。为职工提供符合标准的劳动防护用品，并监督、教育职工正确佩戴、使用。

按照《危险化学品重大危险源辨识》（GB 18218）及安全评价资料，辨识重大危险源，并将重大危险源及相关安全措施、应急救援预案报当地安监部门和有关部门备案。组织调查化工装置周边环境的安全条件，周边各种生产、生活活动可能对危险化学品装置试车安全产生严重影响的，及早准备相应的措施，报告当地政府及其有关部门，协助当地政府及其有关部门组织整改并予以消除，确保试车周边环境的安全。涉及重大危险源和易燃、易爆、易中毒及严重噪声污染等危害的危险化学品装置试车前，建设（生产）单位应按有关规定要求，以适当方式向周边企业和居民区进行危害告知。

制定试车的区域限制措施。所有进出限制区域的车辆必须登记造册，安全告知，指定行车路线，明确联系方式和工作区域。除必须参加现场指挥、联络和生产操作的人员外，未列入试车范围的人员必须撤离到安全区域。所有进入限制区域内的人员，应实行划区管理、定位管理措施，在试车过程中不得随意超出规定区域。试车前，在装置区域内明显位置标识区域限制规定，实施有针对性的培训。

5. 物资及外部条件准备

建设（生产）单位必须对主要原料、燃料的供应单位进行深入的调查，确认所供应物资的品种、规格符合设计文件的要求，可以确保按期、按质、按量、稳定供应。

按试车方案的要求，编制试车所需的原料、燃料、三剂（催化剂、溶剂、添加剂）、化学药品、标准样气、备品备件、润滑油（脂）等的供应计划，并按使用进度的要求落实品种、数量，与供货单位签订供货协议或合同。供货周期较长的物资应提前做出安排，确保在化工投料试车前到位。

严格进行质量检验，索取危险化学品安全技术说明书，妥善安全储存、保管，防止损坏、丢失、变质，并做好分类、建账、建卡、上架工作，做到账物卡相符。对于进口设备的备品备件以及国内暂不能供应的催化剂、化学药品等，可组织或委托测绘、剖析和试制，但必须做好试用和严格的鉴定工作，达到性能和安全要求后方可使用。在设备开箱检验时，应认真清点、登记各种随机资料、专用工具和测量仪器，造册留存备查。

按设计和试车的需要，配备安全、职业卫生、消防、气防、救护、通信等器材，配发劳动防护用品。产品的包装材料、容器、运输设备等，应在投料试车前到位。

根据与外部签订的供水、供汽、供电、通信等协议，按照总体试车方案要求，落实开通时间、使用数量、技术参数等。根据厂外公路、铁路、码头、中转站、防排洪、工业污水、废渣等工程项目进度，及时与有关管理部门衔接开通。落实安全、消防、环保、职业卫生、抗震、防雷、特种设备登记和检测检验等各项措施，主动向政府有关部门申请办理有关的审批手续。需依托消防、医疗救护等社会应急救援力量及公共服务设施的，应及时与依托单位签订协议或合同。根据设计概算，编制年度生产准备资金计划，确保生产准备资金来源。编制总体试车方案时，应编制试车费用和生产流动资金计划，及早筹措落实。

建设（生产）单位应根据试车的时间、地点、人员、环境等因素，围绕饮食住宿、交通、通信、医疗急救、防暑降温、防寒防冻、气象信息等后勤保障内容，落实保障措施，做到人员、措施、设施、标准到位。

6. 产品储存与营销物流准备

根据设计方案的要求，健全和完善储存设施，保证产品储存能力与生产能力相匹配，制定产品储存、装卸的安全操作规程等规章制度。化工投料试车前，储存设施必须与生产装置完整衔接，确保产品输送和储存的安全、通畅。

当产品营销和储存能力不能满足试车需要时，不得进行化工投料试车。

在化工投料试车前，还应落实产品流向，与用户签订销售协议或合同。危险化学品销售要落实用户的安全资质并设立24h应急咨询电话。编制产品说明书，属于危险化学品的，还要按照国家有关标准规定编制安全技术说明书和安全标签，并办理有关的许可手续。

试车前，建设（生产）单位要落实产品运输的方式和渠道，建立完善的运输资质、证照、安全设施查验制度，按照国家有关规定办理产品运输的有关手续。通过公路运输剧毒化学品的，必须向公安部门申请办理公路运输通行证；依托外部运输力量的，应与运输单位签订运输协议和安全协议，保证产品物流渠道畅通。

7. 相关方准备

专利商或承包方对装置现场技术确认，提出并落实整改意见。对装置DCS、ESD等系统参数进行整定与确认，各工艺参数应符合技术要求，对建设（生产）单位人员进行相关的技术培训。根据专有技术的特点提出试车计划、目标及要求，参与编制生产考核方法和规程，配合做好项目的生产考核工作。

设计单位对设计进行全面复查，提供施工图版的操作手册、分析手册、安全导则，完成工程交接工作。参与审核建设（生产）单位的操作法、安全技术规程、分析规程等，确认各项操作指标；参与编制生产考核方法，配合做好生产考核工作。

施工、监理单位应按试车统筹控制计划的要求，完成工程扫尾和有关试车任务。参与总体试车方案的编制，做好各项工作的衔接。在投料试车前组织试车服务，负责巡回检查，做好相关的设备维护保养工作，发现问题及时处理。出具工程质量监理监督结论。办理完成有关特种设备的质量技术监督手续。

设备制造和供应单位指导设备的安装，确认单机试车的条件和试车方案，解决单机试车中的设备问题，参与联动试车和投料试车工作。对建设（生产）单位人员进行设备原理、事故处理、开停车、操作及检修的培训。提供设备操作、维护、检修手册，提供产品合格证、产品质量证明书、竣工图、产品制造安全质量监督检验证书等。

二、危险化学品装置预试车与联动试车

预试车前，建设（生产）单位、设计单位、施工单位、技术提供单位、设

备制造或供应单位应对试车过程中的危险因素及有关技术措施进行交底并出具书面记录，施工单位向建设（生产）单位提交建设项目安全设施施工情况报告。

在必要的生产准备工作落实到位、消防及公用工程等已具备正常运行条件后，确认试车单元与其他生产或待试车的设备、管道已经隔绝，按总体试车计划和方案的规定实施预试车。

预试车过程应循序渐进，将安全工作置于首位，安全设施与生产装置同时试车，前一工序的事故原因未查明、缺陷未消除，不得进行下一工序的试车，绝不能使危险因素后移。确需实物料进行试车的设备，经建设（生产）单位、设计单位和设备制造或供应单位协商同意后，可留到投料试车阶段再进行。预试车工作全部结束后，建设（生产）单位应组织有关部门及相关人员检查确认是否具备化工投料试车条件。

预试车过程中，应根据工艺技术、设备设施、公用及辅助设施等情况和装置的规模、复杂程度，主要控制管道系统压力试验、管道系统泄漏性试验、水冲洗、蒸汽吹扫、化学清洗、空气吹扫、循环水系统预膜、系统置换、一般电动机器试车、汽动机及泵试车、往复式压缩机试车、烘炉、煮炉、热交换器的再检查、仪表系统的调试、电气系统的调试等环节，还要注意塔、反应器内件的装填和催化剂、吸附剂、分子筛等的充填等。

预试车报告应由试车领导机构组织编制，内容包括试车项目、日期、参加人员、简要过程、试车结论和存在的隐患及处理措施。

单机试车前，施工单位应按照设计文件和试车的要求，清理未完工程和工程尾项，自检工程质量，合格后报建设单位和监理单位进行工程质量初评，并负责整改消除缺陷。建设（生产）单位应协调、衔接好扫尾与试车的进度，组织生产人员及早进入现场，分专业进行"三查四定"。

单机试车时应包括保护性联锁和报警等自动控制装置测试。根据有关规范要求和装置实际需要，制定管道系统压力试验、泄漏性试验、水冲洗、蒸汽吹扫、化学清洗、空气吹扫、循环水系统预膜、系统置换等各环节的操作法并严格执行。系统清洗、吹扫、煮炉由建设（生产）单位编制方案，施工、建设（生产）单位实施。使用的介质、流量、流速、压力等参数及检验方法符合设计和规范的要求。管道上的孔板、流量计、调节阀、测温元件等在化学清洗或吹扫时应予拆除，焊接的阀门要拆掉阀芯或全开。氧气管道、高压锅炉、高压蒸汽管道及其他有特殊要求的管道、设备的吹扫、清洗应按有关规范进行。吹扫、清洗结束后，应进行充氮或用其他介质保护。系统吹扫应尽量使用空气进行，必须用氮气时，应制定防止氮气窒息措施；如用蒸汽、燃料气，也要有相应的安全措施。

单机试车时，按照机械设备说明书、试车方案和操作法进行指挥和操作。划定试车区，无关人员不得进入。试车过程要及时填写试车记录，严禁多头领导、违章指挥和操作，严防事故发生。

工程按设计内容施工完毕，工程质量初评合格。完成以下调试工作时，就具备了工程中间交接条件：管道耐压试验完毕，系统清洗、吹扫、气密完毕，保温基本完成，工业炉煮炉完成，静设备强度试验、无损检验、负压试验、气密试验等完成，安全附件调试合格，动设备单机试车合格，大机组用空气、氮气或其他介质负荷试车完毕，机组保护性联锁和报警等自控系统调试联校合格，装置电气、仪表、计算机、防毒防火防爆等系统调试联校合格；装置区施工临时设施已拆除，竖向工程施工完毕；对联动试车有影响的"三查四定"项目及设计变更处理完毕，其他与联动试车无关的未完施工尾项责任及完成时间已明确。

联动试车必须具备的条件是：试车范围内的机器、设备等单机试车全部合格，单项工程或装置竣工及中间交接完毕；生产管理机构、安全网络已建立，岗位责任制已制定、落实并执行；技术人员、班组长、岗位操作人员已经确定，经考试合格并取得上岗证；设备位号、管道介质名称和流向及安全色按规范标志标识完毕；公用工程已平稳运行；试车方案和有关操作规程已经批准并印发到岗位及个人，在现场以适当形式公布；试车工艺指标、联锁值、报警值经生产技术部门批准并公布；生产记录报表齐全并已印发到岗位；机、电、仪修和化验室已交付使用；在线分析仪器、仪表经调校具备使用条件；通信系统已畅通；安全卫生、消防设施、气防器材和温感、烟感、有毒有害可燃气体报警、防雷防静电、电视监控等防护设施已处于完好备用状态；重大危险源、危险区域、职业卫生监测点已确定，标识牌和警示标志已到位；保运队伍已组建并到位；试车现场有碍安全的机器、设备、场地、通道处的杂物等已经清理干净。

在规定期限内，试车系统首尾衔接、稳定运行。参加试车的人员分层次、分类别掌握开车、停车、事故处理和调整工艺条件的操作技术。通过联动试车，及时发现和消除化工装置存在的缺陷和隐患，完善化工投料试车的条件。

三、危险化学品装置投料试车

为了投料试车过程安全、平顺，投料试车前，建设（生产）单位应组织严格细致的试车条件检查。试车应严格做到"四不开车"，即条件不具备不开车，程序不清楚不开车，指挥不在场不开车，出现问题不解决不开车。未做好前期准备工作，不具备条件，化工投料试车不得进行。

根据化工装置、建设（生产）单位的实际要求，组成以建设（生产）单位为主，总承包、设计、施工、技术或是开车协助单位以及国内外专家参加的试车队伍。可根据装置技术复杂程度，聘请专家组成试车技术顾问组，分析试车的技术难点并提出相应的对策措施。骨干设计人员到达现场，处理试车中发现的设计问题。建设（生产）单位应会同总承包、施工、设计等单位成立保运组织，负责试车期间的保运工作，本着"谁安装、谁保运"的原则，与施工单位签订保运合同。施工单位实行安装、试车保运一贯负责制，保运人员应24h现场值班，做到全程保运。

设计、施工单位参与由建设（生产）单位负责的投料试车方案编制工作。投料试车方案关系到试车过程的安全，主要包括：装置概况及试车目标、试车组织与指挥系统、试车应具备的条件、试车程序、试车进度及控制点、试车负荷与原料和燃料平衡，还包括试车的水、电、汽、气等平衡以及工艺技术指标、联锁值、报警值。投料试车方案中必须包括开、停车与正常操作要点，以及事故应急措施，环保措施，防火、防爆、防中毒、防窒息等安全措施及注意事项。试车保运体系、试车难点及对策、试车可能存在的问题及解决办法、试车成本预算等也应在试车方案中明确。

投料试车过程必须统一指挥，严格控制现场人员，参加试车人员在明显部位佩戴试车证，无证人员不得进入试车区域。严格按试车方案和操作法进行，试车期间必须实行监护操作制度。试车首要目的是安全运行、打通生产流程、产出合格产品，不强求达到最佳工艺条件和产量。投料试车必须循序渐进，上一道工序不稳定或下一道工序不具备条件，不得进行下一道工序的试车。仪表、电气、机械人员和操作人员密切配合，在修理机械及调整仪表、电气时，应严格执行安全管理规程，事先办理安全作业票（证）。除按照设计文件、分析规程规定的项目和频次进行分析工作外，还应按试车需要及时增加分析项目和频次并做好记录。

发生事故时，必须按照现场应急处置方案的有关规定果断处理，并依据预案及时上报。投料试车应尽可能避开严冬季节，否则应制定冬季试车方案并落实防冻措施。

投料试车合格后，应及时消除试车中暴露的缺陷和隐患，逐步达到满负荷试车，为生产考核创造条件。化工投料试车应达到下列标准：试车主要控制点正点到达，连续运行产出合格产品；不发生重大设备、操作、火灾、爆炸、人身伤害、环保等事故；安全、环保、消防和职业卫生做到"三同时"，监测指标符合标准；生产出合格产品后连续运行72h以上；做好物料平衡，控制好试车成本。

在编制试车方案时，应根据装置工艺特点、原料供应的可能，采用"倒开车"的方法。"倒开车"是指在主装置或主要工序投料之前，用外供物料先期把下游装置或后工序的流程打通，待主装置或主要工序投料时即可连续生产。通过"倒开车"，充分暴露下游装置或后工序在工艺、设备和操作等方面的问题，及时加以整改，以保证主装置投料后顺利打通全流程，做到化工投料试车一次成功，缩短试车时间，降低试车成本及发生事故的概率。

四、危险化学品装置试车的停车

装置停车有常规停车和紧急停车两种方式。如果没有提前做好预案，也是容易发生安全事故的一个重要环节。

常规停车是指危险化学品装置试车进行一段时间后，因装置检修、预见性的公用工程供应异常或前后工序故障等进行的有计划的主动停车。紧急停车是指危险化学品装置运行过程中，突然出现不可预见的设备故障、人员操作失误或工艺操作条件恶化等情况，无法维持装置正常运行造成的非计划性被动停车。紧急停车分为局部紧急停车和全面紧急停车。局部紧急停车是指生产过程中，某个（部分）设备或某个（部分）生产系统的紧急停车；全面紧急停车是指生产过程中，整套生产装置系统的紧急停车。

作为有计划的常规停车，应提前编制停车方案，培训参加停车的人员，使之熟悉停车方案。常规停车方案主要内容有：停车的组织、人员与职责分工、时间、步骤、工艺变化幅度、工艺控制指标、停车顺序表以及相应的操作票证，停车所需的工具和测量、分析等仪器，危险化学品装置的隔绝、置换、吹扫、清洗等操作规程，装置和人员安全保障措施及事故应急预案，装置内残余物料的处理方式，停车后的维护、保养措施等。

常规停车时，指挥、操作等相关人员全部到位。按停车方案规定的步骤进行，与上下工序及有关工段保持密切联系。严格按照规定程序停止设备的运转，大型转动设备的停车，必须先停主机、后停辅机。设备卸压操作应缓慢进行，压力未泄尽不得拆动设备。易燃、易爆、有毒、有腐蚀性的物料应向指定的安全地点或储罐中排放，设立警示标志和标识；排出的可燃、有毒气体如无法收集利用应排至火炬烧掉或进行其他无毒无害化处理。系统降压、降温必须按要求的幅度（速率）、先高压后低压的顺序进行，凡需保压、保温的，停车后按时记录压力、温度的变化。开启阀门的速度不宜过快，注意管线的预热、排凝和防水击等。高温真空设备停车先消除真空状态，待设备内介质的温度降到自燃点以下时，才可与大气相通，以防空气进入引发燃爆事故。停炉操作应严格依照规程规定的降温曲线进行，注意各部位火嘴熄火对炉膛降温均匀性的影响；火嘴未全部熄灭或炉膛温度较高时，不得进行排空和低点排凝，以免可燃气体进入炉膛引发事故。严禁高压串低压。做好有关人员的安全防护工作，防止物料伤人。冬季停车后，采取防冻保温措施，注意低位、死角及水、蒸汽、管线、阀门、疏水器和保温伴管的情况，防止冻坏。用于紧急处理的自动停车联锁装置，不应用于常规停车。

对于非正常状态的紧急停车，建设（生产）单位应全面分析可能出现紧急停车的各种前提条件，提前编制好有针对性的停车处置预案。紧急停车处置预案应包括：能够导致危险化学品装置紧急停车的危险因素辨识和分析，导致紧急停车的关键控制点和预先防范措施，各种工况下危险化学品装置紧急停车时的人员调度程序、职责分工，紧急停车操作顺序和工艺控制指标，紧急停车后的装置维护措施和紧急停车后的人员安全保障措施等。

发现或发生紧急情况，必须立即按预案规定向试生产指挥部门和有关方面报告，必要时可先处理后报告。发生停电、停水、停气（汽）时，采取措施防止系统超温、超压、跑料及机电设备的损坏。危及人员安全时，生产场所的检修、巡检、施工等作业人员应立即停止作业，迅速撤离现场。发生火灾、爆炸、大量泄漏等事故时，应依据制定的现场处置方案首先切断气（物料）源，尽快启动事故应急救援预案。

发生紧急停车后，建设（生产）单位应深入分析工艺技术、设施设备、自动控制和安全联锁停车系统等方面存在的问题，认真总结停车过程中和停车后各项应对措施的有效性和安全性，采取措施加以改进，避免或减少各类紧急停车事件的发生。

第二节　装置正常运行安全

装置正常运行过程中，安全风险管理内涵体现在三方面。

第一，应加强过程控制。实行安全风险管理的基础是加强对安全风险的研判，通过对安全风险的科学管控和有效处理，强化安全风险过程控制，防止事故发生。利用既有的安全控制管理系统和监督管理信息系统，构建全厂安全风险管理信息系统，实行安全速报、设备检测检验和安全监督检查等安全生产信息的跨专业数据集成、信息共享、综合应用、实时预报，为安全风险研判、风险控制和安全决策提供可靠依据。定期分析，及时发现生产过程中不符合规章制度、技术标准的情况；实时检测，随时掌握安全风险点的动态情况，及时发现安全生产过程中存在的"关键性、倾向性、苗头性"问题，不断强化安全风险过程控制。

第二，从基础抓起。全面开展安全质量标准化企业、标准化车间、标准化班组、标准化岗位建设活动。以安全为核心，以规范安全管理和落实作业标准为重点，进一步界定责权关系，把安全生产责任分解落实到各个工作岗位；制定各系统"安全风险控制流程图"，重点解决部门之间、车间之间横向结合部的问题，形成责权明晰、运转高效、落实到位的安全风险管理体制。在设备方面，按照设备等级管理的要求，进一步完善修程修制，补强基础设备，夯实设备质量基础。加大对员工的安全生产业务培训力度，建立激励机制，提高人员素质。

第三，有效处置和消除安全风险。以生产安全为重点，对安全风险进行全面排查，采取有力措施加以治理和解决。提倡"抓落实、盯问题、追责任、快修改"的安全工作要求，抓落实就是重点检查安全工作中不落实的问题，把各项安全制度和安全措施逐条兑现到每一个层级、每一个岗位、每一位员工、每一项工作。盯问题就是对任何安全风险和安全问题，都紧紧盯住不放，认真解决。追责任就是在明确责任的基础上，狠抓责任落实，严格事故定责和责任追究，按照厂、车间、班组和岗位四个层级，制作"安全风险控制责任分工表"，杜绝不定责的现象。快修改就是对于危及生产安全，特别是重大安全问题，立即整改，不拖不延，对于已经整改的要组织复查，防止反弹。

一、影响安全运行的因素

影响装置安全运行的主要因素有人为因素、设备因素、物料因素、工艺因素、作业环境因素和自然灾害的影响等。

操作人员可能存在心理疲劳、情绪失控等心理失调，过分的自信、从众、有意违章和完全服从于生产的冒险违章等非理智的心理状态以及技术状态不佳、配合不好、判断失误等无意识的心理状态。也可能发生随机失误或遗漏、遗忘、心理紧张等系统失误。而作业疲劳会导致视觉和听觉敏锐度降低、反应迟钝、注意力不集中、思维能力降低、能动性与积极性明显降低，发生事故的可能性增大。

装置运行过程中，由于操作条件变化、容器和管道的制造质量问题或超期使用、性能降低等问题，可能出现缺陷而导致物料泄漏。若物料为易燃易爆、有毒介质，设备发生泄漏或破裂不仅可造成中毒、烫伤、烧伤等人身事故，还能产生火灾、爆炸和环境的污染等事故。还可能产生碰撞、打击、夹击、跌落等机械性伤害，也存在电击、火灾、爆炸等危害。另外，设备设施产生尘、毒、噪声、高温等职业性危害。

由于危险化学品装置中存在可燃物、助燃物、着火源等火灾发生的基本条件，容易出现火灾事故。装置中介质多具备易燃、易爆特性，一旦发生泄漏，会引发爆炸危险。

设计阶段选择物质危险性较小、工艺条件较缓、成熟的工艺技术，选择承受超压性能好的设备，设置可靠的控制仪表和控制系统，设置必要的报警、监视、泄压装置。根据这些原则，可降低工艺因素带来的危害。运行阶段的控制阀故障、显示仪表失真等工艺因素直接影响装置安全运行。

事故处理阶段的首要目的是减少事故损失，其关键就在于如何快速准确地进行正确的工艺处理。要提高事故处理的正确性，应加强对操作人员的技术培训，提高其处理突发事故的能力。设置ESO紧急停车系统，把事故限定在较小的范围内。

作业场所的环境因素不仅直接影响装置安全性，还会影响工作人员的健康和情绪，从而间接地导致安全事故的发生。不良照明降低视功能，产生不适感，从而使观察对象模糊不清，引起工作失误。噪声对人体听觉、心血管、神经、视力可造成不同程度的危害，影响设备、仪表的服役时间，降低仪表精度，还会掩盖报警声响信号。高温影响人员的工作能力、协调性、反应速度，降低注意力，影响人的循环、消化、泌尿系统，会使人心搏加快、血压升高、大量出汗甚至中暑。低温可能冻坏仪表，造成假显示，引发误操作，还存在冻裂设备或管线、冻凝含水介质等危险。

自然灾害对危险化学品装置的破坏性是致命的。以地震及雷电为例：装置中的物料多是易燃易爆、有毒的介质。发生地震时，一旦设备、管线、储罐等遭到破坏就可能带来泄漏、燃烧、爆炸和有毒气体的蔓延等次生灾害，将会造成人员伤亡的严重灾害。

雷电具有高达数万伏甚至数十万伏的冲击电压，可损坏发电机等电气设备的绝缘，烧断电线，造成大规模停电。强大的雷电流通过导体时，在极短的时间内将转换成大量的热量，产生高温造成易燃易爆介质的燃烧、爆炸。巨大的雷电流流入地下，会在雷击点及其连接的金属部位产生极高的对地电压或跨步电压，会引发触电事故，雷电电流产生的强大磁场会使导电体感应出较大的电动势，并且还会在构成闭合回路的金属物中感应出电流，若回路中有的地方接触电阻较大，就会局部发热或发生火花发电。雷击的热效应使雷电通道中的空气剧烈膨胀，同时水分及其他物质分解为气体，在被雷击物体内部出现很大的压力，使其遭受严重破坏。雷电可导致配电装置、电气线路、金属管道上产生冲击电压，电流沿线路、管道迅速传播，若进入操作室、仪表间、配电室，可造成配电装置、电气线路绝缘层击穿，产生短路，使建筑物内易燃易爆物质燃烧或爆炸。雷击电流通过人体，可使呼吸中枢麻痹、心搏骤停，致脑组织及一些脏器严重损害，出现休克或突然死亡。雷击产生的火花、电弧，还可以使人遭到不同程度的烧伤等。

二、安全运行的应对措施及管理

针对影响装置安全运行的因素，采取必要的、有效的措施，才能够保障装置安全长周期运行。

1. 人为因素的应对措施

树立以人为本的管理理念；不断加强员工安全教育，提高员工安全意识；以有效的手段约束、激励人。

2. 设备因素的应对措施

为防止设备因素带来的安全问题，在设备使用前先编制管理制度文件，并通过培训使操作员工掌握设备特点。设备使用前，先进行试运转。及时处理安装、试车过程中发现的问题，做好调试、改进等有关记录，提出分析意见，填写设备使用鉴定书作为参考，同时完善设备管理制度，建立设备使用、维修管理制度。设备使用期间，严格按规章制度操作和保养，保证设备始终处于良好的运行状态。建立保养责任制、操作证制度和设备资料档案管理制度。

设备操作人员要熟悉设备结构、性能，会正确调整电流、温度、压力、流量，严格执行安全规程，操作熟练、动作正确规范。正确掌握设备的维护方法、维护要点，严格执行操作规程，精心爱护设备，不准设备带病运转，禁止超负荷使用设备。按照保养规定，做好维护保养工作，保证润滑油质量，准确、及时地进行清洁、润滑、调整、紧固，保持设备性能良好。熟知设备启动前后的检查项目内容，正确检查设备各部位运转情况，通过感官（听、摸、看、闻）和仪表判断设备运转状况，分析并查明异常情况产生的原因。操作人员应能正确分析判断一般常见的设备故障，及时排除故障及一切危险有害因素，预防设备事故的发生，保证设备安全。排除不了的疑难故障，应及时报检修。

设备现场保持环境干净，无油污、无杂物、无碰伤，设备清洁。现场的工具、工件摆放整齐，安全防护装置齐全，线路、管道完整，设备的附件、仪器、仪表、工具、安全防护装置必须保持完整无损。设备发生事故时，立即停工断电，保护现场，及时、真实地上报事故情况。

设备运行期间应进行外部裂缝、腐蚀的检查。转动设备要检查固定螺栓、结合件等有无松动等不正常情况。换热器要定期检查壳体与头盖法兰连接，管路与壳体法兰连接，阀门与管路法兰连接，阀门大盖等密封处的泄漏情况，以及支座及支撑结构、基础情况。厂房、塔器的柜架、管线支撑、设备的基础支座、梯子、平台、栏杆等应定期检查，以便及早发现其腐蚀、脱落、断裂等不正常的情况，及时采取措施修复整改好。对渗漏情况进行检查，防止电气设备、仪表控制设备进水短路；对房屋的防雷设施、避雷针等进行检查，防止其腐蚀、损坏失效；消防栓、消防蒸汽、移动式灭火器、可燃性气体报警器等要定期检查，使其保持完好，一旦发生火灾，能够及时投用。

3. 物料因素的应对措施

减少物料因素影响的本质方法是以无毒或低毒的物料代替有毒、高毒的物料，改良工艺、生产过程的密封，以及采用隔离操作、通风排毒等技术措施预防中毒。在装置设计阶段，根据物料特点配备相应的个体防护用品。

危险化学品装置需采取静电应对措施。设备（塔、容器、机泵、换热器、过滤器等）的外壳，应进行接地。转动设备可采用导电润滑脂或用接地设施进行接地，所有金属装置设备、管道、储罐都必须接地。金属设备与设备之间、管道与管道之间如用金属法兰连接时，可不另接跨接线，但必须有两个以上的螺栓连接，螺栓之间应具有良好的导电接触面。

工作中应尽量不做与人体带电有关的行动，在有静电危害的环境中，不携带与工作无关的金属物品，工作人员使用规定的静电防护用品。以生产岗位人员自查为主，每天至少进行一次防静电安全检查，车间安全技术人员每月至少检查一次，企业每年至少抽查两次。易燃易爆岗位的安全操作规程必须有防静电的内容，定期对岗位人员进行防静电知识的安全教育。

在生产过程中，当有可燃物大量泄漏时，及时切断泄漏物料来源，在一定范围内严禁动火。移走燃烧点附近可燃物，关闭进料阀。发生火灾时，还需观察周围情况，排除爆炸危险，将受到火势威胁的易燃易爆物质转移到安全地点。发生火灾后，现场人员在进行扑救的同时，要马上发出火警，其他人员及时做好疏散准备，配合消防人员灭火。

4. 工艺因素的应对措施

化学品装置的安全生产管理很重要，各项工艺操作指标必须符合操作规程的要求，不得超温、超压、超负荷运行。各类动、静设备必须达到完好的标准，压力容器、管道及安全附件齐全好用；仪表管理符合制度要求，各类安全设施、消防设施等配备齐全并定期检验。保持装置内消防通道畅通，机动车辆进入装置区中必须安装防火罩。车间建立并执行安全事故隐患整改制，对设备、仪表和生产过程存在的问题及时上报有关部门，暂不能整改而又要投入运行的，要制定包括隐患内容、危害、防范措施、监控手段、治理计划、负责人等内容的安全防范措施。设备的处理、投用，工艺的调整需制定严密的操作方案和可行的安全措施，现场应设有专人监护，分工协作，层层把关。加强对关键危险点的监控力度。明确监控内容，制定合理的巡查路线，把巡查制度落到实处。装置内施工作业，必须按相关规定办理许可证，进行作业风险评价分析，制定落实安全防范措施；定期进行事故模拟演练，定期对装置进行安全检查或安全评价，持续改进装置安全管理。对车间岗位操作人员进行安全、技能培训考核，执行持证上岗制度，制定、完善各岗位的 HSE 职责，做到各司其职、各负其责。

定期检查或检测，运转机泵设备的卫生清扫要防止抹布被卷进伤人，严禁用水冲洗电机，以防触电或损坏电机。蒸汽带需按正确方式绑扎牢固，使用时，开启要缓慢，固定带头，防止甩出伤人。冷换设备应按程序操作，投用时，先开冷流，后开热流；停用时，先停热流，后停冷流。备用机泵定期盘车，保持冷却水畅通，高温泵应处于预热状态。安全阀起跳后，必须按规定重新校验、铅封，安装后全开上下游阀门，并加铅封以防误动。

在生产过程中，单线事故的发生是不可避免的，当事故发生时，要坚持以人为本的安全原则，保证人员的人身安全，尽量避免人员受到伤害。所有塔、罐不能满或空，严防跑满。高低压有关的设备严防串压，防止超压爆炸着火。各设备充压、泄压速度不能过快，以免损坏设备及造成泄漏。执行"严禁超温及中毒、事故排除后应尽快恢复生产、加强与上下游相关装置的联系、减少对其他装置的影响"的事故处理工艺原则。

紧急停工事故发生时，各岗位操作人员要坚守岗位，听从指挥，严格按照应急预案进行处理，确保装置顺利、安全、稳定、有序停工。首先通知生产管理部门和有关人员，然后根据事故类型、时间、事故范围，采取应对事故的必要措施，确保人身安全、设备及有关装置的安全。根据现象和事故发生前设备状况，操作参数变化，正确判断事故，迅速处理，避免事故扩大。发生火灾立即报火警，并立即切断或减少流向着火点的可燃介质。无法切断危险源时，要用氮气、蒸汽或水进行掩护。当出现有毒介质泄漏时，在报告气防部门的同时，做好自身防护，组织现场自救和急救。视现场情况，组织人员安全撤离，并通知可能危及的其他人员。无论发生任何事故，首先必须保证人身安全。

装置停车时，应执行国家工业卫生标准，不允许任意排放有毒、有害的物料。无火炬设施的带压易燃易爆气体排放要缓慢进行，采取逐渐减压措施，放空管线末端必须设有防火措施。

5. 作业环境因素的应对措施

通过降低噪声、合理布局噪声源以及佩戴个人防护用品等方法应对噪声对人身的伤害。通过技术革新，改革工艺过程及生产设备，减弱高温、热辐射的影响；采取加强通风、合理安排作业时间、加强个人防护等措施降低高温因素的影响。

6. 自然灾害因素的应对措施

定期编制和组织抗震防灾规划，预测地震时可能发生的灾害，如火灾爆炸，危险介质泄漏，高压串低压事故，紧急停电、水、汽等导致的装置操作混乱，以防引发次生事故。凡不符合抗震防灾标准的生产设施，尽快完成抗震加固。工程建设要避开不利抗震地带，要保持抗震救灾设施处于随时可用应急状态，如：消防器材，应急电源及水源，通信、救护及抢修器材等。

为保证有效地应对地震灾害，需经常检查落实装置抗震、防震的情况，检查设备运行情况，及时处理存在的问题，使设备和构筑物达到抗震能力。对装置操作人员培训，普及地震、抗震、防震和救灾知识。组织抗震防灾演练，使生产人员掌握抗震时的应急措施。

建立以现有生产体系为基础的综合抗震防灾体制，建立有效的抗震应急救灾指挥系统，制定各生产岗位专业指挥系统的抗震应急对策、方案和措施。地震发生后，立即启动应急救灾系统。装置的主管和工艺、设备、安全技术人员，要立即到岗位，组织实施本装置的指挥和救灾。按照生产装置应急对策方案，结合震时实际情况，及时准确地实施震时安全停工方案，防止次生灾害发生。及时组织防余震的紧急措施，对可能造成灾情扩大、威胁人身安全的危险部位以及可能成为恢复通信、供电、供水、供汽和交通故障的关键设施，采取有效措施进行排险和抢修。出现停电、水、汽等生产性事故，或出现配电室和操作室倒塌、设备管线破裂泄漏事故时，应及时关闭易燃易爆、有毒介质的阀门和运转设备，降低高温高压管道的温度和压力，进行局部或全面紧急停车。震后，在有安全防护的前提下，留少部分人员监视现场，处理意外事故，防止次生灾害的发生和蔓延。

地震发生后，应汇总本单位受灾情况，及时向上级部门汇报。组织人力物力，做好恢复生产工作。加强对员工心理疏导，稳定员工情绪，做好生产人员的后勤供应工作和伤病员的安抚救护工作。

遭受雷击区域的设备、设施需采取防雷措施。采用避雷针、避雷线、避雷带、避雷网等保护措施避免直击雷,金属设备、管道、钢结构予以接地等避免雷电感应,电气系统安装避雷器等保护措施,避免雷电侵入波带来的危害。避雷针应镀锌、涂漆,引下线应沿建筑物、构筑物的墙敷设,并经最短路径接地,避雷针与引下线的接地应采用焊接。独立避雷针不应设在有人通行的地方,应设置独立的集中接地装置,装有避雷线、针的建(构)筑物上严禁架通信线、低压线、广播线,金属物或线路与防雷设施不相连时,与引下线之间的距离不少于5m。防雷设施需要定期检查。每年在雷雨季节来临前,对防雷设施进行专业检测,保存专业检测数据和报告。

第三节 装置检修维修安全

化工企业检维修包括全厂停车大检修,一套或几套装置停车大修,系统、车间或生产储存装置的检维修,装置的维护保养,生产储存装置及设备在不停产状况下的抢修。要充分认识化工企业检维修作业的安全风险。

为了工作安全进行,化工装置进行检维修作业前,根据生产操作、工艺技术和设施设备的特点,组织对检维修作业活动和场所、设施、设备及生产工艺流程进行危险、有害因素识别和风险分析。风险分析应涵盖检维修作业过程、步骤、所使用的工器具,以及检修设备、装置、作业环境、作业人员情况等。根据风险分析的结果采取相应的工程技术、管理、培训教育、个体防护等方面的预防和控制措施,消除或控制检维修作业风险。凡在检维修作业前风险分析不到位、未采取和落实预防与控制措施的,一律不得实施检维修作业。

化工企业检维修作业通常涉及易燃易爆、有毒有害物质,又经常进行动火、进入受限空间、盲板抽堵等危险作业,极易导致火灾、爆炸、中毒、窒息事故的发生。目前化工企业通常将检维修作业委托外部施工单位承担,客观上增加了安全管理环节,加大了安全管理的难度。施工单位人员不一定熟悉化工企业具体的工艺、设备和涉及的危险有害物料情况,如果没有完善的安全管理和较强的施工能力,施工作业的安全风险很高。

化工装置的所有检维修作业都要预先制定检维修方案,明确检维修项目安全负责人和安全技术措施;对检维修人员、监护人员进行安全培训教育和方案现场交底,使其掌握检维修过程及安全措施。检维修前确保生产装置的工艺处理和设备的隔绝、清洗、置换等安全技术措施满足安全要求,用于检维修的设备、工器具符合国家相关安全规范的要求，检维修现场设立安全警示标志，采取有效安全防护措施，保证消防和行车通道畅通，应急救援器材、劳动保护用品、通信和照明设备等保证完好并满足安全要求。检维修工作过程中，生产装置出现异常情况可能危及人员安全时，立即通知检维修人员停止作业，迅速撤离作业场所，异常情况排除且确认安全后，方可恢复作业；建立质量安全过程管理机制，加强对关键检维修作业的质量控制，防止致命质量缺陷进入试压或生产运行等环节；严格执行交接验收手续，确保检维修后的设备设施安全运行。

一、落实检维修作业安全管理责任，建立健全检维修作业安全管理制度

化工企业对检维修作业的安全生产负主体责任，应当对检维修过程实施全面管理。施工单位对其施工现场的安全生产负责，对检维修方案及作业过程承担安全管理责任。化工企业和施工单位主要负责人是企业安全生产第一责任人，对检维修作业安全生产工作负总责。应明确具体负责检维修作业的部门、项目部以及检维修作业安全管理负责人，并明确安全生产责任。共同参与检维修工程的监理单位、机械设备出租单位、检验检测机构、技术服务机构和其他有关单位应当根据法律法规、标准规范的规定，在化工企业的协调下，依照签订的安全管理协议，承担各自的安全生产责任。

按照国家有关安全生产法律法规和标准规范的要求，结合企业实际，建立健全检维修管理制度和安全作业管理制度，建立健全承包单位管理制度、检维修作业安全生产激励和约束机制，提升检维修作业安全管理水平。施工单位要建立健全安全作业规程，化工企业要对施工单位的安全作业规程进行审查。

检维修管理制度包括检维修的组织与管理要求，包括检维修计划和施工方案、落实检维修人员和安全措施、危险有害因素辨识、检维修前的工艺处理、作业许可的办理、安全知识教育培训、安全检查和整改措施等在内的检维修前的准备要求，还包括作业中的安全要求、作业结束后的安全要求、作业的有关记录要求及检维修后办理检维修交付生产手续要求等。检维修管理制度应满足安全生产行业标准《化学品生产单位设备检修作业安全规范》（AQ 3026—2008）的要求。

安全作业管理制度主要包括各种危险作业的具体描述、作业许可证管理的要求、作业前的风险控制措施要求、作业程序及基本安全措施的要求以及作业人员及监护人员的职责等。对于吊装、动火、动土、断路、高处、盲板抽堵和

受限空间作业管理制度，应分别满足相关标准规范的要求，危险作业票证中至少应包括国家安全规范中规定的项目。

承包单位管理制度包括对承包单位的资质审查、安全管理、人员的安全教育培训和全风险抵押金的要求，还包括化工企业与施工单位的安全责任和义务、作业过程的监督管理要求、作业人员变更的管理要求、检查与考核的要求、对承包单位表现评价与续用的要求以及承包单位档案及记录管理要求等。

二、加强检维修工程项目与作业人员管理

化工企业和施工单位应当加强发包、承包管理。实行总承包的检维修工程，工程主体的施工必须由总承包单位自行完成。总承包单位可依法将承包工程中的危险性较小的辅助工程和特殊专业工程发包给具有相应资质条件的分包单位，但必须得到化工企业的认可。禁止分包单位将其承揽的分部、分项工程再分包，禁止总承包单位转包或将其承揽的全部工程肢解以后以分包的名义转包给他人。

化工企业在制订检维修计划时，应当充分考虑施工组织、风险分析、方案编制、教育培训的时间和成本，合理安排工程时间、工程量和工程造价。施工单位应当科学安排施工进度，不得随意压缩检维修工程合同约定的工期，避免因压缩工期、压缩成本而加大安全风险，影响工程质量。

化工企业应与施工单位签订安全管理协议，明确各自的安全生产管理职责。同一作业区域内有两个以上施工单位开展施工作业时，要互相签订安全管理协议，明确各自的安全生产管理职责和应当采取的安全措施。独立工程的项目由化工企业监督与协调，总承包范围内的工程由总承包单位监督与协调。

化工企业应积极借鉴国内外先进的安全管理方法，有条件的企业可借助第三方管理咨询机构的技术力量和管理经验，协助开展资质审查、施工指导、人员培训和现场检查等工作，建立化工企业、施工单位及第三方共同参与的安全管理模式。

从事检维修作业人员应当相对固定，并具有从事化工企业检维修经验，禁止临时雇用劳务人员从事各类危险作业。化工企业要建立关键工种作业人员安全技能的确认机制，严把作业人员准入关。正确引导施工人员牢固树立"自己的生命自己掌握"的安全意识，自觉确认施工作业的安全条件。加强安全教育，切实提高作业现场管理人员和作业人员的自我保护意识。

认真落实安全教育培训制度，强化作业人员教育培训，确保作业人员全部受到培训。确保作业人员熟悉作业环境、作业内容、安全作业规程和安全防护

措施，了解作业中存在的危险有害因素及应急处置措施，正确掌握劳动防护用品的使用方法。化工企业应指派责任心强、业务水平高、熟悉作业现场、具备基本救护技能和作业现场应急处置能力的岗位工作人员作为现场作业监护人员。加强对作业监护人员的培训，围绕检维修作业的安全监护常识、安全风险告知、劳动防护用品的使用以及作业现场的应急处置等培训内容，切实提高监护人员的责任意识和能力水平。

三、加强检维修作业前准备工作管理

检维修作业前，化工企业要组织对作业场所、设备设施、生产工艺流程和作业内容开展危险有害因素辨识，严格实施作业前风险分析。风险分析的内容涵盖可能存在的危险化学品、作业环境特点，检维修作业过程、步骤、所使用的工具和设备，以及作业人员情况等。

施工单位应派人参与风险分析，并根据检维修任务要求，结合风险分析结果，制定检维修方案。方案中应重点明确安全防范措施，以消除或降低作业风险，还应明确项目负责人和安全管理人员。

装置的工艺处理和设备的隔绝、清洗、置换等安全技术措施应满足作业安全要求，经与施工单位共同确认合格后交出。对于吊装、动火、动土、断路、高处、盲板抽堵、受限空间和临时用电等危险作业，必须按照安全作业管理制度规定的流程办理作业许可证。根据风险分析结果制定的安全防范措施由施工单位具体组织落实。严禁无票作业、随意降低作业危险等级或作业票证缺项。

施工单位应当根据国家标准《安全标志及其使用导则》（GB 2894）的规定，在检维修作业现场设立醒目的安全标志，确保消防通道畅通，确保通信和照明设施、劳动防护用品、应急救援器材满足施工安全要求，确保设备、仪器和工具符合标准规定。检维修项目负责人要组织对作业人员、监护人员进行现场安全培训和安全技术交底。

四、加强作业现场安全管理

检维修工作期间，企业应当加强外来施工人员入厂管理，施工人员凭证进入作业现场。加强检维修作业区域的安全管理，严格控制作业现场人员数量，禁止无关人员进入检维修区域。避免在同一时间、同一地点安排相互禁忌作业，控制节假日和夜间作业。检维修作业人员、监护人员应选择安全的工作位置，并做好撤离、疏散和救护等应急准备。当生产储存装置出现异常情况可能危及人员安全时，应立即停止作业，迅速撤离作业场所。异常情况排除后，应重新审批作业票证，否则不得恢复作业。

在检维修作业中，项目负责人和安全管理人员应当加强现场管理和指挥，不得擅离职守，不得违章指挥和强令作业人员冒险作业。作业人员应遵守作业安全规程，严禁违章或超出范围作业。加强作业现场的监督检查，监督作业人员严格按照施工方案和作业安全规程作业。现场监护人员必须持相应作业票证，在作业过程中不得离开监护岗位，如确需离开作业现场时，作业活动必须中止。

化工企业和施工单位都应当编制事故应急预案，建立应急救援组织，并提前组织演练。作业中发生事故时，应立即启动事故应急响应，采取可行、有效的措施，正确组织抢险救援，努力减少人员伤亡和财产损失，并立即向事故发生地的安全生产监督管理部门报告。

化工企业各级安全生产监督管理部门应当加强对检维修作业的监督检查，将检维修管理制度、安全作业管理制度、承包单位管理制度的建立健全情况以及动火、进入受限空间和盲板抽堵等危险作业票证制度的制定与执行情况作为监督检查的重点内容，监督指导企业将各项措施落实到位。有关安全评价单位、安全标准化评审单位应当严格按照评价导则和评审标准的规定，指导化工企业加强检维修安全管理工作。

参考文献

［1］ 罗云. 风险分析与安全评价［M］. 北京：化学工业出版社，2016.
［2］ 崔政斌，周礼庆. 危险化学品企业安全管理指南［M］. 北京：化学工业出版社，2016.

第六章

危险化学品储存运输安全

危险化学品储存和运输两个阶段的安全管理方法、关注点等均不相同，而化学品包装直接关系到危险化学品运输的安全，因此各国都重视对危险化学品包装进行立法。

第一节　危险化学品包装安全

《危险化学品安全管理条例》（国务院令第 645 号）明确规定：危险化学品的包装物、容器，必须由省、自治区、直辖市人民政府经济贸易管理部门审查合格的专业生产企业定点生产，并经国务院质检部门认可的专业检测、检验机构检测、检验合格，方可使用。重复使用的危险化学品包装物、容器在使用前，应当进行检查，并做出记录，检查记录应当至少保存两年。

按照包装的结构强度、防护性能及内装物的危险程度，包装分为三个等级：Ⅰ级包装适用于内装危险性极大的化学品，Ⅱ级包装适用于内装危险性中等的化学品，Ⅲ级包装适用于内装危险性较小的化学品。

1. 危险化学品包装的基本要求[1]

危险化学品安全运输与包装质量关系密切，而包装质量如何，涉及包装类别、所依据标准以及检验和管理方法等问题。按《危险化学品安全管理条例》规定，危险化学品的包装必须符合国家法律、法规、规章的规定和标准要求，符合有关危险化学品包装性能试验的要求。包装的材质、形式、规格、方法和单件质量应与所装危险化学品的性质和用途相适应，并便于装卸、运输和储存。

包装结构应合理，具有一定的强度，其构造和封闭形式应能承受正常储存、运输条件下的作业风险，能适应运输期间温度、湿度的变化。内容器应予固定，如属易碎性的，应使用与内装物性质相适应的材料衬垫妥实。包装材质不得与内装物发生化学反应而形成危险产物或导致削弱包装强度。盛装液体的容器应能经受在正常储存、运输条件下产生的内部压力。灌装时必须留有足够的膨胀余量，保证在55℃时内装液体不完全充满容器。盛装需浸湿或加有稳定剂的物质时，其容器封闭形式应能保证在储运期间，内装液体各组分比率在规定的范围以内。有降压装置的包装，其排气孔设计和安装应能防止内装物泄漏和外界杂质进入，排出的气体量不得造成危险和污染环境。复合包装的内容器和外包装应紧密贴合，外包装不得有擦伤容器的凸出物。

包装表面清洁，不允许黏附有害的危险物质。根据内装物性质确定包装适宜的封口。

盛装爆炸品的包装，除符合上述要求外，还应满足下列的附加要求：盛装液体爆炸品容器的封闭形式，应具有防止渗漏的双重保护。除内包装能充分防止爆炸品与金属物接触外，铁钉和其他没有防护涂料的金属部件不得穿透外包装；双重卷边接合的钢桶、金属桶或以金属作衬里的包装箱，应能防止爆炸物进入缝隙。钢桶或铝桶的封闭装置必须有合适的垫圈。包装内的爆炸物质和物品，包括内容器，必须衬垫妥实，在运输中不得发生危险性移动。盛装有对外部电磁辐射敏感的电引发装置的爆炸物品，包装应具备防止所装物品受外部电磁辐射源影响的功能。

质检部门应当对危险化学品的包装物、容器的产品质量进行检查。当一种新型包装投入运输使用前，必须通过包装鉴定机构检验，检验合格并持有"危险货物包装检验证明书"；再凭该证明书和有关包装设计文件向出口口岸港口管理机构或当地省交通主管部门提出申请，由其会同海事管理机构进行初步审核，审核同意后报交通部审批，审批通过即以发文形式确认该包装可作为等效包装使用。

2. 包装性能试验

危险货物包装产品出厂前必须通过性能试验，各项指标符合相应标准后，才能打上包装标记投入使用。如果包装设计、规格、材料、结构、工艺和盛装方式等有变化，应重新试验。试验方法主要有跌落试验、密封试验、堆码试验、液压试验和渗漏试验等。试验合格标准由相应包装产品标准规定。

国家标准《危险货物运输包装通用技术条件》（GB 12463—2009）规定了危险化学品包装的四种试验方法，即堆码试验、跌落试验、气密试验和液压试验。堆码试验适用于桶类包装和箱类包装。跌落试验的目标应为坚硬、无弹性、平坦和水平的表面。气密试验只适用于铁桶、铝桶、塑料桶和木琵琶桶。

液压试验一般适用于铁（钢）桶（罐）、铝桶、塑料桶和木琵琶桶。

3. 危险化学品的包装标志及标记代号

根据《化学品分类和危险性公示　通则》（GB 13690—2009）确定常用危险化学品的危险特性和类别，设主标志 16 种，副标志 11 种。根据危险化学品的危险特性，选用国家统一规定的包装标志。当危险化学品具有一种以上的危险性时，用主标志表示主要危险性类别，并用副标志表示重要的其他危险性类别。在危险化学品包装上粘贴化学品安全标签，是国家对危险化学品进行安全管理的一种重要方法，安全标签的制作必须要符合《化学品安全标签编写规定》的要求。包装标志和安全标签由生产单位在出厂前完成。凡是没有包装标志和安全标签的危险化学品不准出厂、储存或运输。

包装级别标记代号用小写英文字母表示：x——符合Ⅰ、Ⅱ、Ⅲ级包装要求；y——符合Ⅱ、Ⅲ级包装要求；z——符合Ⅲ级包装要求。包装容器标记代号用阿拉伯数字表示，单一包装型号由一个阿拉伯数字和一个英文字母组成，英文字母表示包装容器的材质，其左边平行的阿拉伯数字代表包装容器的类型。英文字母右下方的阿拉伯数字代表同一类包装容器不同开口的型号。

危险化学品的包装内应附有化学品安全技术说明书，并在包装（包括外包装件）上粘贴或者拴挂化学品安全标签。

第二节　危险化学品储存安全

危险化学品一般储存在罐区或仓库，依地点不同，其安全措施也不相同。

一、罐区安全

在储存过程中，如果安全措施不当，具有易燃、易爆、毒害、腐蚀、放射性等危险性的化学品发生事故，容易造成人身伤亡、财产毁损、环境污染。

罐区内的罐间距、罐与工艺装置距离等必须符合国家标准及有关安全规范、标准、规定。易燃、易爆罐区要保证防火堤、事故池严密不漏、坚固可靠，其容积应符合规范要求。砖砌的防火堤用混凝土覆盖内表面和堤顶，应能承受液体静压且不渗漏；管线穿堤处应采用非燃烧材料严密封堵；防火堤内积水排出口应设在防火堤外，并用易于操作的非普通截止阀，其开关状态必须在远处易于辨认。雨季防火堤内积水，要及时排出，排出后立即关闭出水口。

1. 防火防爆及职业卫生安全管理

企业设置安全管理组织机构，配备各级安全管理责任人员，签订安全责任书，明确各级人员的安全责任和行为规范。对主要设备、设施，制定操作规程及作业指导书，以确保安全操作，制定设备的维护保养计划并实时进行监督检查。采取编制事故应急救援预案和演练等安全管理措施。

（1）安全检查及隐患整改　企业定期召开安全会议，布置安全生产工作。采取日常和定期两种形式进行罐区安全检查，并制定措施落实部门限期整改。为避免检查漏项，应编制罐区总体情况检查表，针对特种设备和消防等编制专项检查表。编制汇总表以记录检查中发现的问题及整改情况。表 6-1、表 6-2 为示例。

表 6-1　危险化学品罐区安全检查表

序号	检查内容及要求		检查情况	整改措施	整改资金
1	国家安全监管总局《关于开展石油化工企业安全隐患专项排查整治工作的通知》贯彻落实情况	危险化学品安全生产相关法律法规和规章标准的落实情况			
		企业安全生产责任体系"五落实五到位"情况			
		安全生产管理制度制定和落实情况			
		安全管理人员配置和教育培训情况			
		规划设计总图布置合理规范,安全风险可控情况			
		项目工程建设期是否在设计、采购、施工等方面留下隐蔽性事故隐患			
		开展隐患排查治理工作情况			
		工艺运行和工艺纪律执行情况,巡回检查等制度落实情况			
		装置停、开工的安全条件确认和风险防控措施落实情况			
		重大机组、压力容器和压力管道等关键装置和部件的选型、材质与相关标准规范的符合情况及定期检测情况			
		安全设施的完好与运行情况			
		重大危险源,尤其是化学品罐区采取安全管理措施情况			
		变更管理情况			
		承包商管理情况			
		事故应急预案制定和演练情况			

续表

序号	检查内容及要求		检查情况	整改措施	整改资金
1	国家安全监管总局《关于开展石油化工企业安全隐患专项排查整治工作的通知》贯彻落实情况	吸取同行业事故教训及整改措施落实情况			
		2013年石油化工企业、石油库和油气装卸码头安全专项检查查出问题和隐患的整改及长效机制建立情况			
2	罐区日常管理情况	罐区管理制度制定			
		特殊作业管理情况			
		罐区日常管理情况			
		倒罐、清罐、切水、装卸车等环节管理制度建立及落实情况			
		储罐脱水、装卸过程中,作业人员是否在作业现场			
		是否经倒空置换、处理合格、系统隔离后在储罐本体及附近进行动火作业			
		是否经办理受限空间作业票证后进入储罐内作业			
		储罐是否超温、超压、超液位;管线是否超流速操作			
		罐区可燃、有毒气体检测仪报警时,岗位人员是否到现场确认并采取有效控制措施			
		是否在储罐或与储罐连接的管道内添加具有强氧化、易聚合、强腐蚀等性质的可能发生剧烈化学反应的物质			
3	夏季"四防"(防雷、防火防爆、防汛、防高温)措施以及应急物资储备落实情况				
4	储存温度下饱和蒸气压大于或等于大气压的物料是否采用压力罐储存				
	吸取事故教训,对设计进行复核并对存在的问题进行整改情况				
5	防泄漏和防腐蚀措施落实情况	防火堤和防火隔堤设置情况			
		储罐根部阀和紧急切断阀设置和运行情况			
6	仪表监控系统运行管理情况	液位、温度、压力监测等仪表设置和运行情况			
		油罐液位超高报警和自动联锁装置设置和运行情况			
		油罐超低液位自动停泵措施设置和运行情况			
		大型、液化烃及剧毒化学品储罐是否设置远程紧急切断阀			
		可燃、有毒、有害气体泄漏和火灾自动检测及报警系统的配置和运行情况			

序号	检查内容及要求		检查情况	整改措施	整改资金
7	电气系统的管理情况	现场电气设备的防爆措施落实情况			
		应急电源配备情况			
8	避雷、防静电设施的配置及定期检修、检测情况				
9	原油储罐浮顶密封完好情况，一、二次密封之间可燃气体是否超标				
10	相邻罐区防止事故相互影响的措施落实情况				

表 6-2　危险化学品罐区企业安全专项整治汇总表

有危险化学品罐区的企业/家		危险化学品罐区/个	
危险化学品生产企业/家		停产的危险化学品生产企业/家	

危险化学品罐区企业自查情况				备注
1. 罐区总体检查内容	发现隐患及问题/项	已整改隐患及问题/项	投入资金/万元	
2. 罐区内特种设备重点检查内容	发现隐患及问题/项	已整改隐患及问题/项	投入资金/万元	
3. 罐区消防重点检查内容	发现隐患及问题/项	已整改隐患及问题/项	投入资金/万元	
共计	发现隐患及问题/项	已整改隐患及问题/项	投入资金/万元	

（2）用火用电的安全管理　罐区扩、改建施工要制定安全措施，采取必要的安全隔离措施，严格动火、进设备内作业等直接作业环节安全监督和安全作业票证管理，落实施工主管部门、公用工程部门及施工单位的安全职责。在禁火区内进行气焊（割）、接临时电源等动用明火或易产生火花的工作，均应办理审批手续，经审批同意取得用火许可证后方可用火。管辖部门指定专人对用火现场进行全程监护，监护人员对用火作业安全负监督检查责任。临时用电线路必须在专职电工指导下装设，使用单位不得随意更改。电工必须对临时用电现场进行监督管理。

（3）防静电的安全管理　储存、输送可燃液体的储罐、管道及卸车栈台必须设可靠的防雷防静电接地，储罐接地点不少于 2 处，接地线应作可拆装连接；罐区及栈台的独立避雷针要符合规范要求。

为防止人体所带静电产生电击或放电，引起可燃物质着火、爆炸等事故，进入罐区和码头前，必须消除人体静电。

控制火灾危险性甲、乙类液体的输送速度，当液体输送管道上装有过滤器时，自过滤器至装料口之间应有 30s 的缓冲时间。如满足不了缓冲时间，可配置缓和器或采取其他防静电措施。严禁从储罐上部输入甲、乙类液体。甲、乙类液体经一定时间的静置方可进行测温、采样等工作。工作人员必须消除身体所带静电。不准使用导电性能不同的两种材质（如金属器具和尼龙绳）的检尺及测温、采样工具进行作业。不得猛拉快提，上提速度不大于 0.5m/s，下落速度不大于 1m/s，且在整个降落和提升过程中，必须使绳索和罐口接触。

船舶、汽车罐（槽）、桶车在进行装卸作业前，将车体接地。操作完毕经过 2min 静置时间，才能进行提升鹤管、拆除接地线等作业。禁止使用绝缘材料的桶或其他容器盛装液体，禁止用绝缘体吊挂容器盛装液体。金属制桶、罐盛装液体前，桶、罐、注液管必须接地。

爆炸危险场所不准穿易产生静电的服装，不准穿脱衣服。禁止使用汽油、苯类等易燃溶剂进行设备、器具的清洗。禁止使用压缩空气进行甲、乙类易燃、可燃液体管线的清扫。在爆炸危险场所，不准使用化纤材质物品拖拉或擦拭物体。雷雨天时，禁止上罐作业和收发货作业。

（4）完善罐区各岗位的安全生产"一岗一责制"，认真做好高温季节"防火、防爆、防超温、防超压、防超储"等安全生产工作，做好冬季防冻、防凝、防滑工作，避免重大、特大事故的发生。

（5）储罐要有位号及所储存物料名称标志。管线应标有管道位号、物料名称及走向。罐区仪表及安全设施必须及时维护保养，确保完好。

（6）企业要为作业人员配备各种防护用品，如：在库区作业时要佩戴呼吸防护用品，以防止毒物从呼吸器官侵入；为了防止由于化学品的喷溅以及化学粉尘、烟、雾、蒸气等所导致的眼睛和皮肤伤害，须配备护目镜、防护手套和防静电工作服；对于有些化学品，可以直接使用皮肤防护剂；进入罐区作业必须戴安全帽，登高作业要系安全带，临水作业要穿救生衣。

督促检查作业人员保持作业场所的清洁，对废物和溢出物加以适当处置，预防和控制化学品危害。如：盛放易燃液体的容器要及时加盖，以防液体挥发到空气中而被工人吸入体内。

加强对作业人员安全教育，让其了解各种危险化学品的理化性质以及引进伤害事故和职业病的机理，遵守安全操作规程并使用适当的防护用品，促其养成良好的卫生习惯，防止有毒有害物质附着在皮肤上。企业定期为员工检查身体，做好防护工作。

2. 化学品罐区安全作业要求

汽车槽车服从罐区工作人员的指挥,汽车押运员只负责车上软管的连接,不准操作罐区的设备、阀门和其他部件。罐区卸车人员负责管道的连接和阀门的开关操作。卸料导管应支撑固定,其与阀门的连接要牢固。在整个卸车过程中,司机、押运员不得擅自离开操作岗位。雷击、暴风雨天气或附近发生火灾时,要停止易燃、易爆物料卸车作业。严禁在生产装置区、卸车栈台进行清洗、处理剩余危险物料作业,也不准许动用装置区内的消防水、生产用水冲洗车辆。卸料完毕后,运输车应立即离开罐区。

作业人员应穿戴防静电工作服,不使用易产生火花的工具,用防爆手电筒。气温接近或超过物料的闪点时,采取降温措施。易产生静电物料的卸车初始速度应小于1m/s。卸、送料过程中要经常检查卸料管道、阀门等是否有泄漏,若有物料泄漏,应穿戴必要的防护用品和气防器材进行处理,必要时停止卸料。卸、送料前要反复检查确认工作流程,防止混料。卸车结束时及时关闭阀门,既要避免残留物料过多,又要防止吸入气体。作业完毕,将各种卸料作业的设备归位。

3. 安全管理要求

罐区防火堤内的水泥地坪不能有裂纹、凹坑和沉降缝,以防止渗水、渗料或物料积聚,不准堆放可燃物料。堤上穿管的预留孔用不燃材料密封。防火堤外的场地要及时清除枯草干叶。水封井建在防火堤外,用来回收储罐"跑、冒、滴、漏"的物料,防止着火物料火势蔓延。水封井应不渗不漏,水封层、沉淀层厚度不宜小于0.25m。经常检查水封井液面,发现浮料要查明原因,并及时回收运走。排水闸要完好可靠,指定专人管理并列入交接班内容。

每年对储罐基础的均匀沉降、不均匀沉降、总沉降量、锥面坡度集中检查,发现问题,及时处理。护坡石松脱、出现裂纹时,应及时固定灌浆。经常检查砂垫层下的渗液管有无物料渗出,一经发现,应立即采取措施,清罐修理。

储罐定期清洗时,对于罐底要测厚,并对罐底的裂纹、砂眼等缺陷进行检测。要对罐壁腐蚀余厚进行检测,有问题要采取防护措施,或返修处理,必要时报废。罐顶焊缝应完好,无漏气现象,构架和"弱顶"连接处无开裂脱落,顶板不应凹凸变形积水。内浮盘在任何位置都平衡,不倾不转,不卡不憋。浮盘无渗漏,环状密封无破损,无翻折、脱落现象。

储罐呼吸阀低温季节每周检查一次,其他季节每月检查一次,大风、暴雨、骤冷时立即检查,发生堵塞或不畅时,及时疏通或更换。安全阀、阻火器、消防泡沫产生器、排污管定期检查。梯子、平台及栏杆安装牢固，安全高度足够，冬季时要有防滑措施。罐体采用阻燃材料防腐保温，雨水、喷淋水、地面水不能浸湿保温材料。

每年雷雨季节来临之前，检测接地系统，接地线应无松动、锈蚀现象。从罐壁接地卡直接接地的引下线，检查螺栓与连接件的表面有无松脱锈蚀现象，如有应及时擦拭紧固。每年检查外浮顶及内浮顶的浮盘和罐体之间的等电位连接装置是否完好，软铜导线有无断裂和缠绕。地面或地下施工时，要加强对接地极的监护，如可能影响接地时，要进行检查测定。高低液位报警器、温度计、压力表、液位计、可燃气体报警器等定期进行检测、校验，确保其功能完好。

仓储罐区管理过程中，监控信息化建设是非常关键的。根据信息系统总体结构设计分析，将仓储区域运行管理概括性地划分为三个层次，分别为现场作业层、监控层、管理层。现场作业层包含了众多种类的监测设备以及自动检测装置等，主要是针对区域计量工作、运输工作开展，应用测量仪表检测仓储罐区罐体温度和液位。监控层在互联网条件下，可以自动对作业层众多信息数据进行收集和整理，为管理层决策工作开展提供有力的科学依据。为了提升我国化工领域的国际市场竞争力，满足现阶段市场发展的实际需求，化工企业要应用先进的科学技术和信息技术加强仓储罐区自动化建设。从实际情况出发，进行一体化、信息化监控系统建设，为我国化工领域实现可持续发展奠定良好基础。

4. 石油库储油罐区防火安全设计

储油罐区是石油库的核心和主体，通常包括储油罐、防火堤及消防设施等，主要用于接收、储存和输转成品油，通过装卸油栈桥向铁路槽车装运成品油。油罐区作为石油产品的储存器和调节器，对石油生产和流通过程具有调节作用；作为战略物资基地，起到备战备荒的作用。石油库的破坏性事故大多数是油罐、油罐区发生爆炸火灾事故。事故发生时，油罐愈大愈难扑救，造成的损失愈大。油罐区的规范设计和安全防范措施直接影响其功能、作用的发挥及生产运营的安全。

确定石油库容量要考虑石油库的类别和任务、油品来源的难易程度、油品供应范围、供需变化规律、进出油品的运输条件等因素，还与国际石油市场的变化形势有密切关系。确定石油库容量的方法有周转系数法和储存天数法。商业石油库一般采用周转系数法，石油化工企业的储运系统工程一般采用储存天数法计算容量。

周转系数就是某种油品的油罐在一年内被周转使用的次数。周转系数越大，储油设备的利用率越高，储油成本越低。周转系数的大小对确定油罐容量非常关键，它和石油库的类型、业务性质、国民经济发展趋势、交通运输条件、油品市场变化规律等因素有着密切的关系。

储存天数法就是将某种油品的年周转量按该油品每年的操作天数均分，作为该油品的一天储存量，再确定该油品需要多少天的储存量才能满足石油库正常的业务要求，并由此计算出该种油品的设计容量。

根据所储存油品的汽化性质确定钢质油罐类型。通常储存汽油、溶剂油及性质相似的油品时，应选用浮顶罐或内浮顶罐；航空汽油、喷气燃料宜选用内浮顶罐；柴油、润滑油、重油及性质相似的油品应选用固定顶罐。特殊用途不适用立式罐的场合或需较高承压的储罐宜选用卧式罐或球罐。在满足工艺要求的前提下，尽量采用大容量油罐，减少油罐个数。通常一种油品的油罐不少于 2 个，并尽可能选用同一结构形式和规格的油罐；当一种油品有几种牌号时，每种牌号宜选用 2～3 个油罐。油罐布置应符合《石油库设计规范》（GB 50074）的规定。

罐区管道安装应满足相关的工艺流程、热力流程及其他方面的要求。罐区管道应采用地上管墩敷设，以便于施工、操作和维修改造，且便于消防。一般管墩顶高出罐区设计地面标高 300mm。尽量避免管架敷设；若必须采用管架敷设时，管底标高高出罐区设计地面 2.2m，并注意处理好与防火堤顶面及消防管道之间的高差关系，不应影响消防人员和操作人员在防火堤顶上正常行走。管道穿过防火堤时，必须设置套管。管道和套管应保持同心状态，套管两端应采取密封措施。

除液化石油气储罐外，进出罐区的工艺管道均应有吹扫措施。由罐区外向罐区吹扫，管内介质被吹扫至该管道末端所连接罐内。当扫线介质为水时，可通过罐壁处的进出油管将管内介质扫入罐内；当扫线介质为气体时，从罐顶扫入罐内。

由于未设隔热层的情况下，日照会使管道及管内液体温度、压力升高，轻质油品及性质相近的液体管道应设置有效的泄压设施，以防止管道及配件发生事故。确定罐前支管道的管墩（架）顶标高时，应考虑到储罐基础下沉的影响。

立式油罐的进油管应从油罐下部接入，如确需从上部接入时，甲、乙、丙A 类油品的进油管应延伸到油罐底部。卧式油罐的进油管从上部接入时，甲、乙、丙 A 类油品的进油管应延伸到油罐底部。油品进罐温度不低于 120℃时，不应从罐下部进入罐内，以防高温油使罐底部的水汽化，体积突然膨胀造成突沸冒罐事故。在储存液化石油气的球罐或卧式罐的放水管上，应设置有防冻和防漏措施的密闭切水设施，以保证从罐内放出的水不带液化石油气，避免火灾危险事故的发生。

油罐进出口管道宜安装两道阀门。靠近罐壁的第一道阀门常开，当进出油管道出事故或更换其他阀门、垫片时可关闭此阀。球罐的安全阀应垂直安装在储罐顶端的放空管接合管上。安全阀与罐体之间应安装一个切断阀，保持全开并加铅封。放空管接合管和铅封常开闸阀的直径不应小于安全阀入口直径。当放空管接合管管径大于安全阀入口直径时，大小头应靠近安全阀入口处安装。安全阀要尽量靠近罐体，并应设旁通线，旁通线直径不小于安全阀的入口直径，以便安全阀检修时可暂时手动放空。

罐前支管与主管一般采用挠性或弹性连接。地震烈度不小于 7°、地质松软且管径不小于 150mm 时，可在靠近罐壁的第一道阀门和第二道阀门之间采用储罐抗震用金属软管。

合格的防火堤可控制油品流淌，防止油罐火灾扩大。应重视防火堤的维护保养，保持防火堤的完整，才能在油罐发生爆炸火灾事故时起到关键作用。《石油库设计规范》（GB 50074）对石油库油罐、油罐组应设置的防火堤有明确规定。

二、仓库储存安全

危险化学品必须储存在经省、自治区、直辖市人民政府经济贸易管理部门或者设区的市级人民政府负责危险化学品安全监督管理综合工作的部门审查批准的危险化学品仓库中。

在专用仓库、专用场地或者专用储存室（以下统称专用仓库）内，危险化学品的储存方式、方法与储存数量必须符合国家标准，并由专人管理。剧毒化学品以及储存数量构成重大危险源的其他危险化学品必须在专用仓库内单独存放，实行双人收发、双人保管制度。储存单位应当将剧毒化学品以及构成重大危险源的其他危险化学品的数量、地点以及管理人员的情况，报当地公安部门和负责危险化学品安全监督管理综合工作的部门备案。危险化学品专用仓库，应当符合国家标准对安全、消防的要求，设置明显标志。危险化学品专用仓库的储存设备和安全设施应当定期检测。

危险化学品露天堆放，应符合防火、防爆的安全要求，爆炸物品、一级易燃物品、遇湿燃烧物品、剧毒物品不得露天堆放。按照危险化学品品种特性，实施隔离储存、隔开储存、分离储存。根据危险化学品性能分区、分类、分库储存。各类危险化学品不得与禁忌物料混合储存，灭火方法不同的危险化学品不能同库储存。储存危险化学品区域严禁吸烟和明火。

国家标准《常用化学危险品贮存通则》（GB 15603—1995）规定，储存的危险化学品应有明显的标志，标志应符合《化学品分类和危险性公示 通则》（GB 13690—2009）的规定。同一区域储存两种或两种以上不同级别的危险化学品时，应按最高等级设置危险物品的性能标志。

危险化学品生产、储存企业以及使用剧毒化学品和数量构成重大危险源的其他危险化学品的单位，应当向国务院经济贸易综合管理部门负责危险化学品登记的机构办理危险化学品登记。仓库配备有专业知识的技术人员，设专人管理，管理人员必须配备可靠的个人安全防护用品。

制定事故应急救援预案，配备应急救援人员和必要的应急救援器材、设备，并定期组织演练。危险化学品事故应急救援预案应当报设区的市级人民政府负责危险化学品安全监督管理综合工作的部门备案。

1. 储存安排

危险化学品储存安排取决于危险化学品分类、分项、容器类型、储存方式和消防的要求。遇火、遇热、遇潮能引起燃烧、爆炸或发生化学反应而产生有毒气体的危险化学品不得在露天或在潮湿、积水的建筑物中储存。受日光照射能发生化学反应引起燃烧、爆炸、分解、化合或能产生有毒气体的危险化学品应储存在一级建筑物中，其包装应采取避光措施。

（1）易燃、易爆物储存　库房应冬暖夏凉、干燥、易于通风、密封和避光。根据物品的不同性质、库房条件、灭火方法等进行严格的分区、分类、分库存放。

爆炸品宜储藏于一级轻顶耐火建筑的库房内。低、中闪点液体，一级易燃固体，自燃物品，压缩气体和液化气体宜储藏于一级耐火建筑的库房内。遇湿易燃物品、氧化剂和有机过氧化物可储藏于一、二级耐火建筑的库房内。二级易燃固体、高闪点液体储藏于耐火等级不低于三级的库房内。

爆炸物品单独隔离限量储存。压缩气体和液化气体与爆炸物品、氧化剂、易燃物品、自燃物品、腐蚀性物品隔离储存。易燃气体不得与助燃气体、剧毒气体同储；氧气不得和油脂混合储存。属压力容器的设备，必须有压力表、安全阀、紧急切断装置，并定期检查。易燃液体、遇湿易燃物品不得与氧化剂混合储存，具有还原性的氧化剂应单独存放。以下品种应专库储藏：

黑色火药类、爆炸性化合物；易燃气体、不燃气体和有毒气体；易燃液体均可同库储藏，但甲醇、乙醇、丙酮等应专库储藏；易燃固体可同库储藏，但发孔剂 H 与酸或酸性物品分别储藏，硝酸纤维素酯、安全火柴、红磷及硫化磷、铝粉等金属粉类；黄磷，烃基金属化合物，浸动、植物油制品等自燃物品；遇湿易燃物品；氧化剂和有机过氧化物分别储藏，一、二级无机氧化剂与一、二级有机氧化剂必须分别储藏，但硝酸铵、氯酸盐类、高锰酸盐、亚硝酸盐、过氧化钠、过氧化氢等必须专库储藏。

（2）有毒物品存储　库房结构完整、干燥、通风良好。机械通风排毒要有必要的安全防护措施。库房耐火等级不低于二级。《毒害性商品储存养护技术条件》（GB 17916—2013）要求库区温度不超过 35℃为宜，易挥发的有毒物品库区温度应控制在 32℃以下；相对湿度应在 85％以下，对于易潮解的有毒物品应控制在 80％以下。

有毒物品不要露天存放，不要接近酸类物质，远离热源、电源、火源。不同种类有毒物品要分开存放，危险程度和灭火方法不同的要分开存放，性质相抵的禁止同库混存。剧毒品应专库储存或存放在彼此间隔的单间内，执行双人验收、双人保管、双人发货、双把锁、双本账的"五双"制度，安装防盗报警装置。

仓库应远离居民区和水源，配备与有毒物品性质适应的消防器材、报警装置和急救药箱。对散落的有毒物品，易燃、可燃物品和库区的杂草及时清除。用过的工作服、手套等用品必须放在库外安全地点，妥善保管或及时处理。更换储藏有毒物品品种时，要将库房清扫干净。

（3）腐蚀性商品储存　《腐蚀性商品储存养护技术条件》（GB 17915—2013）要求储存腐蚀品库房应是阴凉、干燥、通风、避光的防火建筑。建筑材料最好经过防腐蚀处理。储藏发烟硝酸、溴素、高氯酸的库房应是低温、干燥、通风的一、二级耐火建筑。氢溴酸、氢碘酸要避光储藏。货棚应阴凉、通风、干燥，露天货场应比地面高、干燥。

腐蚀性物品必须严密包装，严禁与液化气体和其他物品共存。按不同类别、性质、危险程度、灭火方法等分区分类储藏，性质相抵的禁止同库储藏。避免阳光直射、暴晒，远离热源、电源、火源。

危险化学品入库后应根据商品的特性采取适当的养护措施，在储存期内定期检查，做到一日两检，并做好检查记录。发现品质变化、包装破损、渗漏、稳定剂短缺等及时处理。库房温度、湿度应严格控制。库存危险化学品应当定期检查。剧毒品的生产、储存、使用单位，应当对剧毒化学品的产量、流向、储存量和用途如实记录，并采取必要的保安措施，防止剧毒化学品被盗、丢失或者误售、误用。发现剧毒化学品被盗、丢失或者误售、误用时，必须立即向当地公安部门报告。

2. 危险化学品出入库管理

储存危险化学品的仓库，必须建立严格的出入库管理制度。危险化学品出入库前应按合同进行检查、验收、登记。验收内容包括商品数量、危险标志（包括化学品安全技术说明书和安全标签）等。危险化学品包装的材质、形式、规格，包装方法和单件质量应当与所包装的危险化学品的性质和用途相适应，便于装卸、运输和储存。经核对后方可入库、出库，当商品性质未弄清时不准入库。

各类危险化学品分装、改装、开箱（桶）检查等应在库房外进行。各项操作不得使用沾染异物和能产生火花的机具，作业现场须远离热源和火源。

装卸、搬运危险化学品时应按照有关规定进行，做到轻装、轻卸。严禁摔、碰、撞击、拖拉、倾倒和滚动，防止摩擦、震动和撞击或引起包装破损。

装卸易燃、易爆物料时，装卸人员应穿工作服，戴手套、口罩等必需的防护用品。装卸易燃液体需穿防静电工作服。禁止穿带铁钉的鞋。装卸毒害品的人员应具备安全操作的一般知识。装卸腐蚀物的人员应穿工作服，戴护目镜、胶皮手套、胶皮围裙等必需的防护用具。装卸毒害品的人员应穿防护服，佩戴手套和相应的防毒口罩或面具。作业中不得饮食，不得用手擦嘴、脸、眼睛。每次作业完毕，应及时用肥皂或专用洗涤剂洗净面部、手部，用清水漱口，防护用具应及时清洗，集中存放。

进入危险化学品储存区域的人员、机动车辆和作业车辆，必须采取防火措施。进入危险化学品库区的机动车辆的排气管应安装防火罩。机动车辆装卸货物后，不准在库区、库房、货场内停放和修理。除防爆型电瓶车、铲车外，汽车、拖拉机不准进入易燃、易爆物品库房。进入可燃固体物品库房的电瓶车、铲车，应装有防止火花溅出的安全装置。不得用同一车辆运输互为禁忌的物料。

在经营危险化学品的店面和仓库，应针对各类危险化学品的性质，准备相应的急救药品和制定急救预案[2]。

3. 消防措施及人员培训

根据危险化学品特性和仓库规模设置、配备足够的消防设施和器材，应有消防水池、消防管网和消防栓等消防水源设施。大型危险物品仓库应设有专职消防队，并配有消防车。消防器材应当设置在明显和便于取用的地点，由专人管理（检查、保养、更新和添置），确保完好有效。储存危险化学品的建筑物内应根据仓库条件安装自动监测和火灾报警系统。如条件允许，应安装灭火喷淋系统（危险化学品遇水燃烧、不可用水扑救的火灾除外）。

危险化学品储存企业应设有安全保卫组织。危险化学品仓库应有专职或义务消防、警卫队伍，制定灭火预案并经常进行消防演练。

仓库工作人员应进行培训，经考核合格后持证上岗。装卸人员应经必要的培训，按照有关规定进行操作。消防人员除了具有一般消防知识之外，还应进行专业培训，使其熟悉各区域储存的危险化学品种类、特性、事故的处理程序及方法。

4. 废物处置

危险废物的处置是指将危险废物焚烧和用其他改变其物理、化学、生物特性的方法，达到减少已产生的废物数量、缩小固体危险废物体积、减少或者消除其危险成分的活动，或者将危险废物最终置于符合环境保护规定要求的场所或者设施并不再回取的活动。由于海洋处置现已被国际公约禁止，处置危险废物的办法主要是陆地处置，包括土地填埋、焚烧、固化、深井灌注和深地层处置等，其中应用最多的是土地填埋。

（1）土地填埋　土地填埋是将危险废物铺成一定厚度的薄层，加以压实，并覆盖土壤。这种处理技术在国内外得到普遍应用。

土地填埋包括场地选择、填埋场设计、施工填埋操作、环境保护及监测、场地利用等几方面。土地填埋通常分为卫生土地填埋、安全土地填埋、浅地层埋藏。卫生土地填埋不会对公众健康及环境造成危害，主要用于处置城市垃圾。安全土地填埋也称为安全化学土地填埋，主要用于处置危险废物，对场地的建造技术要求更为严格。浅地层埋藏主要用来处置低放射性危险废物。

土地填埋是一种完全的、最终的处置方法，若有合适的土地可供利用，此法最为经济。不受废物的种类限制，适合于处理大量的废物，填埋后的土地可重新用作停车场等。其缺点是：填埋场必须远离居民区；恢复的填埋场将因沉降而需要不断地维修；填埋在地下的危险废物通过分解可能会产生易燃、易爆或毒性气体，需加以控制和处理等。

（2）焚烧　焚烧是高温分解和深度氧化的综合过程。通过焚烧可以使可燃性的危险废物氧化分解，达到减少容积、去除毒性、回收能量及副产品的目的。

危险废物的焚烧过程比较复杂。由于危险废物的物理性质和化学性质比较复杂，对于同一批危险废物，其组成、热值、形状和燃烧状态都会随着时间与燃烧区域的不同而有较大的变化，燃烧后所产生的废气组成和废渣性质也会随之改变。因此，危险废物的焚烧设备必须适应性强，操作弹性大，并有在一定程度上自动调节操作参数的能力。

焚烧能迅速而大幅度地减少可燃性危险废物的容积，焚烧后的废物容积可降低95％。焚烧处理可以破坏有害废物组成结构或杀灭病原菌，达到解毒、除害的目的，通过焚烧处理还可以提供热能。焚烧的缺点是：设备投资较高；为避免焚烧产生的酸性气体和未完全燃烧的有机组分及炉渣对环境的二次污染，须设有控制污染设施和测试仪表，提高了运行费用。

有机性危险废物最好焚烧处理。某些特殊的有机性危险废物只适合用焚烧处理，如石化工业生产中某些含毒性中间副产物等。

（3）固化　固化是将凝结剂同危险废物混合进行固化，使得污泥中所含的有害物质封闭在固化体内不被浸出，从而达到稳定化、无害化、减量化的目的。固化能降低废物的渗透性，并且能将其制成具有高应变能力的最终产品，从而使有害废物变成无害废物。固化有水泥固化、塑料固化、水玻璃固化、沥青固化等方法。

水泥固化是以水泥为固化剂将危险废物进行固化的一种处理方法。对有害污泥进行固化时，水泥与污泥中的水分发生水化反应生成凝胶，将有害污泥微粒包容，并逐步硬化形成水泥固化体，使得有害物质封闭在固化体内，达到稳定化、无害化的目的。

水泥固化具有固化剂便宜、操作设备简单、固化体强度高、长期稳定性好、对受热和风化有一定的抵抗力及利用价值较高的优点。但是，水泥固化体的浸出率较高，需作涂覆处理；为避免油类、有机酸类、金属氧化物等妨碍水泥水化反应，必须加大水泥的配比量，固化体的增容比较高；有的废物需进行预处理和投加添加剂，处理费用提高。

塑料固化是用塑料作凝结剂，使含有重金属的污泥固化而将重金属封闭，固化体作为农业或建筑材料加以利用。塑料固化有热塑性和热固性两类塑料固化技术。热塑性塑料有聚乙烯、聚氯乙烯树脂等，高温时可变为熔融胶黏液体，将有害废物包容其中，冷却后形成塑料固化体。热固性塑料有脲醛树脂和不饱和聚酯树脂等。脲醛树脂具有使用方便、固化速度快、常温或加热固化均佳的特点，与有害废物所形成的固化体具有较好的耐水性、耐热性及耐腐蚀性。不饱和聚酯树脂在常温下有适宜的黏度，可在常温、常压下固化成型，质量有保证，适用于对有害废物和放射性废物的固化处理。

塑料固化一般可在常温下操作，加入少量的催化剂促进混合物聚合凝结，增容比和固化体密度较小。可处理干废渣和污泥浆，塑性固体不可燃。其主要缺点是固化体耐老化性能差，固化体一旦破裂，污染物浸出会污染环境，处置前应有容器包装，增加了二次处理费用；在混合过程中释放的有害烟雾污染周围环境。

　　水玻璃固化是以水玻璃为固化剂、无机酸类（如硫酸、硝酸、盐酸等）作为辅助剂，与有害污泥进行中和与缩合脱水反应，形成凝胶体，将有害污泥包容，经凝结硬化逐步形成水玻璃固化体。水玻璃固化具有工艺操作简便、原料价廉易得、处理费用低、固化体耐酸性强、抗透水性好和重金属浸出率低等特点。

　　沥青固化是以沥青为固化剂，与危险废物在一定的温度、配料比、碱度和搅拌作用下产生皂化反应，使危险废物均匀地包容在沥青中，形成固化体，固化体空隙小、致密度高，难于被水渗透。与水泥固化体相比，有害物质的沥滤率低，处理即硬化，各类污泥均可得到性能稳定的固化体。但是，由于沥青的导热性不好，加热蒸发的效率不高，在进行沥青固化之前，需使污泥中水分降到 50%～80%，以免蒸发时出现起泡或雾沫夹带现象，导致排出废气发生污染。另外，还需考虑沥青过热引起的危险。

　　还可以利用危险废物的化学性质，通过酸碱中和、氧化还原以及沉淀等方式，将有害物质转化为无害的最终产物，这种方法称为化学法。许多危险废物可以通过生物降解来解除毒性（生物法），解除毒性后达到环保指标而排放。目前，生物法有活性污泥法、气化池法、氧化塘法等。

第三节　危险化学品运输安全

　　随着化学品品种的发展和应用范围的扩大，其从生产地到最终用户之间的运输安全形势日益严峻。运输途径有公路运输、铁路运输、水路运输和空中运输。以常用的公路运输和铁路运输为例，分析化学品在运输过程中面临的安全问题。

一、危险化学品公路运输安全

　　随着经济的发展，危险化学品运输变得越来越频繁，随着公路运输任务的增加，运输物流企业如雨后春笋般变多。交通事故的发生日益增多，危险化学品的泄漏和污染严重危害了人民群众的生存环境，同时也造成了严重的经济损失。无论是从国家层面、社会层面还是从企业层面、个人层面都对危险化学品的运输引起了广泛的关注与高度重视。

　　危险化学品均有腐蚀性，路况和气象等因素加速容器密封破损；发生事故时容器受力形变导致危险化学品外泄。运输高风险性与危险化学品腐蚀性之间的耦合作用，增大了事故风险。

公路交通事故施救困难。事故的不可预知性，使得救援队伍难以及时赶到现场；受现场条件制约，救援装备的性能发挥也受到诸多限制，进而影响扑救；危险化学品的易燃、易爆性，决定了救援的复杂性。危险化学品运输事故影响巨大，应采取措施提前化解风险。

1. 国内外公路运输模式

据不完全统计，我国每年公路运输危险化学品超过 2 亿吨，其中易燃、易爆油品 1 亿吨以上。公路交通事故具有突发、不确定性、随机性和社会性等特征。装载危险化学品的承运车辆可视为一种动态危险源，承运车辆的流动性决定了事故发生与演变的时间、地点、范围等因素的随机性、不可预知性。

由于公路运输历史悠久，发达国家形成了各具特点的管理模式。德国危险化学品公路运输安全管理的法律法规和防范措施比较规范。危险品货物运输管理以《危险货物运输法》为依据。政府授权工商企业联合会管理危险品货物运输人员执业资格，联邦材料检测测试与研究所负责制定危险品货物标识及运输容器和车辆检测，联邦货运管理局和各州警察局共同负责危险品公路运输的执法检查，各州消防队负责危险品公路运输交通事故专业救援。德国管理模式充分利用了资源，减少了监管盲区，提高了执法效率。

加拿大政府针对危险化学品运输制定了法律法规和技术标准，开展监督指导，提供救援服务，危险品货物运输的安全责任完全由企业承担。加拿大监管模式体现了"企业负责，政府监察"的原则。加拿大运输主管部门是运输部，下设管理危险化学品运输和救援工作的机构。为强化监管，严厉处罚违规行为；为彰显公平，监控和处罚分离：监察部门将违法行为向法院提交报告，由法院裁定处罚，极具威慑性[3]。

国外学者长期致力于危险化学品运输的安全风险评价分析以及线路优选等方面的研究，近年来，智能运输领域的研究也逐渐升温。20 世纪五六十年代，联合国成立了危险化学品运输专家委员会，编写了《关于危险货物运输建议书·规章范本》，至今仍被采用。20 世纪 80 年代，萨科曼诺（Saccomanno）和陈（Chan）以加拿大危险化学品事故数据研究了不同时段、天气状况和道路类型对事故的影响，提出了事故率的差异取决于道路类型的结论。21 世纪初，法比亚诺（Fabiano）将危险化学品运输中的风险因素划分为道路固有特征、天气条件和交通状况，建立了估算死亡人数和事故概率的风险评价模型。发达国家的公路管理拥有丰富的资源，各项研究采用了定量分析。危险化学品运输管理随研究的深入而不断完善，安全管理重点正从事后处理向事前预防过渡。

　　我国于 20 世纪 80 年代建立危险化学品公路运输管理的立法和执法体系，发布了《安全生产法》《危险化学品安全管理条例》（国务院令第 344 号），也相继发布了一系列文件和标准。我国危险化学品公路运输管理工作由政府部门的行政管理和运输企业的自我管理两部分组成。随着社会的进步，管理水平有所提高，但面临的问题依然严峻。

　　目前，公安、交通等主管部门和监管部门多头管理，职能交叉，职责不清，管理重叠，标准不统一，造成企业无所适从。还存在资质管理不健全的问题。由于对危险化学品货物运输企业资质审核不力，挂靠车辆等违规现象屡禁不止，从业资格证的管理也不乐观。据统计，危险化学品运输事故中，40％承运方无道路危险货物准运证；43％驾驶员和押运员无危险货物运输资格证。

　　由于缺乏成熟的管理模式，危险化学品运输以行政区域为主，存在不合理运行线路。标准不统一，管理不到位，车辆设施不完备。检验、审核等环节缺乏协调，罐体与车体在制造、检验过程中没有统一标准。设备改造也是公路运输安全管理的难点。存在普通货物和危险化学品货物兼营等违规现象。对从业者缺乏培训，缺少专业人员。

2. 化学品公路运输体系

　　分析危险化学品物流运输的特点以及公路安全管理现状，结合事故数据，可以看出"人"才是安全管理的关键因素，因此道路运输管理的关键是强化"人"的安全理念。

　　（1）建立资质体系　资质是确保公路安全运输的重要许可条件。

　　危险化学品公路运输许可资质是控制企业准入的有效管理手段，体系的建立需要政府管理部门与企业积极合作。政府管理部门要严格把控准入标准，采取严格的准入制度，并坚持年审与检查相结合。要严加资质管理，进行严格审核和考核。采取积极的培训教育措施，促进企业采取措施提高人员素质，保证资质的有效性。企业应设立专业部门管理各种资质，建立各种资质管理档案，自觉遵守运输许可资质经营范围，杜绝超范围经营、超资质期限经营和无资质经营。从发生事故的原因分析来看，许多事故是由企业不完全符合资质条件或擅自扩大运输经营范围所导致的。由于不熟悉危险化学品性能，采取的防范措施不利而导致严重事故发生。

　　驾驶员、押运员资质是纳入准入管理的重要人员，其安全意识、安全知识与安全技能都应达到相应的资质标准。对危险化学品运输企业管理人员，包括安全员和督查员等应实施持证上岗管理。

　　（2）建立知识体系　了解危险化学品的性能知识、运输知识、储存知识以及应急救护知识是危险化学品运输企业不可缺少的。通过知识体系的建立，可以促进安全技术说明、安全标识、应急救护方案的普及和推广，提高企业员工、社会公众对危险化学品的安全意识和知识的掌握水平，防范事故的发生。

政府应该通过管理机构建立品种齐全、内容丰富、满足需要的化学品公共知识信息体系，这可以通过政府网站组织实施，以便于企业、公众查阅和利用，以提高政府的服务职能，也便于普及化学品知识，提高公众安全意识和素质。

除政府知识体系外，社会组织也应该建立便于普及的化学品知识体系。例如各学会、出版机构、信息企业可以出版所需的化学品图书资料、影像资料，建设信息网站等。运输企业可以通过这个社会知识体系获取必要的知识，达到社会为企业服务的目的，也增加了企业获取知识的渠道。

危险化学品公路运输企业应该建立自己运输产品相关的企业知识体系，包括运输品种及与之相关的知识。如果企业对所承运的危险化学品知识缺乏全面了解，就会降低安全运输的保证能力，直接导致事故的发生和事故后果的扩大。

知识体系的建立应该形成政府、社会、企业三级网络结构，形成功能齐全、使用方便、高效快捷的终端利用体系，充分发挥危险化学品知识体系在公路运输安全方面的积极作用。

（3）建立生产运行体系　抓安全必须从生产入手，运输企业的生产运行体系是实现安全运输的保证，运行管理是实现高效运输的保证。科学指挥协调是实现现代运输的重要环节，积极推行卫星定位系统管理、有效监控是实现安全生产运行的重要手段。

危险化学品公路运输企业应该重视生产运行管理。建立健全生产运行管理机构，明确职责，建立运行机制，有效发挥组织、指挥、协调及监控等职能。科学合理组织生产是实现安全运输的前提，优化车辆、路线、装载，不得混运、超载运输，把安全责任落实到运输的各环节之中。生产运行体系的建立与职能发挥的基本要求就是安全职责的落实。其职责的确立、制度的建立、职能的发挥以及方案、规程、标准的制定都要科学、合理、安全、环保，避免"三违""三超"现象出现。

（4）建立安全管理体系　安全管理体系是企业实施生产经营的专业管理体系，其重要职能是实施专业化的安全管理。

危险化学品公路运输企业必须建立健全安全管理组织机构，包括从上至下的安全管理部门和专兼职安全员，为实现安全运输提供组织保证。划清各部门、各岗位安全职责，做到职责清晰、覆盖全面。按照"人人有职责、事事有人管"和"谁主管谁负责"的原则理清职责体系。职责体系是实现安全运行的根本保证。

危险化学品公路运输安全技术标准、安全技术操作规程、管理制度和管理标准等标准制度的建立是实现有效安全管理的重要保证。安全管理无章可循、无标可靠的野蛮管理就是安全管理的主要漏洞所在。

（5）建立安全监督体系　按照"监管分开"的原则建立企业安全监督体系。

运输企业的监督组织机构应该适应企业的发展需要，具有独立性。监督部门、监督管理人员应独立行使监督检查权力。国外在监管分开体系建设方面走在前列。国内运输企业应实施生产运行体系、安全管理体系、安全监督体系独立运行的机制。

监督的职责就是监督企业各环节、各部门、各单位是否有效贯彻落实《安全生产法》《危险化学品安全管理条例》等法规，是否有效执行企业各项规章制度，是否按照要求执行各项工作任务，是否落实各项投资计划、隐患治理、技术支持等。通过监督对未按要求落实和执行的单位、个人给予责任追究，其目的就是督促狠抓落实。实践证明，这种监督体系的有效实施是卓有成效的。

（6）建立应急体系　应急体系是针对发生的意外情况所建立的应对体系，包括各种事故状态下危及财产、生命及环境等一系列情景的应对体系。

应急救护网络应该由政府、社会、企业三级组织构成。国家设立以应急救护中心为主体的应急救护网络，形成全国的应急救护体系，以便于在某一地区发生紧急状况时，可以通过该网络迅速形成救护方案，有效采取措施，使事故损失、人员伤亡、社会影响降到最低水平。行业协会应该建立应急救护服务中心，企业应该建立应急救护委员会。目前，我国危险化学品运输的全国应急网络尚在建立健全。

应急救护预案是针对可能出现的意外状态所编制的行动方案。运输企业必须编制总体应急救护预案、专项应急救护预案和特种应急救护预案，并进行演练。预案应该详述货物危险性、火灾爆炸危险性、事故控制建议、火灾处置行动、泄漏处置行动和医疗救护，并告知所有从业人员、管理人员。通过标识系统告知广大社会群众，以减少社会损失。

除应急救护组织和应急救护预案之外，还必须建立一套应急救护机制，包括应急救护管理制度、预案启动条件、预案启动方式、预案启动实施程序等。

近几年以来，随着各行各业事故的不断出现，政府也已建立了国家应急救护体系，应对大的自然灾害、医疗疾病等，收到了很好的效果。一些大的运输企业也能够普及应急救护知识，各种方案也在逐步完善，但还需要进一步完善。形成全国或区域联网的应急救护机制，一旦发生意外状况，可以迅速形成互相支援、互相协作的救护体系，防止事故进一步扩大，造成更大的损失。

（7）建立培训教育体系 培训教育体系是解决人员不安全因素的有效方法。政府、企业都要给予高度重视。

政府具有企业资质管理、人员资质管理的职能，应该积极建立完善的教育培训体系，认真组织培训教育工作，强制实施培训教育计划，以确保人员安全。运输企业是实施培训教育的主体，其职责是对全体员工进行培训教育。企业各级各类人员都要纳入培训教育计划之中，具体组织开展法律法规、规章制度、应知应会培训，技能训练和入厂三级教育等。安全培训教育是一项长期持久的工作任务。

3. 化学品公路运输安全要求

与其他货物相比，化学品具有危险性、不稳定性等特点，所以对运输的要求更高。

危险化学品的驾驶员、船员、装卸人员和押运人员必须掌握有关危险化学品运输的安全知识，了解所运载的危险化学品的性质、危害特性、包装容器的使用特性和发生意外时的应急措施，经所在地设区的市级人民政府交通部门考核合格（船员经海事管理机构考核合格），取得上岗资格证，方可上岗作业。

运输危险货物的车辆、容器、装卸机械及工具应符合规定的条件，并具有经道路运政管理机关审验、颁发的符合一级车辆标准的合格证。运输危险化学品的车辆应专车专用并有明显标志，符合交通管理部门对车辆和设备的规定。装运集装箱、大型气瓶、可移动槽罐等的车辆必须设置有效的紧固装置；三轮机动车、全挂汽车、人力三轮车、自行车和摩托车不得装运爆炸品、一级氧化品、有机过氧化品、一级易燃品；自卸汽车除二级固体危险货物外，不得装运其他危险货物；易燃易爆品不能装在铁帮、铁底车、船内运输；运输危险化学品的车辆、船舶应有防火安全措施。

运输化学品的司机要技术精湛、平稳行车、安全驾驶，尽量少用紧急刹车，以保持货物的稳定。行车路线、时间要选择得当。通过公路运输危险化学品，必须配备押运人员，并随时处于押运人员的监督下，不得超装、超载，不得进入危险化学品运输车辆禁止通行的区域。确需进入禁止通行区域的，应当事先向当地公安部门报告，由公安部门为其指定行车时间和路线，运输车辆必须遵守公安部门规定的行车时间和路线。途中需要停车住宿或者遇有无法正常运输的情况时，应向当地公安部门报告。

货物应装载均匀、平衡。不同化学品不能混装，以免泄漏后产生化学反应。桶与桶之间的空隙要用废纸板或编织袋充填。无论运输何种化工产品，都要加盖雨布，以防行车交会时有烟头飞落。车辆排气管要装阻火器，车厢铺上草垫或芦苇席，以免行驶中滑动。夏季时要在车上装棚杆、搭凉棚，通气避光，防止阳光直射。携带几个桶盖密封圈、湿麻袋、少量沙子以及专用扳手、干粉灭火器等，以应急需。

由于行车途中车辆颠簸震动，可能造成包装破损进而导致化学品泄漏。要定时查看桶盖上有无溢出、铁桶之间的充填物有无跌落、车厢底部四周有无泄漏液体等。高温季节，由于液体膨胀，更换密封圈时，要慢慢打开，避免液体喷出伤人。

经过长途运输，外包装可能有一定破损，卸货时尤要注意。没有专用站台的地方要铺跳板或木杠，用绳子拉住桶缓缓落地，或用废轮胎垫地缓冲。危险化学品要搁置一段时间，等各种性能平稳后再使用。如发现车厢里有泄漏的痕迹，先用锯末或沙子清扫一遍，让其干透、蒸发后，在远离水源的地方用水冲洗，以免污染环境。

二、危险化学品铁路运输安全

铁路危险化学品的运输，除必须严格执行铁道部规范性文件《铁路危险货物运输管理规则》的有关规定外，在安全管理上还必须达到以下要求[2]。

1. 化学品铁路运输的安全要求

托运危险化学品时，托运人应在货物运单内填写危险货物品名表内列载的品名、编号，并在运单右上角用红墨水或红色戳记标明类项。若托运的危险化学品没有列载在品名表内，且不属于危险货物品名表中所列的概括名称时，应按规定提交危险化学品安全技术说明书供铁路部门鉴定。危险化学品和非危险货物或者配装条件不同的危险化学品，不能按一批托运。能直接配装的危险化学品和非危险货物在专用线内装车和卸车时，可以作为一批托运。

包装是防止运输过程中发生爆炸、燃烧、毒害、腐蚀等事故的重要手段，是确保安全运输的基础。托运人必须具备品名表中列载的包装，并符合危险货物包装表的规定。

铁路运输企业应当如实记录运输的危险货物品名及编号、装载数量（重量）、发到站、作业地点、装运方式、车（厢）号、托运人、收货人、押运人等信息，并采取必要的安全防范措施，防止丢失或者被盗。发现爆炸品、易制爆危险化学品、剧毒品丢失或者被盗、被抢，应当立即向当地公安机关报告。

铁路运输企业应对承运的货物进行安全检查。如遇下列情形，铁路运输企业应当查验托运人、收货人提供的相关证明材料并留存备查：国家对生产、经营、储存、使用等实行许可管理的危险货物；国家规定需要凭证运输的危险货物；需要添加抑制剂、稳定剂和采取其他特殊措施方可运输的危险货物；运输包装、容器列入国家生产许可证制度工业产品目录的危险货物及法律、行政法规等规定的其他情形。

运输危险货物时，应当配备必要的押运人员和应急处理器材、设备和防护用品，并使危险货物始终处于押运人员监管之下。押运人员应遵守铁路运输安全规定，检查押运的货物及其装载加固状态，按操作规程使用押运备品和设施。

危险货物车辆编组、调车等技术作业应当执行相关技术标准和管理办法。途中停留时，车辆应远离客运列车及停留期间有乘降作业的客运站台等人员密集场所和设施，并采取安全防范措施。装运剧毒品、爆炸品、放射性物质和气体等危险货物的车辆途中停留时，铁路运输企业应当派人看守。

危险货物运输装载加固以及使用的铁路车辆、集装箱、其他容器、集装化用具、装载加固材料或者装置等应当符合相应标准规范的要求。不得使用技术状态不良、未按规定检修（验）或者达到报废年限的设施、设备，禁止超设计范围装运危险货物。货物装车不得超载、偏载、偏重、集重。货物性质相抵触、消防方法不同、易造成污染的货物不得同车（厢）装载。禁止危险货物与普通货物混装运输。

装运过危险货物的车辆、集装箱，卸货后应当清扫洗刷干净，确保不会对其他货物和作业人员造成污染、损害。洗刷废水、废物处理应当符合环保要求。

运输放射性物质时，托运人应当持有生产、销售、使用或者处置放射性物质的有效证明，配置防护设备和报警装置。运输容器、运输车辆、辐射监测、安全保卫、应急预案及演练、装卸作业、押运、职业卫生、人员培训、安全审查等应当符合相关法律、行政法规和标准的要求。运输单位应当按照国家有关规定对放射性物质运输进行现场检测。

运输企业应当实时掌握本单位危险货物运输状况，并按要求向所在地铁路监督管理局报告危险货物运量统计、办理站点、设施设备、安全等信息。危险货物运输过程中发生燃烧、爆炸、环境污染、中毒或者被盗、丢失、泄漏等情况，押运人员和现场有关人员应当立即按规定报告，并按照应急预案开展先期处置。运输相关单位负责人接到报告后，应当迅速采取有效措施，组织抢救，防止事态扩大，减少人员伤亡和财产损失，并报告当地安全生产监督管理、环境保护、公安、卫生主管部门以及铁路监督管理局，不得瞒报、谎报或者迟报，不得故意破坏事故现场、毁灭有关证据。

　　运输单位应当配备符合国家防护标准要求的劳动保护用品和职业防护等设施设备，开展从业人员职业健康体检，建立从业人员职业健康监护档案，预防人身伤害。

　　运输单位应当制定本单位铁路危险货物运输事故应急预案，配备应急救援人员和必要的应急救援器材、设备、设施，并定期组织应急救援演练。建立健全危险货物运输安全管理、岗位安全责任、教育培训、安全检查和隐患排查治理、安全投入保障、劳动保护、应急管理等制度，完善危险货物包装、装卸、押运、运输等操作规程和标准化作业管理办法。对本单位从业人员进行安全、环保、法制教育和岗位技术经常性培训，经考核合格后方可上岗。从业人员应当掌握所运输危险货物的危险特性及其运输工具、包装物、容器的使用要求和出现危险情况时的应急处置方法。

　　整车危险化学品，可按月、旬计划，结合仓库货位容量、车辆来源、气候条件，指定进货日期，并尽可能缩短货物在仓库内的存放时间。在专线内装车的整车危险化学品，车站应根据托运人提供的货物运单，尽量优先安排组织装车。按零担运输的危险化学品，车站应根据货源货流的特点，分不同情况采用"随到随运""计划受理"等办法受理和承运。零担运量较大、货运设备条件较好的车站可以编制危险货物承运日期表。

2. 装卸危险化学品的安全要求

　　严格按照危险货物配装表的有关规定进行危险化学品配装，性质互相抵触、灭火方法不同的危险化学品不准装在同一车厢内。配装表具体规定了各类危险化学品相互间配装的条件，是保证运输安全、经济合理地利用车辆、组织零担危险化学品装车作业的主要依据。

　　危险化学品的装卸应有专用站和货场，不能与一般客运、货运混在一起。装卸站台应按化学品的性质分类加以分开，相互之间的距离应按国家有关规定执行，其间距不能少于18m。装卸易燃液体的槽车应有呼吸器及阻火装置、静电接地装置、事故排放阀等设施。装卸站台的鹤管宜采用有色金属且接地装置良好。

　　装车前，货运员应向装车作业人员说明所装危险化学品的性质、注意事项、消防灭火及防护方法等，并再次核对运单和现货是否相符、包装是否良好、中转范围是否正确、配装条件有无错误等。装车负责人根据危险化学品的性质，准备合适的、符合安全技术要求的装卸工具和防护用品，并与货运员共同检查待装车辆是否符合安全技术要求。

装车作业时，要注意装载方法，保证装载质量。作业时要轻拿轻放，堆垛整齐牢固，严禁倒放，严格掌握隔离装载，确保符合配装条件。夜间作业时，应使用防爆灯具，严禁使用明火。

机车编组时，应与装卸危险化学品的车厢保持一定距离。规定需要"编组隔离""停止制动""禁止溜放""溜放时限速连挂"的车辆应在货物运单、车牌、封套、货车装载清单、列车编组顺序表上注明相应标记，并在车辆的两侧插挂相应字样的标识牌，在车牌记事栏内标明三角形隔离符号。编挂车辆时，应以隔离要求最严的危险化学品作为隔离标准。不同机车与不同危险化学品的编组隔离应符合有关要求。

应联系收货人，做好卸车和搬出等准备工作。力争做到随到、随卸、随搬，使货不落地。卸车前，货运员应根据危险化学品性质确定卸车货位，并向卸车作业人员说明安全注意事项。作业前应进行必要的通风和检查，做好安全防护工作。卸车入库的危险化学品应核对票货是否相符，并及时登记到达簿。

危险化学品应放于专库或按配装表规定隔离存放。在中间站应在仓库内划出固定货位，并与普通货物保持适当距离。被危险化学品污染的仓库、场地和设备、工具等要及时清扫、洗刷或消毒。撒漏的危险化学品残渣按有关规定进行收集并妥善处理。

装运危险化学品的车辆卸完后，须彻底清扫。对装过剧毒化学品的车辆必须进行洗刷。没有洗刷、消毒条件的车站，应向指定的洗刷站回送。在回送时，应填制特殊货车及运送用具回送清单，并在附注栏内注明原装货物的品名。在两侧车门外部及车内明显处粘贴货车洗刷回送标志标签各一张，洗刷后由洗刷消毒站撤除。未经洗刷、消毒的车辆严禁使用。

危险货物装卸作业应当遵守安全作业标准、规程和制度，并在装卸管理人员的现场指挥或者监控下进行。进入危险化学品仓库前，调车机车应按规定安装防护器具。调车作业中要认真执行禁止溜放的规定，并注意掌握速度。蒸汽机车运送危险化学品进入库区时，应关闭灰仓，停止加煤，防止飞火逸出，并用顶入输送的方法。某些物品装卸后需进行清洗时，其专用装卸站两侧应设有排水沟和水封井、污水处理设施等。

参考文献

［1］蒋军成. 危险化学品安全技术与管理［M］. 北京：化学工业出版社，2015.

［2］王凯全. 危险化学品运输与储存［M］. 北京：化学工业出版社，2017.

［3］崔政斌，赵海波. 危险化学品泄漏预防与处置［M］. 北京：化学工业出版社，2018.

第七章

危险化学品事故防控及救援

由于危险化学品具有易燃、易爆、有毒、腐蚀等危险特性，其事故后果往往是灾难性的。行之有效的防控措施与事故应急管理是安全生产、绿色生产的保障。根据危险化学品事故定义的研究，确定危险化学品事故的类型分六类：危险化学品火灾事故、危险化学品爆炸事故、危险化学品中毒和窒息事故、危险化学品灼伤事故、危险化学品泄漏事故和其他危险化学品事故。顾名思义即可明白前五种事故的特征。其他危险化学品事故指不能归入上述五类危险化学品事故的危险化学品事故，主要包括危险化学品的险肇事故，即危险化学品发生了人们不希望的意外事件，如危险化学品罐体倾倒、车辆倾覆等，但没有发生火灾、爆炸、中毒和窒息、灼伤、泄漏等事故。

第一节　典型危险化学品事故防控

为了保持平稳发展，保证安全生产，任何企业都需要对本企业进行风险辨识分析，并就分析结果制定相应事故防控措施。

一、危险化学品风险分析

涉及危险化学品的企业都应当运用适当的方法对本企业的活动进行风险分析活动。分析活动可细化为如图 7-1 所示的风险辨识分析流程图[1]。

风险辨识分析就是为了制定一定的措施去减轻风险、预防风险、转移风险、回避风险，分析自留风险并制定后备措施。

减轻风险措施就是降低风险发生的可能性和减少后果的不利影响。对于已知风险，在很大程度上企业可动用现有的资源加以控制，对于可预测或不可预

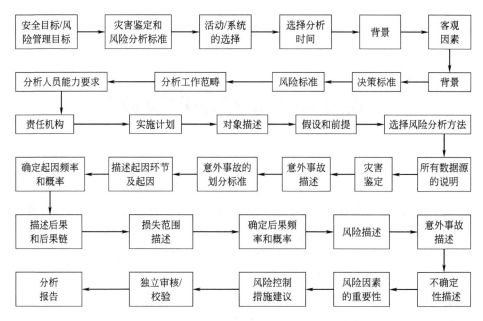

图 7-1　风险辨识分析流程

测风险，企业必须进行深入细致的调查研究，减少其不确定性，并采取迂回策略。

预防风险措施是利用工程技术的方法去控制和消除生产中可能出现的风险，还可利用安全教育的方法和手段教育广大员工在生产过程中以安全为第一要务，处处重视安全，时时注意安全，可把事故隐患消灭在萌芽之中。也可选用其他的行动方案预防可能出现的风险。

转移风险措施指将风险事故发生产生的一部分损失转移到第三方的措施。风险转移的方式有很多，主要有三类。一是合同转移，即借助合同法，通过与有关方面签订连带风险在内的合同，将风险转移给对方。二是采用保险方式，对那些属于保险公司开保的险种，可通过投保把风险全部或部分转移给保险公司。三是利用各种风险交易工具转嫁风险。

风险回避指考虑影响预定目标达成的诸多风险因素，结合决策者自身的风险偏好性和风险承受能力，从而做出的中止、放弃或调整、改变某种决策方案的风险处理方式。

自留风险也称为风险承担，是企业自己非理性或理性地主动承担风险，将风险保留在风险管理主体内部，通过采取内部控制措施等来化解风险或者对这些保留下来的项目风险不采取任何措施。不改变风险的客观性质，既不改变其发生概率，也不改变其潜在损失的严重性。

后备措施指一旦项目或活动的实际进展情况与计划不同，就可动用的事先制订的措施。

危险化学品风险辨识的主要内容包括厂址、平面布置、建（构）筑物、生产工艺过程、生产设备、装置及其他。风险源辨识的主要内容见表7-1。

表7-1 危险化学品风险源辨识的主要内容

序号	名称	辨识分析的主要内容
1	厂址	工程地质、地形、自然灾害、周围环境、气象条件、资源交通、抢险救灾支持条件等
2	平面布置	总体：功能分区（生产、管理、辅助生产、生活区）布置；高温、有害物质、噪声、辐射、易燃、易爆、危险品设施布置；工艺流程布置；建筑物、构筑物布置；风向、安全距离、卫生防护距离等；厂区道路、厂区铁路、危险品装卸区、厂区码头等布置
3	建（构）筑物	结构、防火、防爆、朝向、采光、运输（操作、安全、运输、检修）通道、生产卫生设施
4	生产工艺过程	物料（毒性、腐蚀性、燃爆性）、温度、压力、速度、作业及控制条件、事故及失控和状态，工艺路线，操作条件和习惯 备用工艺措施，紧急状态下工艺过程
5	生产设备、装置	化工设备：装置；高温、低温、腐蚀、高压、振动、关键部位的备用设备、控制、操作、检修和故障、失误时的紧急异常情况 机械设备：运动零部件和工件、操作条件、检修作业、误运转和误操作 电气设备：断电、触电、火灾、爆炸、误运转和误操作、静电防护、雷电防护 仪表设备：DCS、PLC、SIS、MES等的配备和设置 危险性较大的设备、高处作业设备 管路：地上管路、地下管路、高压管路、低温管路、燃爆性大的管路、腐蚀性强的管路
6	其他	粉尘、毒物、噪声、振动、辐射、高温、低温等有害作业部位及场所 工时制度、女职工劳动保护、体力劳动保护 管理设施、事故应急抢救设施和辅助生产、生活卫生设施

二、危险化学品危险源辨识方法

常用的危险源辨识方法有危险与可操作性分析（HAZOP），道化学火灾、爆炸危险指数法，以及日本劳动省六阶段评价法。其中，HAZOP已在本书第三章详细描述。

1. 道化学火灾、爆炸危险指数法

该方法是对工艺装置及所含物料的潜在火灾、爆炸和反应性危险逐步推算

和客观评价，其定量依据是以往事故的统计资料、物质的潜在能量和现行安全防灾措施状况。评价方法及流程见图 7-2。

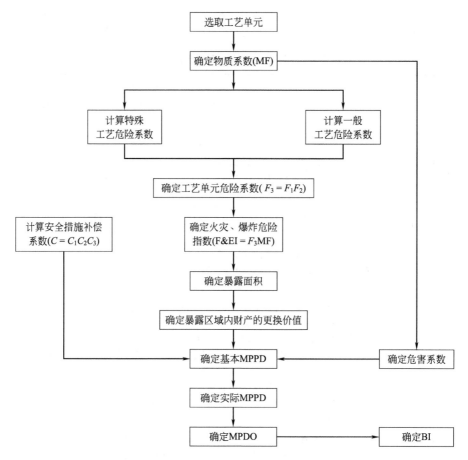

图 7-2　道化学火灾、爆炸危险指数分析流程

进行风险分析时，需准备准确的装置设计方案、工艺流程图等，分析步骤如下。

第一步，选取工艺单元。在计算工厂火灾、爆炸危险指数时，首先应充分了解所评价工厂各设备间的逻辑关系，然后再进行单元划分。选择对工艺有影响的单元进行评价，这些单元称为评价单元。选择评价的内容有：物质的潜在化学能、危险物质的数量、操作压力与温度、导致以往事故的要点、关键装置等。一般来说，单元的评价内容越多，其评价越接近实际危险的程度。

第二步，确定物质系数（MF）。在火灾、爆炸危险指数计算和危险性评价过程中，物质系数是最基础的数值，也是表述有燃烧或化学反应引起火灾、爆炸过程中潜在能量释放的尺度。数值范围为 $1 \sim 40$，数值大则表示危险性高。

第三步，确定工艺单元危险系数（F_3）。工艺单元危险系数是由一般工艺危险系数（F_1）与特殊工艺危险系数（F_2）相乘求出的。一般工艺危险系数是确定事故危险程度的主要因素，包括 6 个方面的内容，基本上覆盖了多数作业场所。特殊工艺危险系数确定不当是事故发生的主要原因，包括 12 个特殊工艺条件。

第四步，确定火灾、爆炸危险指数（F&EI）。火灾、爆炸危险指数用来估计生产过程中的事故可能造成的破坏。各种危险因素，如反应类型、操作温度、压力和可燃物的数量等，表征了事故发生的概率、可燃物的潜能以及由工艺控制故障、设备故障、应力疲劳等导致的潜能释放的大小[1]。

第五步，计算安全措施补偿系数。建造危险化学品工厂或建筑物时，其实际特征都应符合有关规范和标准。安全措施分为三类。即工艺控制、危险物质隔离和防火措施。此外，还应确定安全措施修正系数。

第六步，确定暴露面积。该值表示在评价的工艺单元内发生火灾和爆炸时可能影响的区域。取计算所得的 F&EI 值乘以 0.84，即得到暴露区域半径。

第七步，确定暴露区域内财产的更换价值。暴露区域内财产价值可由区域内含有的财产求得。更换价值＝原来成本×0.82×增长系数。

第八步，确定危害系数。危害系数由工艺危险系数（F_3）和物质系数（MF）来确定，代表了单元中物料泄漏或反应能量释放所引起的火灾、爆炸事故的综合效应。

第九步，确定基本 MPPD（基本最大可能财产损失）。假设没有任何安全措施来降低损失，由工艺单元影响区域内财产价值与危害系数相乘得到基本最大可能财产损失。

第十步，确定实际 MPPD（实际最大可能财产损失）。基本 MPPD 乘以安全措施的修正系数即可得到实际 MPPD。该值表示在采取适当的防护措施后某个事故遭受的财产损失。如果预防系统出了故障，实际 MPPD 可能接近基本 MPPD。

第十一步，确定 MPDO（最大可能损失天数）。最大可能损失天数根据实际 MPPD 求出。

第十二步，确定 BI（停产损失）。计算方法：BI＝MPDO÷30×每月产值×0.7。

第十三步，单元危险分析汇总。工艺单元危险分析汇总表汇集了单元中 MF、F&EI、MPPD、MPDO、BI 的数据。

根据上述讨论，很容易会产生这样一个问题："可以接受的最大可能财产损失和停产损失的风险值为多少？"要确定这个界限值，可以与技术领域类似的工厂进行比较，新装置的损失风险预测值不应超过具有同样技术的类似工厂；另一种方法是采用生产单元（工厂）更换价值的 10% 来确定最大可能财产损失。如果最大可能损失是不可以接受的，那么关键要研究应该或可能采取哪些措施来降低它。

2. 日本劳动省六阶段评价法

日本劳动省提出的"化工装置安全评价方法"，是主要应用于化工产品的制造和储存、对工程项目的安全性进行定性评价和定量评价的综合评价方法，是一种考虑较为周到的评价方法。其评价的步骤如下。

第一阶段，进行有关资料的整理和讨论。资料包括建厂条件、物质理化特性、工程系统图、各种设备、操作要领、人员配备、安全教育计划等。

第二阶段，进行定性评价。对设计和运转的各个项目进行定性评价。前者有 29 项，后者有 34 项。

第三阶段，进行定量评价。把装置分成几个工序，再把工序中各单元的危险度定量，以其中最大的危险度作为本工序的危险度。单元的危险度由物质、容量、温度、压力和操作 5 个项目确定，其危险度分别按 10 点、5 点、2 点、0 点计分，然后按点数之和分成 3 级。

对单元的各项按方法规定的表格赋分，最后按照这些分值点数之和来评定该单元的危险程度等级。

$$\left\{ \begin{matrix} \text{物质 } E \\ 0 \sim 10 \end{matrix} \right\} + \left\{ \begin{matrix} \text{容量 } F \\ 0 \sim 10 \end{matrix} \right\} + \left\{ \begin{matrix} \text{温度 } G \\ 0 \sim 10 \end{matrix} \right\} + \left\{ \begin{matrix} \text{压力 } H \\ 0 \sim 10 \end{matrix} \right\} + \left\{ \begin{matrix} \text{操作 } I \\ 0 \sim 10 \end{matrix} \right\} = \left\{ \text{危险性 } R \right\}$$

$R \geq 16$ 点为 1 级，属高度危险；11 点 $\leq R \leq$ 15 点为 2 级，属中度危险，需同周围情况和其他设备联系起来进行评价；1 点 $\leq R \leq$ 10 点为 3 级，属低度危险。

第四阶段，制定并实施安全措施。根据工序评价出的危险度等级在设备和管理上采取相应的措施。设备方面有 11 种安全装置和防灾装置，管理措施有人员安排、教育训练、维护检修等。

第五阶段，由事故案例进行再评价。按照第四阶段讨论了安全措施之后，再参照同类装置以往的事故案例评价其安全性。必要的话，反过来再讨论安全措施。属于第 2、3 级危险度的装置，到此步便认为评价完毕。

第六阶段，用事故树（FTA）进行再评价。属于第 1 级危险度的情况，用 FTA 再评价。通过安全性的再评价发现需要改进的地方，采取相应措施后再开始建设。

三、危险化学品事故防控措施

切实可行的防控措施能够有效地降低事故发生的概率和后果，可以从技术措施和管理措施及理念两方面防控危险化学品事故。

1. 技术措施

技术控制的目的是通过采取适当的措施，消除或降低工作场所的危害，防止工人在正常作业时受到有害物质的侵害。采取的措施主要有替代、变更工艺、隔离、通风、个体防护和卫生等[2]。

预防化学品危害最理想的方法是不使用有毒有害和易燃易爆的化学品，选用无毒或低毒的化学品替代已有的有毒有害化学品，选用可燃化学品替代易燃化学品。例如，用甲苯替代喷漆和除漆中用的苯，用脂肪族烃替代胶水或黏合剂中的苯等。

虽然替代是控制化学品危害的首选方案，但是目前可供选择的替代品往往是很有限的，特别是因技术和经济方面的原因，不可避免地要生产、使用有害化学品。这时可通过变更工艺消除或降低化学品危害。如以往用乙炔为原料制乙醛，需用汞作催化剂，现在采用乙烯为原料，通过氧化或氯化制乙醛，取消了含汞催化剂。通过变更工艺，彻底消除了汞害。

隔离就是通过封闭、设置屏障等措施，避免作业人员直接暴露于有害环境中。最常用的隔离方法是将生产或使用的设备完全封闭起来，使工人在操作中不接触化学品。分离操作是另一种常用的隔离方法，就是把生产设备与操作室隔离开。

通风是控制作业场所中有害气体、蒸气或粉尘最有效的措施。借助于有效的通风，使作业场所空气中有害气体、蒸气或粉尘的浓度低于安全浓度，保证工人的身体健康，防止火灾、爆炸事故的发生。

通风分局部排风和全面通风两种。对于点式扩散源，可使用局部排风。局部排风是把污染源罩起来，抽出污染空气，所需风量小，经济有效，并便于净化回收。如：实验室中的通风橱等。在使用局部排风时，应使污染源处于通风罩控制范围内。为了确保通风系统的高效率，通风系统设计的合理性十分重要。对于已安装的通风系统，要经常加以维护和保养，使其有效地发挥作用。

对于面式扩散源，要使用全面通风。全面通风就是向作业场所提供新鲜空气，抽出污染空气，进而稀释有害气体、蒸气或粉尘，降低其浓度，风量大且不能净化回收。采用全面通风时，在厂房设计阶段就要考虑空气流向等因素。全面通风仅适合于低毒性作业场所，不适合于腐蚀性、污染物量大的作业场所。

冶金厂中熔化的物质流动过程散发出有毒的烟和气，两种通风系统都要使用。

当作业场所中有害化学品的浓度超标时，工人就必须使用合适的个体防护用品。个体防护用品只是一道阻止有害物进入人体的屏障，其失效就意味着保护屏障的消失。因此个体防护不能被视为控制危害的主要手段，只能作为一种辅助性措施。防护用品主要有头部防护器具、呼吸防护器具、眼防护器具、身体防护用品、手足防护用品等。

卫生包括保持作业场所清洁和作业人员的个人卫生两个方面。经常清洗作业场所，对废物溢出物加以适当处置，保持作业场所清洁，也能有效地预防和控制化学品危害。作业人员应养成良好的卫生习惯，防止有害物附着在皮肤上，防止有害物质通过皮肤渗入体内。

2. 管理措施及理念

管理控制是指通过各种管理手段，按照国家法律、法规和各类标准建立起来的管理程序和措施，是预防危险化学品事故的一个重要方面，如对作业场所进行危害识别、张贴标志，在化学品包装上粘贴安全标签，危险化学品运输、经营过程中附危险化学品安全技术说明书，从业人员的安全培训和资质认定，采取接触监测、医学监督等措施均可达到管理控制的目的。为了有效预防危险化学品事故的发生，危险化学品的安全管理必须实现法制化。

随着我国危险化学品产业的不断发展，化学品的种类越来越多，如何对化学品进行有效的管理，预防、遏制重大灾害的发生，已成为我们面临的重大课题。因此，我们在借鉴发达国家化学品管理经验的同时，应加强化学品危险性的评价工作，不断引进和吸收先进的管理理念，健全体制，充分利用现代信息技术，同时研发适合我国国情的危险化学品安全管理评价方法，为进一步开展化学品安全管理工作提供可靠的科学依据。

针对预防与控制作业场所中化学品的危害，为有效防止火灾、爆炸、中毒与职业病的发生，在危险化学品安全管理过程中，必须坚持以下理念。

（1）系统化理念　危险化学品安全管理工作是一项复杂的系统工程，必须统筹规划、整体设计、规范运行。横的方面，从"人-机-环"三方面相互关联组成的系统着手，制定危险化学品的安全管理和技术措施；纵的方面，从生产、储存、运输、使用、报废等环节全面考虑其安全管理和技术措施。

（2）科学化理念　根据危险化学品的特点，按照国际惯例确定重大危险源的技术标准；开展重大危险源辨识、监测、监控工作，对重大危险源实行特殊的监督管理；督促企业开展重大危险源的安全评价，制定防止化学品事故发生的预案；重视重大危险源评价技术研究与开发工作，增加投入；研究对新化学品进行危险性评估的方法。

（3）制度化理念　有关部门应逐步完善化学品的各项法规、标准的制定。在分类制度、标签和标识、化学品安全使用说明书、供货人的责任上予以规范，逐步与国际通行做法接轨。在事故预防、工作机制方面做出相应的规定，明确职责，充分发挥法律法规的规范、引导、调节、保障的功能，健全管理体制与监督机制，通过行之有效的措施，减少或杜绝重大恶性事故的发生。

（4）信息化理念　加快危险化学品安全管理信息网络平台的建设工作。各地应建立本地区危险化学品安全管理数据库和动态统计分析系统，建立政府信息网站，介绍化学品生产企业安全管理工作的经验教训；发布化学品生产企业安全生产工作动态和消息；提供有关化学品危害预防与控制的常识；建立区域危险化学品生产企业安全管理档案，跟踪管理；提供在线咨询服务，使危险化学品安全信息网络成为企业安全生产与管理的良师益友。

（5）区域化理念　进一步建立健全地、市、区、县区域管理机构和行政责任制，要狠抓基础建设，加强各有关部门之间的联系，真正担负起区域危险化学品安全监督管理工作，从而高效执行国家政策法规制度，加强化学品的安全管理。

（6）动态化理念　通过提高危险化学品安全管理工作的水平，指导事故的预防；通过强化管理，制定方针，落实安全措施，加强检查、审核工作，对反馈的不足方面制定整改措施，形成螺旋式上升，从而减少事故发生、提高管理工作效率，不断提高安全管理水平。

（7）集成化理念　以法律法规为基础，在执法监督、技术服务和企业管理三个不同层面上建立科学规范的集成运行机制。对企业化学品的生产、搬运、储存、运输等关键环节，有针对性地在不同时期开展不同形式的安全大检查，做到点、面结合，集成高效。

（8）定量化理念　开展危险化学品生产企业安全管理定量评估，建立相应的评价系统、指标体系、评价方法，提供改进和决策依据，不断提高评估水平，为监督、管理和决策提供科学依据。

（9）国际化理念　为了加强合作和改善协调，应建立国际性的实体来协调与化学品安全有关的技术合作，有效地使用各国的信息资源，加强国际协调与合作，促进化学品安全管理工作。

第二节 危险化学品事故应急管理

六类危险化学品事故中，每类又可分为若干小类，各类事故救援方式也不尽相同。

一、火灾事故的应急与处置

危险化学品火灾事故指燃烧物质主要是危险化学品的火灾事故。可细分为：易燃液体火灾、易燃固体火灾、自燃物品火灾、遇湿易燃物品火灾及其他危险化学品火灾。文献［3］具体阐述了火灾事故的应急与处置。

由于多数危险化学品燃烧时释放有毒气体或烟雾，因此危险化学品火灾事故中，人员伤亡的原因往往是中毒和窒息。易燃液体和固体危险化学品火灾事故往往被归入危险化学品爆炸（火灾爆炸）事故或危险化学品中毒和窒息事故。

一旦发生火灾，每个职工都应清楚地知道他们的作用和职责，掌握有关消防设施的使用方法、人员的疏散程序和危险化学品灭火的特殊要求等内容。化学品火灾的扑救应由专业消防队来进行，其他人员不可盲目行动，待消防队到达后配合扑救。

对于初期火灾，应迅速关闭火灾部位的上下游阀门，切断进入火灾事故地点的一切物料。在火灾尚未扩大到不可控制之前，使用移动式灭火器或现场其他各种消防设备、器材，扑灭初期火灾和控制火源。扑救火灾绝不可盲目行动，针对每一类化学品选择正确的灭火剂和灭火方法来安全地控制火灾。

为防止火灾危及相邻设施，可采取以下保护措施：对周围设施及时采取冷却保护措施；迅速疏散受火势威胁的物资；对于可能造成易燃液体外流的火灾，可用沙袋或其他材料筑堤拦截流淌的液体，或挖沟将物料导向安全地点；用毛毡、海草帘堵住下水井、阴井口等处，防止火焰蔓延。

1. 压缩或液化气体火灾的应急处置基本对策

储存在较小钢瓶内的气体压力较高，受热或受火焰熏烤容易发生爆裂。气体泄漏后遇火源已形成稳定燃烧时，其发生爆炸或再次爆炸的危险性小于未燃时。遇压缩或液化气体火灾时，切忌盲目扑灭火势。在没有采取堵漏措施的情况下，必须保持稳定燃烧。否则，大量可燃气体泄漏出来与空气混合，遇着火源就会发生后果严重的爆炸。

首先应扑灭外围被火源引燃的可燃物火势，切断火势蔓延途径，控制燃烧范围，并积极抢救受伤和被困人员。

如果火势中有压力容器或有受到火焰辐射热威胁的压力容器，应尽量在水枪的掩护下疏散到安全地带；如果不能疏散，应部署足够的水枪进行冷却保护。为防止容器爆裂伤人，进行冷却的人员应尽量低姿射水或利用现场坚实的掩蔽体防护。对卧式储罐，冷却人员应选择储罐四侧角作为射水阵地。

如果是输气管道泄漏着火，应设法找到气源阀门。阀门完好时，只要关闭气体的进出阀门，火势就会自动熄灭。储罐或管道关阀无效时，应根据火势判断气体压力和泄漏口的大小及形状，准备好相应的堵漏材料（如软木塞、橡皮塞、气囊塞、黏合剂、弯管工具等）。堵漏工作准备就绪后，即可扑救火势，灭火后仍需用水冷却烧烫的罐或管壁。堵漏的同时用雾状水稀释和驱散泄漏出来的气体。如果泄漏口太大而无法堵漏，要采取措施冷却着火容器及其周围容器和可燃物品，控制着火范围，直到燃气燃尽，火势自动熄灭。

现场指挥应密切注意各种危险征兆，遇有火势熄灭后较长时间未能恢复稳定燃烧或受热辐射的容器安全阀火焰变亮耀眼、尖叫、晃动等爆裂征兆时，指挥员必须适时做出准确判断，及时下达撤退命令。现场人员看到或听到事先规定的撤退信号后，应迅速撤退至安全地带。

2. 易燃液体火灾的应急处置基本对策

不同于气体的储存与输送，液体一般存于密闭或敞开的常压容器中，只有反应锅（炉、釜）及输送管道内的液体压力较高。不管是否着火，泄漏或溢出的液体都会顺着地面或水面漂散流淌，存在危险性很大的沸溢和喷溅危险。

易燃液体火灾扑救往往是一场艰难的战斗。首先应切断火势蔓延的途径，冷却和疏散受火势威胁的压力及密闭容器和可燃物，控制燃烧范围，积极抢救受伤和被困人员。如有液体流淌时，应筑堤或用围油栏拦截漂散流淌的易燃液体或挖沟导流。

及时了解和掌握着火液体的品名、密度、水溶性，以及有无毒害、腐蚀、沸溢、喷溅等危险性，以便采取相应的灭火和防护措施。扑救毒害性、腐蚀性或燃烧产物毒害性较强的易燃液体火灾，扑救人员必须佩戴防护面具，采取防护措施。

对较大的储罐或流淌火灾，应准确判断着火面积。$50m^2$ 以内的小面积液体火灾，一般可用雾状水扑灭。用泡沫、干粉、二氧化碳、卤代烷（1211，

1301）灭火更有效。大面积液体火灾则必须根据其相对密度、水溶性和燃烧面积大小，选择正确的灭火剂扑救。

遇易燃液体管道或储罐泄漏着火，在切断蔓延把火势限制在一定范围内的同时，关闭进、出阀门。如果管道阀门已损坏或是储罐泄漏，应迅速准备好堵漏材料。用泡沫、干粉、二氧化碳或雾状水等扑灭地上的流淌火焰，扑灭泄漏口的火焰，再迅速堵漏。与气体堵漏不同的是，液体一次堵漏失败，可再次堵漏。只要用泡沫覆盖地面，堵住液体流淌，控制好周围着火源，不必点燃泄漏口的液体。

对于汽油、苯等比水轻又不溶于水的液体，可用普通蛋白泡沫或轻水泡沫灭火；比水重又不溶于水的液体可用水扑救，水能覆盖在液面上灭火，用泡沫也有效。醇类、酮类等具有水溶性的液体，最好用抗溶性泡沫扑救。用干粉或卤代烷扑救时，灭火效果要视燃烧面积大小和燃烧条件而定，需用水冷却罐壁。

扑救原油和重油等具有沸溢和喷溅危险的液体火灾，如有条件，可采用取放水、搅拌等防止发生沸溢和喷溅的措施。在灭火同时，必须注意计算可能发生沸溢、喷溅的时间，观察是否有沸溢、喷溅的征兆。指挥员发现危险征兆时应及时下达撤退命令，避免造成人员伤亡和装备损失。扑救人员看到或听到统一撤退信号后，应立即撤至安全地带。

3. 爆炸物品火灾的应急处置基本对策

爆炸物品一般都有专门或临时的储存仓库。这类物品由于内部结构含有爆炸性基团，受摩擦、撞击、振动、高温等外界因素激发，极易发生爆炸，遇明火则更危险。

遇爆炸物品火灾时，一般应迅速判断和查明再次发生爆炸的可能性和危险性，紧紧抓住爆炸后和再次发生爆炸之前的有利时机，采取一切可能的措施，全力制止再次爆炸的发生。切忌用沙土盖压，以免增强爆炸物品爆炸时的威力。

如果有疏散可能，在人身安全确有可靠保障的条件下，应及时疏散着火区域周围的爆炸物品，形成隔离带。

扑救爆炸物品堆垛时，水流应采用吊射，避免强力水流直接冲击堆垛，以免堆垛倒塌引起再次爆炸。灭火人员应尽量利用现场现成的掩蔽体或尽量采用卧姿等低姿射水，尽可能地采取自我保护措施。消防车辆不要停靠在离爆炸物品太近的水源处。

灭火人员发现有发生再次爆炸的危险时，应立即向现场指挥报告。现场指挥应迅即做出准确判断，确有发生再次爆炸征兆或危险时，应立即下达撤退命令。灭火人员看到或听到撤退信号后，应迅速撤至安全地带。

4. 遇湿易燃物品火灾的应急处置基本对策

遇湿易燃物品能与潮湿和水发生化学反应，产生可燃气体和热量，有时即使没有明火也能自动着火或爆炸，如金属钾、钠等。这类物品的这一特殊性给其火灾的扑救带来了很大的困难。灭火人员在扑救中应谨慎处置。

遇湿易燃物品发生火灾时，首先应确认遇湿易燃物品的品名、数量，是否混存、燃烧范围、火势蔓延途径。

如果只有极少量（一般 50g 以内）遇湿易燃物品，则不管是否与其他物品混存，仍可用大量的水或泡沫扑救。水或泡沫刚接触着火点时，短时间内可能会使火势增大，但少量遇湿易燃物品燃尽后，火势很快就会熄灭或减小。

如果遇湿易燃物品数量较多，且未与其他物品混存，则绝对禁止用水或泡沫、酸碱等湿性灭火剂扑救。可用干粉、二氧化碳、卤代烷扑救，但金属钾、钠、铝、镁等个别物品用二氧化碳、卤代烷无效。固体遇湿易燃物品应用水泥、干沙、干粉、硅藻土和蛭石等覆盖。水泥是扑救固体遇湿易燃物品火灾比较容易得到的灭火剂。对遇湿易燃物品中的粉尘如镁粉、铝粉等，切忌喷射有压力的灭火剂，以防止将粉尘吹扬起来，与空气形成爆炸性混合物而导致爆炸发生。

如果有较多的遇湿易燃物品与其他物品混存，则应先查明着火物品，遇湿易燃物品的包装是否损坏。可先用开关水枪向着火点吊射少量的水进行试探，如未见火势明显增大，证明遇湿物品尚未着火，包装也未损坏，应立即用大量水或泡沫扑救，扑灭火势后立即组织力量将淋过水或仍在潮湿区域的遇湿易燃物品疏散到安全地带分散开来。如射水试探后火势明显增大，则证明遇湿易燃物品已经着火或包装已经损坏，应禁止用水、泡沫、酸碱灭火剂扑救。若是液体应用干粉等灭火剂扑救；若是固体应用水泥、干沙等覆盖；如遇钾、钠、铝、镁轻金属发生火灾，最好用石墨粉、氯化钠及专用的轻金属灭火剂扑救。

如果其他物品火灾威胁到相邻的较多遇湿易燃物品，应先用油布或塑料膜等其他防水布将遇湿易燃物品遮盖好，然后再在上面盖上棉被并淋上水。如果遇湿易燃物品堆放处地势不太高，可在其周围用土筑一道防水堤。在用水或泡沫扑救火灾时，对相邻的遇湿易燃物品应留一定的力量监护。

5. 毒害品、腐蚀物火灾的应急处置基本对策

毒害品和腐蚀物对人体都有一定危害。毒害品主要经口、吸入蒸气或通过皮肤接触引起人体中毒。腐蚀物是通过皮肤接触使人体形成化学灼伤。有些毒害品、腐蚀物本身能着火；有些毒害品、腐蚀物本身并不着火，但与其他可燃物品接触后能着火。

一旦发生毒害品、腐蚀物火灾，灭火人员必须穿防护服，佩戴防护面具。一般情况下采取全身防护即可，对有特殊要求的物品火灾，穿戴专用防护服。尽量使用隔绝式氧气或空气面具。为了在火场上能正确使用和适应，平时应进行严格的适应性训练。

毒害品、腐蚀物火灾极易造成人员伤亡，灭火人员在采取防护措施后，应立即投入寻找和抢救受伤、被困人员的工作，并努力限制燃烧范围。

扑救时应尽量使用低压水流或雾状水，避免腐蚀物、毒害品溅出。遇酸类或碱类腐蚀物最好调制相应的中和剂稀释中和。浓硫酸遇水能放出大量的热，导致沸腾飞溅，需特别注意防护。扑救浓硫酸与其他可燃物品接触发生的火灾，浓硫酸数量不多时，可用大量低压水快速扑救；若浓硫酸量很大，应先用二氧化碳、干粉、卤代烷等灭火，然后再把着火物品与浓硫酸分开。

如果毒害品、腐蚀物容器泄漏，在扑灭火势后应采取防腐材料堵漏。

6. 易燃固体、易燃物品火灾的应急处置基本对策

易燃固体、易燃物品一般是比较容易扑救的，只要控制住燃烧范围，都可用水或泡沫逐步扑灭即可。但也有少数易燃固体、自燃物品的扑救方法比较特殊，如2,4-二硝基苯甲醚、二硝基萘、萘、黄磷等。

2,4-二硝基苯甲醚、二硝基萘、萘等是能升华的易燃固体，受热以后升华的易燃蒸气能够向上飘逸，在上层与空气能形成爆炸性混合物，易发生爆燃。火灾时可用雾状水、泡沫扑救并切断火势蔓延途径，在扑救过程中应不时向燃烧区域上空及周围喷射雾状水，并用水浇灭燃烧区域及其周围的一切火源。

黄磷自燃点很低，是在空气中能很快氧化升温并自燃的自燃物品。遇黄磷火灾时，首先应切断火势蔓延途径，采用低压水或雾状水扑救。黄磷熔融液体流淌时应用泥土、沙袋等筑堤拦截并用雾状水冷却，对磷块和冷却后已固化的黄磷，应用钳子钳入储水容器中。来不及钳时可先用沙土掩盖并做好标记，等火势扑灭后，再逐步集中到储水容器中。

少数易燃固体和自燃物品不能用水和泡沫扑救，如三硫化二磷、铝粉、烷基铝、保险粉等，应根据具体情况分别处理，宜选用干沙和不用压力喷射的干粉扑救。

7. 扑救放射性物品火灾的应急处置基本对策

放射性物品可发射出人类肉眼看不见但却能严重损害人类生命和健康的α、β、γ射线和中子流。扑救这类物品火灾必须采取能防护射线照射的措施。

平时生产、经营、储存和运输以及使用这类物品的单位及消防部门，应配备一定数量防护装备和放射性测试仪器。

遇这类物品火灾一般应先由佩戴防护装备的专业人员测试辐射（剂）量和范围。对辐射（剂）量超过 0.0387C/kg 的区域，设置写有"危及生命、禁止进入"的文字说明警告标志牌，灭火人员不能深入辐射源纵深灭火进攻。辐射（剂）量小于 0.0387C/kg 的区域，设置写有"辐射危险、请勿接近"警告标志牌。可快速出水灭火或用泡沫、二氧化碳、干粉、卤代烷扑救，并积极抢救受伤人员，同时应不间断巡回监测辐射（剂）量。

对燃烧现场包装没有被破坏的放射性物品，可在水枪的掩护下佩戴防护装备，设法疏散；无法疏散时，应就地冷却保护，防止造成新的破损，增加辐射（剂）量。对已破损的容器切忌搬动或用水流冲击，以防止放射性污染范围扩大。

二、爆炸事故的应急与处置

危险化学品爆炸事故指危险化学品发生化学反应爆炸事故或液化气体、压缩气体的物理爆炸事故。具体又分若干小类：爆炸品爆炸（又可分为烟花爆竹爆炸、民用爆破器材爆炸、军工爆炸品爆炸等），易燃固体、自燃物品、遇湿易燃物品的火灾爆炸，易燃液体火灾爆炸，易燃气体爆炸，危险化学品产生的粉尘、气体、挥发物的爆炸，液化气体和压缩气体的物理爆炸及其他化学反应爆炸。

扑灭现场明火应坚持先控制后扑灭的原则，坚持先救人、后救物的原则，坚持统一指挥、进退有序的原则，坚持清查隐患、不留死角的原则。

对火灾爆炸现场周边的装置、设备、设施应持续进行冷却降温，宜在隔离、转输、放空等控制措施完成，救援力量准备完毕和灭火条件成熟后实施灭火措施。危险化学品生产装置及储罐灭火时，应首先采取工艺控制措施。关断相关阀门，调整生产方案和相关装置的生产平衡，避免事故扩大。

根据危险化学品特性，选用正确的灭火剂。禁止用水、泡沫等含水灭火剂扑救遇湿易燃易爆物品、自燃物品火灾；禁用直流水冲击扑灭粉末状、易沸溅危险化学品火灾；禁用沙土扑灭爆炸品火灾；宜使用低压水流或雾状水扑灭腐蚀物火灾；禁止对液态轻烃强行灭火。加强对泄漏出的危险化学品及洗消污水的控制，避免环境污染。

处理爆炸事故时，救援人员应配备防高温、防毒气的防护装备，如正压式空气呼吸器与高温防护服。救援车辆应尽量停靠在上风或侧风方向，车头应背向着火储罐以备紧急撤离。

原油火灾爆炸事故特点是先爆炸后燃烧。爆炸对于罐体和固定灭火装置有很大的破坏作用，造成罐体破裂变形，油品流散，扩大燃烧。在火焰高温的作用下，原油中含有的水分会汽化引起液体翻动并喷溅，形成喷溅火。扑救时，首先应构筑防火围堤并利用现场防火堤堵截油品流散，阻击火势蔓延。备足灭火需要的泡沫液、泡沫灭火设备及供给水源，选择好灭火阵地，在指挥员下令后同时进攻，扑灭火灾。同时应随时观察火场情况，当发现现场有发生喷溅、爆炸征兆时，现场指挥员应及时下达撤离指令。原油罐区火灾爆炸需要重点关注流淌火、沸溢等可能造成严重后果的风险，以及可能造成的环境风险。

液化石油气为典型的液化气体。当储存容器发生破裂后，液化气体泄漏到大气环境后会迅速汽化，与空气混合浓度达到爆炸极限后遇火源发生爆炸。储罐内的物料受热压力迅速上升，超过储罐承受极限后会发生爆炸。液化石油气已形成稳定燃烧后，其发生爆炸或再次爆炸的危险性与泄漏未燃时相比要小得多。扑救液化石油气火灾爆炸事故时，对着火容器及邻近容器进行降温冷却保护的同时，及时关断气源阀门或采取堵漏措施。根据现场气象、地形及可燃气浓度检测情况设立警戒隔离区，设置明显标识，禁止一切无关车辆与人员进入。选用水、干粉、二氧化碳等灭火剂扑灭外围火势，切断火势蔓延途径，控制燃烧范围；切断气源前，应维持稳定燃烧，避免气体与空气混合物发生爆炸。遇有火势熄灭后较长时间未能恢复稳定燃烧或受热辐射容器火焰变亮、尖叫、晃动等征兆时，指挥员必须及时下达撤退命令。整个救援过程应特别关注喷射火和热辐射。

三、危险化学品中毒窒息事故救援与处置

危险化学品中毒和窒息事故主要指人体吸入、食入或接触有毒有害化学品或者化学品反应的产物，而导致的中毒和窒息事故。具体又分为：吸入中毒事故（中毒途径为呼吸道）、接触中毒事故（中毒途径为皮肤、眼睛等）、误食中毒事故（中毒途径为消化道）及其他中毒和窒息事故。

当作业人员工作环境缺氧和存在有毒气体，没有采取有效、可靠的防范措施，或没有确认安全即进行工作时，会造成工作人员昏迷，甚至死亡。一氧化碳与血红蛋白结合造成组织缺氧。重度中毒者出现昏迷不醒、瞳孔缩小、肌张力增加、频繁抽搐、大小便失禁等；深度中毒可致死。二氧化碳在低浓度时，呼吸中枢呈兴奋；高浓度时则引起抑制作用，更高浓度时还有麻醉作用。严重

者出现呼吸停止，甚至死亡。没有防护而直接大量吸入液化石油气，可引起头晕、头痛、兴奋或嗜睡、恶心、呕吐、脉缓等。空气中含量达到10％时，人处在该环境中2min就会麻醉。重症者突然昏迷倒下、意识丧失，甚至呼吸停止。

空气中有刺激性或异常气味，眼睛、喉咙感觉不适、恶心、视力模糊、呼吸困难、四肢软弱乏力、意识模糊、嘴唇变紫、指甲青紫等，就说明出现中毒症状。进入有限空间未进行有效隔离、置换、通风、检测分析，未佩戴个体防护用品；进入有限空间未办理作业票，无监护人员或监护人员与作业人员未约定或缺少联络方式等情况存在事故发生隐患。发现作业现场有人晕倒、与进入有限空间作业人员联系无反应、未配戴防护用具抢救、作业人员违反规程作业时，有发生事故征兆。

发生危险化学品中毒和窒息事故时，救援人员首先应做好个人防护。根据作业中存在的风险种类和风险程度，佩戴个人防护装备。确定警戒区和救援路线。综合勘查情况，确定警戒区域，设置警戒标志，疏散警戒区域内与救援无关人员。切断火源，严格限制出入。救援人员在上风、侧风方向选择救援前进路线。迅速将中毒窒息者撤离现场，转移到上风位置。在中毒、窒息者被救出后及时送往医院抢救。在等待救援时，监护人员应立即施救或采取现场急救措施。

如果泄漏物是易燃易爆的，事故警戒区应严禁火种，切断电源，禁止人员和车辆进入，在边界设置警戒线。安排熟悉现场的操作人员关闭泄漏点上下游阀门，切断泄漏途径，在处理过程中，可以使用雾状水和开花水配合完成。处理泄漏源时严禁单独行动，必要时用水枪掩护。液化石油气泄漏应在钢瓶或管道的四周设置喷雾水枪，用大量的喷雾水、开花水流进行稀释，抑制泄漏物飘散。对于发生炉煤气泄漏，为降低空气中一氧化碳的浓度，向气云喷射雾状水稀释和驱散气云，同时可采用大功率移动风机强制通风，加速气体向高空扩散。室内加强自然通风和机械排风。对于密闭空间作业，由于缺氧导致人员窒息的事故，施救人员应先强制向空间内部通风换气后方可进入进行施救，通风换气时禁止使用纯氧，避免氧中毒。有限空间内抢险人员撤离前监护人员不得离开监护岗位。

现场救援行动应严格执行安全操作规程，配齐安全设施和防护工具，信息畅通，积极配合，加强自我保护，确保施救人员的人身安全。现场救援行动要保持统一指挥，严禁各行其是、盲目蛮干。当事故隐患、危险因素短时难以消除时，应防止事故扩大。如果现场条件恶化、危及现场人员安全，应及时撤离。

四、危险化学品灼伤事故应急救援与处置

危险化学品灼伤事故指腐蚀性危险化学品意外地与人体接触，在短时间内即在人体的接触表面发生化学反应，造成明显破坏的事故。腐蚀物包括酸性腐蚀物、碱性腐蚀物和其他不显酸碱性的腐蚀物。

化学品灼伤与物理灼伤（如火焰烧伤、高温固体或液体烫伤等）不同。物理灼伤是高温造成的伤害，人体能立即感到强烈的疼痛，人体肌肤会本能地立即避开。化学品灼伤有一个化学反应过程，一旦发生化学灼伤，由于化学物质的腐蚀作用，如不及时将其除掉，就会继续腐蚀下去，从而急剧灼伤至严重程度。开始并不感到疼痛，要经过几分钟、几小时甚至几天才表现出严重的伤害，并且伤害还会不断地加深。

化学灼伤程度同化学物质的物理、化学性质有关。酸性物质引起的灼伤，其腐蚀作用只在当时发生，经急救处理，伤势往往不再加重。碱性物质引起的灼伤会逐渐向周围和深部组织蔓延。因此现场急救应当首先判明化学灼伤物质的种类、侵害途径、致伤面积及深度，采取有效的急救措施。某些化学致伤，可以从致伤皮肤的颜色加以判断，如苛性碱和石炭酸的致伤表现为白色，硝酸致伤表现为黄色，氯磺酸致伤表现为灰白色，硫酸致伤表现为黑色，磷酸致伤局部皮肤呈现特殊气味，有时在暗处可看到磷光。

化学致伤的程度同化学物质与人体组织接触时间的长短有密切关系，现场急救时，必须考虑现场具体情况。当化学物质接触人体组织时，应迅速脱去衣服，立即用大量清水冲洗创面，冲洗时间不得少于15min，以利于将渗入毛孔或黏膜内的物质清洗出去。清洗时要遍及各受害部位，尤其要注意眼、耳、鼻、口腔等处。不要揉搓眼睛，可将面部浸入清洁的水盆里，用手把上下眼皮撑开，用力睁大两眼，头部在水中左右摆动。其他部位的灼伤，先用大量水冲洗，然后用中和剂洗涤或湿敷，用中和剂时间不宜过长，并且必须再用清水冲洗掉，然后视病情予以适当处理。有严重危险的情况下，应首先使伤员脱离现场，待到空气新鲜和流通处，迅速脱除污染的衣着及佩戴的防护用品等。经现场抢救处理后应送往医院处理。

黄磷灼伤是热力和化学的复合灼伤，不仅灼伤皮肤，而且黄磷经创面吸收中毒导致肝、肾功能损害。黄磷灼伤目前尚无有效的全身解毒剂，亦无满意的局部中和剂，治疗比较困难。

现场急救应将沾染磷的局部皮肤浸入水中，隔绝空气，防止自燃。局部处理时，将患者置于暗室内，用硝酸银溶液涂擦创面，生成黑色的磷化银，隔绝

黄磷与空气接触，阻止燃烧。而后用 2%～3% 的碳酸氢钠溶液冲洗创面，并清除嵌入组织内黑色的磷颗粒。最后以 2% 的碳酸氢钠溶液湿敷创面 2～3h，中和残存的酸性物质，并涂以磺胺嘧啶银，暴露创面治疗。

化学品灼伤比物理灼伤危害更大，及时进行现场急救和处理是减少伤害、避免严重后果的重要环节。

五、危险化学品泄漏事故应急与处置

危险化学品泄漏事故指气体或液体危险化学品发生了泄漏，没有发展成为火灾、爆炸或中毒事故，但造成了严重的财产损失或环境污染等后果的危险化学品事故。危险化学品泄漏事故一旦失控，往往造成重大火灾、爆炸或中毒事故。

文献［3］具体阐述了危险化学品泄漏事故应急与处置。化工企业火灾的着火部位通常在储存输送易燃、可燃液体或可燃气体的容器、设备、管道以及管道的阀门处，由于化工生产的连续性，着火部位不间断地得到燃料而持续燃烧。所以，当输送危险化学品的管道发生泄漏后，泄漏点处在阀门以后且阀门尚未损坏，首先关闭输送物料管道的阀门，切断燃料的来源。这样就能从根本上控制火势。设备或管道中剩余的燃料燃尽后便会自行中止燃烧，流动而有压力的着火部位变为不流动、无压力的部位，从而为灭火创造了先决条件。

实施关阀断源灭火措施，必须事前与有关技术人员研究，制定完整的操作方案，要考虑到关阀后是否会造成前一道工序的高温高压设备出现超温超压而爆炸；是否会导致设备由正压变为负压；是否会导致加热设备温度失控等事故。因此，在关阀断料的同时，应依据具体情况采取相应的断电、停泵、断输送、断热以及泄压、导流、放空等措施。

易燃、可燃液体储罐、设备的着火位置一般在上部。可关闭进料阀门，打开出料阀门，将着火储罐、设备内的可燃物料导向其他的容器，随着残留物料的减少，燃烧时间缩短或燃烧中止。有安全水封装置的储罐、设备，可采取临时措施，用泵抽出其中的可燃、易燃液体，装入空桶中，并疏散到安全地点。

堵漏是处置危险化学品泄漏的重要方法，主要用于装有危险化学品的密闭容器、管道或装置，因密封性被破坏而出现的向外泄放或渗漏。常用的堵漏方法主要有以下几种：利用密封件的机械变形力压堵的机械堵漏法、利用充气气垫或气袋的鼓胀力将泄漏口压住而堵漏的气垫堵漏法、利用密封胶在泄漏口处形成的密封层进行堵漏的胶堵密封法、利用焊接把泄漏口密封的焊补堵漏法、利用磁铁磁力将密封垫或密封胶压在设备泄漏口的磁压堵漏法。

洗消是对染毒对象进行洗涤、消毒，去除毒物所采取的必要措施。洗消能降低事故现场的毒性，减少事故现场的人员伤亡，提高事故现场能见度，提高事故处置效率。可以简化化学事故的处置程序，缩小警戒区域，便于警戒和居民的防护或撤离。

按照洗消方式，可以分为燃烧消毒法、化学消毒法、物理消毒法三种。燃烧消毒法就是通过燃烧来破坏有毒物质，使其毒性降低或消除。化学消毒法即用化学消毒剂与有毒物质作用，改变化学毒物的化学性质，使之成为无毒或低毒物质。物理消毒法是通过物质吸附或者强制排风的方法进行消毒。

化学消毒法又可细分为中和消毒法、氧化还原消毒法、催化消毒法三类。中和消毒法即利用酸碱中和反应原理来实施消毒；氧化还原消毒法是利用氧化-还原反应原理达到消毒的目的；催化消毒法是利用催化原理，使催化剂与化学毒物发生作用，使化学毒物加速生成低毒或无毒的化学物质，从而达到消毒的目的。

物理消毒法常用方法有干烤、烧灼和焚烧、红外线辐射和微波等。干烤是利用干烤箱杀死微生物，主要用于玻璃器皿、瓷器等的灭菌。烧灼是直接用火焰杀死微生物，适用于微生物实验室的接种针等不怕热的金属器材的灭菌。焚烧是彻底的消毒方法，只限于处理废弃的污染物品，如无用的衣物、纸张、垃圾等。红外线是一种 $0.77 \sim 1000 \mu m$ 波长的电磁波，有较好的热效应，尤以 $1 \sim 10 \mu m$ 波长的热效应最强，亦被认为是一种干热灭菌，多用于医疗器械的灭菌。微波是一种波长为 $1mm \sim 1m$ 的电磁波。微波能使介质内杂乱无章的极性分子在微波场的作用下，按波的频率往返运动，互相冲撞和摩擦而产生热，介质的温度可随之升高，因而在较低的温度下能起到消毒作用。一般认为其杀菌机理除热效应以外，还有电磁共振效应、场致力效应等作用。微波照射多用于食品加工、医院中检验室用品、非金属器械、无菌病室的食品食具、药杯及其他用品的消毒。但微波长期照射可引起眼睛的晶状体混浊、睾丸损伤和神经功能紊乱等全身性反应，因此必须关好门后才可以开始操作。

在洗消过程中要严格遵守危险化学品泄漏事故的处置操作规程，防止造成不必要的伤害。救援人员一定要加强个人防护，进入重危险区的消防人员必须穿戴全身专用防护服，佩戴正压式空气呼吸器；中危险区人员可穿简单防化服或普通战斗服，但必须将衣口、袖口用胶带封死，佩戴隔绝式呼吸器或过滤式防毒面具。另外，应立即把中毒人员转移出污染区，防止中毒者受污染的皮肤或衣服二次污染救援人员。洗消工作结束后，要对救援人员及洗消装备进行彻底洗消，并经反复检测确认染毒体全部洗消完毕后，警戒人员方可撤离岗位。

发挥社会联动机制，当涉及人数多、污染面积大的时候，必须要动用公安、防化、医疗等其他社会力量共同参与。在夜间以及天气恶劣的情况下，对于长时间连续作战的复杂事故现场，防止人员疲劳，要从给养、器材装备、洗消药剂等方面给予充分后勤保障。

六、危险化学品事故应急管理

危险化学品事故具有发生突然、扩散迅速、危害途径多、作用范围广的特点，要求救援工作迅速、准确并有效。救援工作应在预防为主的前提下，贯彻统一指挥、分级负责、区域为主、单位自救与社会救援相结合的原则，以达到有效地实现救援的目的。其中，预防工作是危险化学品事故应急救援工作的基础，只有平时落实好救援工作的各项准备措施，当发生事故时才能及时实施救援。

危险化学品事故应急救援又是一项涉及面广、专业性很强的工作，单靠某一个部门是很难完成的，必须把各方面的力量组织起来，形成统一的救援指挥部，在其统一指挥下，公安、消防、安全监督、环保、卫生等部门和有关企业密切配合，协同作战，迅速、有效地组织和实施应急救援，尽可能地避免和减少损失。

应急管理是对重大事故的全过程管理，贯穿于事故发生前、中、后的各个过程，充分体现了"预防为主，常备不懈"的应急思想。应急管理是一个动态的过程，包括预防、准备、响应和恢复4个阶段。应急救援生命周期见图7-3。

在应急管理中事故预防有两层含义：一是事故的预防工作，即通过安全管理和安全技术等手段，尽可能地防止事故的发生，实现本质安全；二是在假定事故必然发生的前提下，通过预先采取的预防措施，来达到降低或减缓事故的影响或后果严重程度，如加大建筑物的安全距离、工厂选址的安全规划、减少危险物品的存量、设置防护墙及开展公众教育等。低成本、高效率的预防措施，是减少事故损失的关键。

应急准备是应急管理过程中一个极其关键的过程，是针对可能发生的事故，为迅速有效地开展应急行动而做的准备工作。包括应急体系的建立、有关部门和人员职责的落实、预案的编制、应急队伍的建设、应急设备及物资的准备和维护、预案的演练以及与外部应急力量的衔接等，其目标是保持重大事故应急救援所需的应急能力。

应急响应是在事故发生后立即采取的应急与救援行动，包括事故的报警与通报，人员的紧急疏散、急救与医疗，消防和工程抢险措施，信息收集与应急

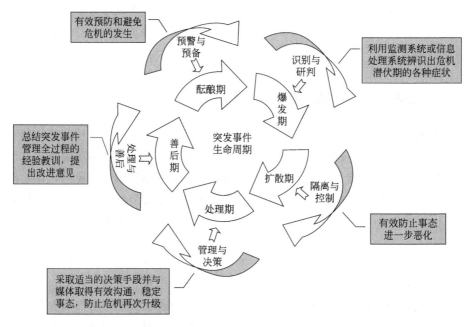

图 7-3 应急救援生命周期

决策和外部救援等，其目的是尽可能地抢救受害人员、保护可能受威胁的人群，尽可能控制并消除事故。应急响应可划分为两个阶段，即初级响应和扩大应急。初级响应是在事故初期，企业应用自己的救援力量，使事故得到有效控制；但如果事故的规模和性质超出本单位的应急能力，则应请求增援和扩大应急救援活动的强度，以便最终控制事故。

应急恢复工作应该在事故发生后立即进行。首先使事故影响区域恢复到相对安全的基本状态，然后逐步恢复到正常状态。要求立即进行的恢复工作包括事故损失评估、原因调查、清理废墟等，在短期恢复中应注意的是避免出现新的紧急情况。长期恢复包括厂区重建和受影响区域的重新规划和发展，在长期恢复工作中吸取事故和应急救援的经验教训，开展进一步的预防工作和减灾行动。

随着改革发展的深入，化学品应急工作面临新形势、新问题、新要求。目前我国危险化学品已进入大规模出口的新时代，生产方式越来越复杂、生产控制难度越来越大，危险化学品风险进一步增大。随着国家能源结构的不断调整升级对化工安全可靠提出更高要求，同时随着应急体制改革继续深化，新兴市场主体不断涌现，危险化学品应急管理责任体系仍需完善。由于各类自然灾害频发多发，外力破坏时有发生，化工及危险化学品生产运行系统的安全面临严重威胁。应急救援处置能力亟待提高，应急救援能力建设见图 7-4。

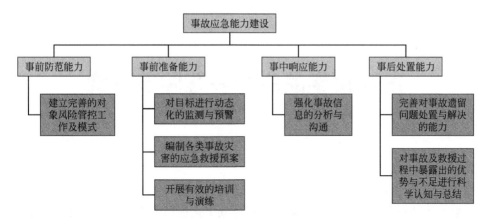

图 7-4 应急救援能力建设

鉴于当前社会经济发展水平和管理、技术条件的限制，短期内还不能完全杜绝化工及危险化学品突发事件的发生。为此，开展危险化学品应急能力建设工作，进一步提高危险化学品应急处置能力，切实提高危险化学品突发事件应对水平，有效防范和快速处置各类化工及危险化学品突发事件，对于减少事故损失、防止事故扩大、减少社会负面影响具有积极意义，非常必要，也非常迫切。

"居安思危、思则有备、有备无患"，应急能力建设工作任务艰巨，使命光荣，作为危险化学品生产、经营、储存、运输、使用、废弃的企业要承担起社会责任，全面落实企业安全生产主体责任，不断强化应急能力建设，真正守护住生命的最后一道防线。

参考文献

[1] 罗云. 风险分析与安全评价 [M]. 北京：化学工业出版社，2016.

[2] 崔政斌，赵海波. 危险化学品泄漏预防与处置 [M]. 北京：化学工业出版社，2018.

[3] 崔政斌，石方惠，周礼庆. 危险化学品企业应急救援 [M]. 北京：化学工业出版社，2018.

第八章

危险化学品生产装置除役安全

近年来，随着危险化学品行业产业结构的调整，大量高污染、高耗能企业需要关停或设备报废进入除役阶段；随着城市化进程的快速发展以及城市规划的发展要求，危险化学品企业需要搬迁至政府规划的化工园区或远离城市的工业区，也涉及部分老旧生产设备及设施的除役及相关设备及设施的拆除；另外，一些从事危险化学品生产、储存及运输的企业，由于生产安全管理措施的缺失发生了严重的安全生产事故，造成企业的生产设备及设施报废，进入除役阶段。

危险化学品生产装置所使用的原材料、中间体、产品等绝大多数是易燃易爆、有毒有害的物质，加之工艺流程复杂、设备种类繁多、辅助生产设施结构形式多样等，上述除役装置在相关设备及设施的拆除过程中容易造成火灾、爆炸、中毒、坍塌、高处坠落、灼伤等安全事故，以及遗留、废弃的危险化学品和废弃的设备物资等处置不当造成大气环境、水环境和场地土壤等的污染[1,2]。

基于以上种种，危险化学品生产装置的除役安全日趋得到重视。研究除役安全的目的就是为了防止除役过程中发生事故，避免不规范的除役行为造成环境污染，避免原址遗留废物不能得到及时妥善处置造成场地污染，也需要尽可能地对除役装置进行资源化利用；与此同时，危险化学品生产装置除役拆除后，还需要根据未来规划用地类型，充分摸清区域场地的污染概况及环境风险，对污染场地进行修复，以保障危险化学品生产装置除役拆除后场地的二次开发与安全利用。

危险化学品装置除役工作包括：装置拆除、场地修复、资源利用等三大主要内容。在除役过程中需要高度重视的工作环节包括：装置除役阶段安全环保风险识别、拆除方案的制定和拆除工程的实施、除役阶段安全环保管理、除役装置场地修复、除役物资的资源化利用等方面。

根据除役后的装置用途，危险化学品生产装置的拆除行为被划分为保护性拆除和破坏性拆除。

保护性拆除，是指在拆除过程中采取一定的保护措施，保留或部分保留原有设备或设施的结构和使用性能，拆除的设备和设施还需要被二次利用或可以被二次利用的拆除行为。例如：搬迁企业的装置拆除。

破坏性拆除，是指在拆除过程中没有采取任何保护措施，破坏了原有设备或设施的结构和使用性能，拆除的设备和设施只能作为废物进行处置的拆除行为。例如：高污染、高耗能装置的拆除。列入《高耗能落后机电设备（产品）淘汰目录》的设备（产品），按报废设备处理，实施破坏性拆除，禁止按原使用功能利用。

第一节　除役阶段安全环保风险识别分析

危险化学品装置内的化学品大多具有易燃、易爆、有毒、有害和腐蚀性等特性，且装置内设备种类繁多、辅助设施结构复杂，在除役过程中存在诸多安全环保风险危害因素[3]。

危险化学品装置除役工作过程中，必须统一思想，提高认识，认真学习国家相关法律法规，组织专家编制专项除役方案，进行除役装置安全环保风险识别，制定相应的防范措施，落实安全责任，以确保除役工作安全、有序进行。

一、安全风险分析

全面的安全风险分析是装置除役工作中安全措施制定的基础。一般有火灾、爆炸、坍塌、物体打击、高处坠落等风险，还存在中毒、窒息、灼伤等人身伤害风险。

由于设备或管线清洗、置换不彻底，残留易燃易爆物质未清理干净，或未进行气体检测即进行动火切割作业有可能发生火灾、爆炸事故。拆除设备或设施过程中，由于原有结构发生变化存在不稳定性，受力不均造成坍塌或部分构件掉落造成物体打击事故。拆除高大设备或在平台上、孔洞边、不稳定结构、管道支架上、脚手架上进行作业时，防护措施不到位或操作人员不能有效使用安全带等，有可能发生高处坠落事故。

由于设备或管线内的有毒有害物质未清洗或未置换干净，操作人员未能有效穿戴个人防护用品，在拆解过程中有毒有害物质溅（溢）出，造成人员中毒事故。由于设备或管线残留惰性气体未清理干净，或未进行氧气检测，操作人员进入密闭空间进行作业时，有可能发生人员窒息事故。

拆解酸、碱等具有腐蚀性物料的储罐时，拆除与储罐相连的法兰、管线时，残留的酸碱未能彻底排放干净；拆除罐体的进出口时，未安装相应的盲板引起拆除时酸碱溅出。若施工人员未按要求穿戴酸碱防护服，会造成人员灼伤事故。

二、环境污染分析

装置除役过程对环境的影响不可忽视，需提前进行大气、水和场地土壤等的污染分析。

1. 大气环境污染

清理设备内残留的物料或未能彻底排空设备内气体时，采用放空、氮气置换、空气吹扫等过程均可能产生易燃易爆、有毒有害气体及挥发性有机化合物（VOC）等污染物排放大气，造成大气环境的污染。应该将废气送至收集罐回收利用，不能回收的须送焚烧炉做无害化焚烧处理。

在切割、拆解设备设施过程中可能会产生含有粉尘等污染物的废气排放大气，造成大气环境的污染。应该设置粉尘收集系统或在相对封闭的空间进行操作，避免粉尘排入大气。

施工车辆运输过程产生的扬尘、砂石料堆存过程中的风吹扬尘等均可能造成大气环境的污染。应该适时进行洒水、用遮盖物进行遮挡，减少扬尘污染。

2. 水环境污染

排空的液态物料以及采用溶剂稀释或溶解残留物料的清理过程中产生的有毒有害废液，若不进行收集，直接排入地面，则会经雨水冲刷进入地表水造成地表水污染，渗入地下则造成场地地下水和场地土壤污染。应该收集后送可利用单位回收，不能回收的，送有资质的专业处理单位处置。

在采用水清洗设备设施过程中，可能会产生有毒有害的废水、废液，需用桶、罐或槽车收集，送污水处理厂或专业处理单位处置。施工临时住所的生活污水，也应经市政污水处理管道送污水处理厂进行处理。不能随意排放造成水环境污染。

3. 噪声污染

拆除施工作业噪声主要来自施工机械噪声，大多为不连续噪声。主要有切割机、挖掘机、载重机等。

4. 场地土壤污染

拆除过程中清理出的废料、清洗设备的废水、拆除的受有毒有害物料污染的设备材料和建筑物垃圾等，若不及时清理和处置，长期遗留在拆除现场或附近区域，经雨水冲刷漫流并渗入地下，均可能造成场地土壤的污染。

三、拆除施工作业风险识别及控制措施

拆除施工作业风险识别方法主要是采用施工作业工作安全分析（job safety analysis，JSA）表法，利用分析表的形式识别作业中存在的风险危害因素，针对识别出的风险危害因素提出相应的控制措施，在施工过程中予以实施，从而避免各种危害、事故的发生。施工作业 JSA 分析表见表 8-1。

表 8-1　施工作业 JSA 分析表

编号					
作业活动	建筑物及设施拆除		区域/工艺过程		
分析人员		日期			
序号	作业步骤	危害描述	现有控制措施	补充控制措施	备注
1	施工准备	无施工技术方案(措施)或未按规定审核批准	施工前做好方案的编制审批,有效指导施工作业,保证安全		
		人员安全教育,未进行人员安全教育	施工前检查上岗证,无证禁止现场施工作业		
		施工机具检查,未进行施工机具检查	施工前检查,不合格禁止使用		
		劳动保护用品穿戴不合格	施工前检查,不合格禁止施工		
		票证未办理,未安全喊话,未技术交底	施工前进行安全喊话及技术交底并做好记录,检查票证合格后方可施工		
		无监护人	必须设置监护人,且不得离岗		
2	防坠落脚手架搭设	架设人员无操作证,脚手架搭设质量有问题	现场细致检查人员证件及有效期,不合格立刻清出厂外		
		劳动保护用品不符合安全要求造成人身伤害	按规范及相关规定穿戴劳动保护用品		

序号	作业步骤	危害描述	现有控制措施	补充控制措施	备注
2	防坠落脚手架搭设	未对作业人员进行工作交底、安全交底或交底不清造成人身伤害	作业许可证接收人向作业人员讲解作业内容,存在的危险及采取的安全措施,应急疏散方向,消防器材的使用等内容		
		作业环境存在有毒有害气体造成中毒	进入有毒介质场所作业必须佩戴防毒面具。禁止任何人不佩戴合适的防护器具进入可能发生硫化氢中毒的区域,禁止在有毒区域内脱卸防毒面具		
		作业环境存在易燃易爆气体,遇火造成着火爆炸事故	在可能有易燃易爆气体的工作场所,必须确认吹扫置换干净,使用便携式气体检测仪器进行检测,检测气体浓度小于爆炸下限,并开具动火作业票证后,方可进行动火等拆除作业。同时确保必要的消防设施到位,以便及时灭火		
		施工时周围未设警戒区造成人身伤害	脚手架拆除前后必须经过安全技术交底,必要时编写拆除方案,拆除时有专人监护,不得抛掷拆除物,并划分警戒区,拉设警示绳,禁止无关人员进入警戒区		
3	高处作业	高处作业人员身体不符合作业要求,不了解高处作业的危害性,未经过相关的安全教育	施工人员体检报告、班组安全喊话、现场技术交底不合格禁止施工		
		高处作业未使用安全带,使用的安全带不符合要求,安全带使用不符合规定	使用双挂钩五点式安全带。安全带必须系挂在施工作业处上方的牢固构件上,不得系挂在有尖锐棱角的部位		
		高处作业上下抛掷工具、材料、杂物等,高处作业工具坠落	高处作业严禁上下抛掷工具、材料和杂物等,所用材料要摆放平稳,设安全警戒区。工具应放入工具套(袋)内,有防止坠落的措施。禁止交叉作业		
4	动火作业	氧气瓶与乙炔瓶距离小于5m	现场严格检查,不合格立即停止施工,没收票证,责令整改		
		氧气、乙炔带漏气	使用前细致检查,不合格禁止使用,定期更换		
		氧气表、乙炔表损坏	现场检查年检标志和产品合格证并认真检查实际使用情况		

序号	作业步骤	危害描述	现有控制措施	补充控制措施	备注
4	动火作业	电焊焊接,电焊把绝缘损坏	施工前细致检查,不合格禁止使用		
		动火由于火花飞溅引燃下方可燃物、易燃物、机械设备、电缆、气瓶等	必须设置防止火花飞溅坠落的设施(石棉布接火花),并对其下方的可燃物、易燃物、机械设备、电缆、气瓶等采取可靠的防护措施(石棉布铺盖),否则不准动火		
5	拆除作业	未对作业人员进行工作交底、安全交底或交底不清造成人身伤害	作业许可证接收人向作业人员讲解作业内容,存在的危险及采取的安全措施,应急疏散方向,消防器材的使用等内容		
		未进行人员资质检查或无证上岗作业造成人身伤害	操作人员必须经过专业学习培训,获得《特种作业人员操作证》后,方可从事相关作业,严禁无证操作		
		未设置警戒线,人员误入造成人身伤害	作业范围内设警戒线,无关人员禁止进入作业区域		
		地下电力电缆、通信电(光)缆、局域网络电(光)缆等未确认,造成损坏	施工前开具相关票证,保护措施已落实,无作业票证及保护措施未落实不得施工		
		地下供排水、消防管线、工艺管线等未确认,造成损坏	施工前开具相关票证,保护措施已落实,无作业票证及保护措施未落实不得施工		
		作业人员未按规定穿戴安全帽、手套、劳保鞋等防护装备,造成人员伤害	严格按照要求穿戴劳动保护用品,穿戴不合格不得进入施工现场		
		未配备可燃、有毒气体检测仪,造成火灾、人员中毒	按要求施工人员配备四合一气体检测器		
		地下部分拆除时基坑未进行放坡处理和固壁支撑,造成塌方、人员伤害、设施损坏	地下部分拆除时对基坑进行放坡处理,拆除从一侧进行		
		拆除范围未确认,造成错拆	提前确认拆除范围,并做好标记		
6	施工完毕	施工垃圾未清理	现场严格监督,对作业人员进行交底、告知,做到工完、料净、场地清		

第二节 装置拆除

装置拆除前，首先应对装置各类设备进行评估并组织物资专家进行市场调研。具有利用价值的各类设备，拆除过程中全面实行保护性拆除。一般选择环境影响小、施工安全、资源回收率高的拆除方式及工艺。

一、装置拆除前设备和管线的吹扫和置换

因生产装置、管道内可能含有残留的有机溶剂等易燃易爆化学品，拆除前应进行工艺处理，如蒸汽吹扫、氮气等惰性气体置换等，确保无残留介质。每一环节应落实责任人，签字认可。落实相关吹扫、清洗、检测措施，确认责任分工，落实相应消防措施[4]。

已经清理、吹扫和置换的危险化学品装置，需具有书面移交书，并上报环保、公安等相关部门备案，施工前应进行全面仪器检测，检测合格后方可施工。所有拆除工作，凡属登高与动火作业的，应先办理相关票证，并经项目装置有关技术人员确认后方可进行。

因事故造成的生产装置报废，没有条件对危险化学品装置进行彻底清理、吹扫和置换的情况下，装置内设备和管道存有易燃易爆、有毒有害等各种物质。针对这类装置，必须制定吹扫置换方案，组织人员进行清理和吹扫，对危险化学品按规定处理。清理合格的装置方可进行拆除，并上报环保、公安等相关部门备案。

二、装置拆除顺序

装置拆除顺序是施工安全的重要保障，一般按照先上后下，先里后外，先非承重后承重的顺序进行。

房屋拆除一般按照由上至下依次拆除，即按照各室内电源及灯具→门窗→屋面防水层→屋面板→混凝土梁→混凝土柱及墙体的顺序拆除。

电仪设备拆除顺序为：停电→验电→周边维护→拆除母线→拆除柜体连接螺栓→柜与柜子分离→吊运→运往指定地点。

设备拆除时，先拆除连接管线、基座，然后整体吊装，运往指定地点。

三、设备拆除施工方法

在拆除设备结构和工艺管线时常采用分段割除的方法进行。设备吊装应按照施工方案、拆除顺序及设备清单制定吊装一览表，确定吊车使用计划。

设备拆除的施工方法一般有四类，即人工拆除、机械拆除、爆破拆除和静力破碎拆除。上述四种施工方法各具特点及应用范围，应在施工前根据设备设施的结构、施工场地的环境和施工方法的难易程度等因素，制定详细的施工方案。

人工拆除是最原始、最常见的施工方法，是依靠手工加上一些简单的工具，如钢钎、锤子、风钻、手扳葫芦、钢丝绳等。这种方法是许多建（构）筑物拆除中主要的施工方法，适宜拆除砖木结构、混合结构以及上述结构的分离和部分保留拆除项目。人工拆除可以精心作业，易于保留部分建筑物。人工拆除通常需要进行高空作业，危险性大，因此人工拆除是拆除施工方法中最不安全的一种。

机械拆除是依靠大型吊车、镐头机、挖掘机、切割机等大型机械对设备、建（构）筑物实施切割、破碎。机械拆除适用于混合结构、框架结构、板式结构等高度不超过 30m 的建筑物及各类基础和地下构筑物的拆除。超过 30m 的建筑物利用平台或搭设脚手架进行机械拆除。

一般用火焰切割和等离子切割的方式将危险化学品装置中的钢结构、塔类、设备等切割成容易吊装或便于拆卸的形式。需要部分保留的建（构）筑物也不可直接机械拆除，必须人工分离后方可实施机械拆除。

机械拆除无须人员直接接触作业点，安全性好。机械施工速度快，可以缩短工期，但作业时扬尘较大，必须采用湿式作业法。

爆破拆除是利用炸药在爆炸瞬间产生的高温、高压气体对建（构）筑物进行破碎性或倾覆性拆毁。其主要目的是拆毁建（构）筑物，如：烟囱的定向爆破拆除。爆破拆除是一次性解体，扬尘、扰民较少。由于爆破前施工人员不进行有损建（构）筑物整体结构和稳定性的操作，人身安全最有保障。

静力破碎拆除是在需要拆除的构件上打孔，装入胀裂剂，待胀裂剂发挥作用后将混凝土胀开，再使用风镐或人工剔凿的方法剥离胀裂的混凝土。

四、专项拆除方案及安全措施

1. 工艺管线的拆除过程

工艺管线采用分段割除的方法进行拆除，根据辅助设施与场地周转情况，在确保安全的前提下确定管线的分段重量。拆除时，使用绳索捆住钢管的两头，水平地将拆除管线安全放置于地面。

2. 塔类、反应器设备的拆卸过程

在拆除之前，首先应确认设备及周围环境已经具备拆除条件。根据设备拆除特点，进行危险源辨识，制定相应的防控措施和适宜的拆除方案。

确认已进行厂内设备设施停产后的现状交底，包括：图纸、设备技术参数、无公害处理情况等，并移交相关的原始资料。

确认已对容器（塔）、管道、地沟清污清渣，吹扫、置换合格。所有塔体附属设备、管道已隔断并拆除完成，塔体周边场地（空间）满足拆除要求。拆除现场的消防通道、行车通道保证畅通。检查现场的梯子、栏杆、平台、盖板等的腐蚀及受力情况，打开人孔，采取有效的通风措施，确保安全。施工前还需复测设备内气体符合施工条件。确认塔体内的填料及催化剂已清理干净。

施工机械、人员及物资配备齐全。专项安全施工方案、总体安全施工方案及项目应急预案已按程序审批，并送当地安监局备案完成。

（1）拆除方案　确定满足上述拆除条件后，方可实施拆除活动。塔、反应器拆除方案有两种，应合理选择：

① 分段解体拆除　当塔体总体高度＜20m 或者塔体处于多层钢平面之上，且周围没有充足的空间（场地），可采用分段解体拆除方案。分段解体拆除一般分三步实施：

第一步，拆除塔体上各个连接管路以及塔体的周边设备和管道，拆除至不影响施工。

第二步，根据分段解体拆除的需要，局部搭设脚手架。

第三步，对塔体分段切割拆除，平台楼梯及格栅板保护性拆除。

塔体分段切割拆除，每次按照 2m 高度对塔体切割一圈，质量约 3～5t，在塔壁上对称切割吊孔，吊孔用卡环吊卸；逐一将塔体解体拆卸吊至地面运走。与此同时，平台楼梯也随塔体的拆卸而拆卸。

施工作业流程为：工器具准备、办理动火票→塔体附属设备管道拆除→局部脚手架搭设→塔顶盖拆除→塔内部件拆除→塔体分段吊装拆除→清理。

② 整体倾倒拆除　塔体周围有足够的空间（场地）时，可选用整体倾倒拆除方案。分四步实施：

第一步，拆除塔体周边附属设备管道，按方案设定的倾倒方向、位置，将周边空间的杂物全部拆除清理干净，施工作业区围蔽。

第二步，设置缆风绳。

第三步，如图 8-1、图 8-2 所示，切割除支座部分外的塔体壁板底部，安装替代支座，设置电动螺旋机械千斤顶。替代支座见图 8-3。

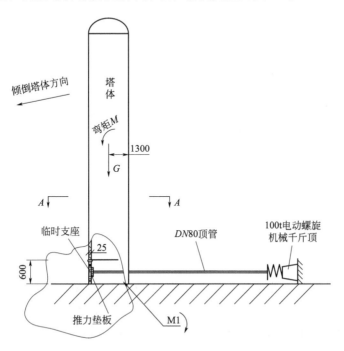

图 8-1　塔体整体倾倒拆除示意图

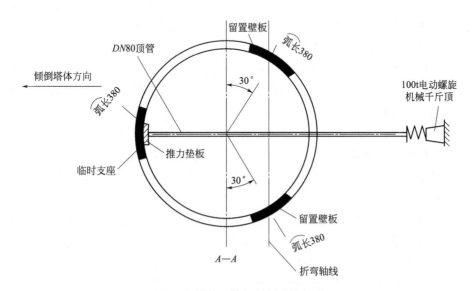

图 8-2　塔体整体倾倒拆除俯视图

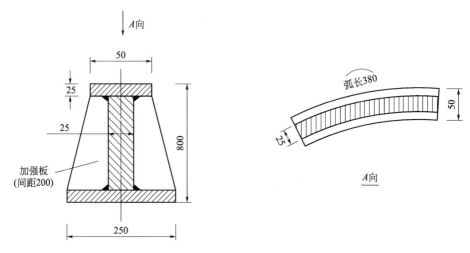

图 8-3　替代支座

第四步，撤走作业围蔽区内的全部人员，启动远距离电动开关，千斤顶受力将塔底两个临时支座推移，塔体底部抗弯矩失效倾倒。

施工作业流程为：工器具准备、办理动火票→塔体附属设备管道拆除→缆风绳设置→塔体底部临时替代支座安装→电动螺旋机械千斤顶安装→塔体倾倒→切割清理。

（2）风载荷应对措施　塔体底部壁板替代支座均布于圆周上，形成三点支撑，可不考虑风载荷的影响。考虑风载荷的影响而安装替代支座时，需把替代支座与塔壁焊接在一起，待准备启动千斤顶前，才把焊接连接处割开。

在塔周边设置三根缆风绳，由塔顶按角度牵引，以防风载对塔体受力的附加影响。由于塔、反应器较高，施工时需密切注意气象信息，尽可能选择无风天气进行塔体拆除。

（3）施工技术措施　施工现场保证有充足的人员、设备。参与施工的人员具备相应的专业素质，有类似的工作经验，对本专项拆除工艺、特点心中有数。各道工序设负责人，负责本工序的施工，提高工作效率，保证拆除工程安全顺利进行。

严格遵守动火证审批制度，动火前必须清理动火点周围易燃易爆物质，并进行塔体内浓度检测，符合安全动火条件后方可办理动火证动火；动火时配备看护人，作业现场配备足够数量的灭火器材，并保证灭火器材有效可用。

严格执行受限空间作业规定，在进入塔内前由检测人员进行含氧量、可燃气体及有毒气体等的检测，确保环境合格后才能进入，且需配置看护人员。

塔体拆除前，应先拆除附属设备、管道以及塔体内的附件和填料。塔体所有人孔打开，让塔体自然通风或者机械强制通风。

塔体整体拆除时，必须安装好临时支座，原则上要使支座受力中心与塔体壁板相垂直。支座受力均衡后才能切割塔体底面的壁板。塔体整体拆除时，调整支座的受力均衡是塔体整体倾倒的关键，是确保安全的重点，实施时需施工负责人到现场指导确认，不可野蛮作业。

（4）作业期间安全保证措施　拆除作业前需由技术人员对施工作业人员进行专项技术方案详细交底，从事特种作业的施工人员应持有特种作业操作证。

拆除作业前，在作业范围内设置警戒线及明显标志，严禁非工作人员通过，施工人员在现场必须佩戴安全帽且不得在机械或构件下停留。

高处作业的脚手架应搭设牢固，临空面应设置防护栏和安全网，脚手架验收合格方可使用。高处作业人员必须系好安全带，挂在上方牢固处。高处作业使用的小型工具及工件，上下传递时应放在工具包内，用麻绳系紧工具包上下传递。任何时候不得抛掷工具、构件等物品。多层次交叉作业时，应统一协调，采取相应的防护措施。

塔体分段切割时，对内部注意防燃措施，准备好灭火器和冲洗水。吊运塔体切割件时，吊点选择合理并焊牢，确认无误后方可起吊；吊运时应有专人指挥，指挥信号清晰、明确，吊件下及周围严禁有人，确认无误后方可松钩。筒体切割件吊起拆卸时，由起重工一人统一指挥，并在工件适当位置拴好溜绳，防止碰撞伤到人及脚手架。

大件翻身时，吊点选择应合理，设专人指挥、专人监护，吊耳必须焊牢，经检验合格后方可起吊。起吊时，必须缓慢且不得太高，放下要平，并设有防止滚动的设施。

在施工期间，遇大风、下雨，立即停止现场一切工作，并增置专职执勤人员在塔体警戒线范围巡查。

3. 化学品及酸碱储罐的拆除

原则上采用整体起吊的施工方法进行拆除，对于使用年代较长、吊装可能造成不安全的储罐，应进行分割后拆除。

对于硫酸、硝酸、盐酸储罐及氢氧化钠储槽，施工前必须经安全技术人员确认储罐内无残留物存在。根据设备新旧状况，决定采用整体拆除还是分割拆除方案。对于分割拆除的酸或碱罐，在拆除前应先用碱或酸清洗，再用水清洗，直至 pH 呈中性。

施工人员须佩戴必要的防护器具，穿橡胶耐酸碱服、戴橡胶耐酸碱手套。

拆除与酸罐相连的所有法兰、管线时，应注意竖管、水平管中是否有残留的酸，防止酸灼伤工人。将拆除管线的酸罐的进出口用相应的盲板封住，用车辆将拆除的酸罐运输到指定的地点摆放。

4. 化学反应釜的拆除

首先切断电机电源，排空釜内物料并进行必要的清洗，确认符合安全动火条件。施工前，确认现场拆除条件，道路畅通，清楚明了地下管道情况。确认设备已与管道断开。

反应釜可以整体拆除，也可以拆解拆除。整体拆除时，将反应釜吊起或直接用铲车托起之后割除支耳，再放至地面用铲车运输到指定地点。拆解拆除时，先拆除电机、减速机，打开反应釜盖，用铲车托住底部，割除支耳后放下运到指定地点。

5. 钢结构平台的拆除

钢结构平台采用从上到下的施工方法进行拆除。拆除钢结构平台上的平台板时，施工人员要在钢栏杆上系好安全带，确保安全。将分片拆除的平台钢板用麻绳放置于地面。接着拆除钢结构各层纵横梁，进行单根拆除，切割点在梁柱的连接部位，使用吊车将拆除的梁缓慢放置于地面。最后拆除钢结构平台的立柱，拆除时使用汽车吊或叉车配合拆除。《化学品生产单位特殊作业安全规范》（GB 30871）中规定了钢结构平台拆除吊装过程中的操作要点。

6. 油炉及锅炉的拆除

熟悉有关技术资料，包括锅炉制造和安装技术资料等；拆除前先停炉冷却，放净锅炉内的导热油后，打开锅炉上的人孔、头孔、手孔、检查孔和灰门等一切门孔装置，使锅炉内部得到充分冷却，并通风换气；清理锅炉内的垢渣、炉渣、烟灰等污物，并准备好用于照明的安全电源；需要在离地面或固定平面 3m 以上的部位进行检验作业时，应搭设脚手架。

拆除锅炉厂房的吊装孔、墙，首先拆除零米层的引风机、送风机、二次风机、给煤机、软化水箱等；接着拆除与锅炉连接的所有管道，集中存放在厂房外的空地；最后将炉墙四侧保温护板、保温材料、保温钉等拆除。

7. 液化气球罐拆除工艺

置换检测合格后，拆除连接管道，打开上下人孔，进行通风。具备动火条件后，由吊车放到地面进行分块切割，达到装车运输条件。

8. 高空管道拆除工艺

置换检测合格后，施工人员系好安全带，人工拆除管道连接法兰和盲板进行通风，逐段切割由吊车配合吊装至地面。拆除过程中，要避免损坏其他保留的管线。

9. 各类泵站拆除工艺

置换检测合格后，人工手动拆除泵和管道的连接点，使其分离。清除地面残留油液，铺层防火沙，达到动火条件。利用原有行车或吊车吊装所拆设备管道。

10. 火炬头拆除工艺

先拆除周边连接物，清理周边现场。再定向放倒后分块切割，达到装车运输要求。

11. 污水处理装置的拆除方案

按照清理池内污水、清理危险废物、拆除装置内主要设备和管道、机械拆除构筑物、场地清理、交工的顺序拆除。

污水清理前需先委托有资质的相关单位取样化验，确认污水的成分，制定切实可行的处理方法。用自吸式污水车将池内污水运输至事先联系好的污水处理厂处理，严禁就地排放污染环境。

装置内主要设备为泵及管道，由于体积及重量都不大，在破碎机整体施工前，将其尽量拆解以便于拆除物分类处理。

污水池及隔油池池壁、池底板的拆除需要先破拆原设备间及周边建筑物地下基础，然后拆除区域内地下不明管沟、电缆等。污水池整体拆除使用破碎锤施工，过程中将金属物资、建筑垃圾等分类堆放。为防止扬尘污染环境用洒水车进行洒水降尘。

污水池基础拆除顺序为：池壁外侧土方下挖→侧壁破除→底板破除→清理破除的混凝土碎渣、钢筋等。

五、电气仪表拆除

拆除电气仪表设备及电缆需根据装置系统图具体实施，并核实竣工图或设计图与施工现场勘察得来的资料和信息。内容涵盖结构、建筑、水、电、设备及外管线等。

1. 施工前准备及主要施工设备

首先熟悉被拆建筑物的竣工图纸，了解建筑物的结构和建筑情况、水电及设备管道情况、地下隐蔽设施情况。踏看施工现场，熟悉周围环境、场地、道路、水电设备管路、建筑物情况等。负责人根据施工组织设计和安全技术规程向参加拆除的工作人员进行详细的交底。对工人做好安全教育，组织工人学习安全操作规程，加强安全意识。

施工前，先清理施工现场，保证运输道路畅通。清除拆除倒塌范围内的物资、设备；要求办理好电气工作票，停电、验电、装设接地线、装设遮栏。将电线、燃气管道、水管道、供热设备等干线与该建筑物的支线切断或迁移；检查周围危旧房，必要时进行临时加固。搭设临时防护设施，避免拆除时的灰尘飞扬影响生产的正常进行。在拆除危险区设置警戒区标志。接引好施工用临时电源。现场照明不能使用被拆建筑物内的配电设施，应另外敷设。保证施工时用电畅通。向周围群众出示安民告示，在拆除危险区周围设禁区围栏、警戒标志，派专人监护，禁止非拆除人员进入施工现场。

对于生产、使用、储存危险化学品的建筑物内电气设备的拆除，须经过消防、安全部门参与审核，制定保证安全的预案并经过批准后，方可实施。

2. 施工组织与施工方法

按照"停电→验电→周边维护→拆除母线→拆除柜体连接螺栓→柜与柜子分离→吊运→运往指定地点→回收有价值废物→移交甲方"的流程进行施工。拆除时，首先清拆原有柜体连接电缆头。采取人工方法，划分区域，分块、逐段、逐根进行拆除。

电气设备（包括高低压柜顶母排）根据要求做保护性拆除。拆除高低压柜时，应先拆母线再拆连接的电缆头、二次接线、各种贵重仪表仪器、连接螺栓，吊装搬运。各高低压柜至各用电设备的各种规格型号电缆，拆除后按型号规格分类，单根整齐绕制成盘并运至指定地点，以利于以后取用。先拆明处，后拆暗处；先拆高处，后拆低处。轴流风机拆除时，先拆接线，再拆风机，吊装搬运。

拆除后，组织工人回收构件中有利用价值的废品。

3. 安全管理

进行拆除工作时，施工人员应站在专门搭设的脚手架或者其他稳固的结构部分上进行操作。拆除过程多属高空作业，工具、设备、材料杂乱，粉尘、日晒较多，作业人员应穿戴安全帽、手套、安全鞋等个人防护用品；在涉及砖石、灰尘及切割螺钉等的操作时，应佩戴护目镜。

拆除过程中，应有专业技术人员现场监督指导。为确保未拆除部分建筑的稳定，应根据结构特点，有的部位应先进行加固，再继续拆除。如：对于有倒塌危险的构筑物，采用支柱支撑、绳索临时加固等。

拆除作业应严格按拆除方案进行，拆除建筑物应该自上而下依次进行。当用机械拆除工程时，根据被拆除高度选择拆除机械，不可超高作业。机械解体作业时应设专职指挥员，监视被拆除物的动向，及时用对讲机指挥机械操作员进退。人机不可立体交叉作业，机械作业时，在其回旋半径内不得有人工作业。拆下的物料不能在楼板上乱堆乱放。

六、钢结构、混凝土、防腐拆除

1. 现场准备

施工前，要认真检查影响拆除工程安全施工的各种管线的切断、迁移工作是否完毕，确认安全后方可施工。清理被拆除建筑物倒塌范围内的物资、设备，不能搬迁的须妥善加以防护。

切断被拆建筑物的水、电、煤气管道等，接通施工中临时用水、电源。疏通运输道路，向周围群众出示安民告示，在拆除危险区域设置警戒标志。

2. 拆除工程施工管理

拆除前要先搭设钢管脚手架封闭，脚手架经验收合格后使用。作业人员应站在脚手架、脚手板、高凳或其他稳定的部位上操作，严禁站在整体被拆除构件上作业。脚手架随建筑物、构筑物的拆除进程及时安排拆除。拆除前应对下层脚手架及拉攀作稳固性检查。

（1）拆除施工工艺 由上至下依次施工：拆除各室内电源及灯具→门窗→屋面防水层→屋面板→混凝土梁→混凝土柱及墙体。

屋檐、阳台、雨棚、外楼梯等在拆除施工中容易失稳的外挑构件，先予拆除。框架结构建筑拆除必须按楼板、次梁、主梁、柱子的顺序进行施工。拆除建筑的栏杆、楼梯、楼板等构件，应与建筑结构整体拆除进度相配合，不得先行拆除。建筑的承重梁、柱，应在其所承载的全部构件拆除后，再进行拆除。

① 厂内钢棚拆除 先将屋面钢瓦人工拆卸至地面，采用吊车、气割配合方式将钢屋架吊运至地面。立柱割除时，先用超过立柱长度 2m 的麻绳拴住顶头，施工人员必须在与立柱倒向的反向一面施工，防止立柱倾倒伤人。

② 木结构砖瓦屋面仓库拆除 人工拆除屋顶平瓦和椽木后，采用气割割除混凝土人字梁间钢结构支架和拉筋，从一侧起，每割一榀混凝土人字梁，及时人工或用机械将人字梁拉倒。严禁将几榀人字梁支架和拉筋同时割除，以免造成集中倒塌，混凝土在地面破碎。墙体从上向下拆除，砖块向内侧拆除，集中在地面，然后运出现场。

拆除的混凝土构件采用风镐破碎后运出现场，采用人工配合机械拆除钢筋混凝土，全部破碎后，用自卸车运至项目部指定的地方。拆除工程施工现场的平面运输通道宽度为 1.5～2m 左右，以满足运输工具通行的需要，作业通道内不得堆放杂物，要保证室内上、下通道畅通。非作业通道利用警示带隔开，并制作标志牌在通道口做出警示。

③ 楼板（包括平屋面）拆除　根据楼板的不同而采用不同的拆除方式。

现浇钢筋混凝土楼板应采用粉碎性拆除。楼板锤击粉碎后应暂时保留其钢筋网，切割放梁前割除。可在各层楼板上凿洞设置建筑垃圾井道。洞口临边采取围挡封闭措施，采用钢管临时维护，围护高度不小于 1.2m。井道按柱网梅花形布置，洞口边长一般 1.2～1.5m。

预制楼板的拆除可采取回收或破碎拆除。将预制板块逐块分离，用手拉葫芦或绳索将板吊起，下放到低层楼面回收利用或破碎。可在每层按跨设置 1～2 个垂直井道作为垃圾井道。洞口临边采取钢管围挡封闭，并挂上安全网。

④ 次梁拆除　将梁的两端各凿一条宽 0.1m 的切割缝，按照先下层、后上层的顺序割断一端钢筋，使次梁一端自然向另一端倾斜；再按照先上层、后下层的顺序割断另一端钢筋，用绳索将次梁放到下层楼面破碎。

⑤ 主梁拆除　在梁的两端斜筋上设置割离缝，用起重机吊住主梁，割断钢筋后，将梁放到下层破碎。

⑥ 立柱拆除　为防止立柱倒塌时的冲击力对结构造成破坏，立柱倒塌方向应选择在下层梁或墙的位置上。将立柱切断部分的钢筋剥出，将反方向的钢筋和两侧的构造筋割断，向倒塌方向拉断。在撞击点放置建筑垃圾或草袋，做好缓冲防震措施。

⑦ 机械解体建筑物　拆除时，随时解体建筑物，随时二次破碎。采用液压锤配合挖掘机进行施工，液压锤具有无噪声、无粉尘、速度快、操作灵活的特点，是目前理想的环保型拆除工具。可以在有效的时间利用施工空间和施工机械，缩短工期。在破碎时，距离保留建筑较近的关键位置、关键部位可采用人工进行拆除。

（2）环境管理　破碎后渣土归堆，集中堆放，避免多台机械同时施工，减少在渣土清运时产生的噪声对周边居民和行人的影响。

为保证施工进度要求，开工后积极办理渣土消纳手续，按照指定的渣土消纳场所进行消纳。机械拆除的同时，组织自卸汽车进行渣土清运作业，装车前应组织液压锤对大块渣土进行破碎、归堆。装车时不得超过槽帮，并组织人工进行拍槽，以自动盖箱进行遮盖，以防车辆沿途遗洒并减少粉尘污染。车辆出场时应对车轮进行清扫，达到非施工现场及地面路面清洁要求。

采用挖掘机及 50 铲进行现场场地平整，场地要求达到基本平整，配合人工清扫的方式，将边角的渣土归堆清理至室外自然地坪。清扫完毕后，用洒水车将施工现场洒一遍水，达到干净、平整，满足验收要求。

3. 施工注意事项

（1）对部分拆除的同一建筑物或构筑物进行拆除前，应先对保留部分采取必要的加固措施。

（2）禁止立体交叉方式拆房施工。砌体和简易结构房屋等确需倾覆拆除的，倾覆物与相邻建筑物、构筑物之间的距离必须达到被拆除物体高度的 1.5 倍以上。被拆除的构件应有安全的放置场所。

（3）施工中必须由专人负责监测被拆除建筑的结构状态，并应做好记录。当发现有不稳定状态的趋势时，必须停止作业，采取有效措施，消除隐患。确保作业人员在脚手架或稳固的结构上操作。

（4）拆卸下来的各种材料应及时清理，分类堆放在指定场所。拆卸的材料应由垂直升降设备或溜放槽卸下。上层建筑垃圾应设立串筒倾倒，设置垃圾井道卸下，不得随意从高处下抛。屋面、楼面、平（阳）台上，不得集中堆放材料和建筑垃圾，堆放的重量或高度应经过计算，控制在结构承载允许范围内。

（5）拆除施工应分段进行，不得垂直交叉作业。作业面的孔洞应封闭。

（6）拆除横梁时，确保其下落有效控制时，方可切断两端的钢筋，逐端缓慢放下。拆除柱子时，应沿柱子底部剔凿出钢筋，使用手动倒链定向牵引，采用气焊切割柱子三面钢筋，保留牵引方向正面的钢筋。拆除管道及容器时，必须查清其残留物的种类、化学性质，采取相应措施后，方可进行拆除施工。

（7）拆除建筑物一般不应采用推倒法。砍切墙根的深度不能超过墙厚度的 1/3，墙的厚度小于两块半砖的时候，不许进行掏掘；掏掘前，要用支撑撑牢；推倒前，应发出信号，待全体人员避到安全地方后，方可进行。

（8）拆房施工作业时，楼板上严禁多人聚集，人工拆除主要扬尘环节应有控制措施，安排专人定时洒水降尘。

（9）临设及外架必须有避雷措施。防雷接地可与工程的避雷预埋件临时焊接连通，接地电阻达到规定要求，每月检测一次，发现问题及时改正。

（10）遇有六级以上风力、大雾、雷暴雨、冰雪等恶劣气候影响施工安全时，禁止进行露天拆除作业。设专人掌握气象信息，及时预报，采取相应技术措施，防止发生事故。禁止在台风、暴雨等恶劣的气候条件下施工。台风来临前，所有的机械要停放在安全地点，所有零星材料要加强覆盖，所有生产和生活临时设施要加防风缆和压盖。

（11）当日拆除施工结束后，所有机械设备应停放在远离被拆除建筑的地方。施工期间的临时设施，应与被拆除建筑保持一定的安全距离。

七、装置拆除工艺的最新进展

国内某石化企业开发了智能云平台、智能监控中心、智能安全帽、智能液压破碎剪以及消防机器人等拆除新技术。

智能云平台运用信息化手段，通过三维设计平台，对工程项目进行精确设计和施工模拟。围绕施工过程管理，建立互联协同、智能生产、科学管理的施工项目信息化生态圈，并将此数据在虚拟现实环境下，与物联网采集到的工程信息传到智能云平台进行数据挖掘分析。提供过程趋势预测及专家预案，实现工程施工可视化智能管理。

智能监控中心可对现场全部拆除施工作业面进行全过程监控和指导，并且对重要的资料、数据进行筛选并储存。

智能安全帽拥有卫星定位系统、实时视频监控、实时语音通信、辅助灯光照明等多项功能，有利于管理部门更合理化对施工现场进行把控。如果出现不安全的操作行为，监测发射模块将报警信息发送到中心客户端监测平台软件或负责人的手机 APP。

智能液压破碎剪属于冷拆除技术（载荷式移位），是一种经过对设备高度、直径、重量等参数做出详细测量、分析、定位后，定位开槽（或开孔），利用自身重力和外界机械的推拉力，定向、定速倾倒的一种拆除施工方法。可在大型装置、高耸塔、罐、烟囱等拆除过程中应用，从而提高拆除效率。

拆除过程中，引进智能液压破碎剪。施工过程以机械为主、人员为辅。现场机械全部配备监控系统，实时对机械拆除流程进行管控，实现全过程机械监控和管理。同时现场视频回传，无受限空间作业、最小化高空作业、最少化动火作业，最大限度保证了拆除过程中施工人员的安全，实现零伤亡。

消防机器人具有无生命损伤性、可重复使用性和人工智能性等优良性能。消防机器人作为一种无生命载体，在面临高温、有毒、缺氧和浓烟等各种危险复杂的环境时，在人力所不及之处可充分发挥其作用，大大减少消防人员伤亡。消防机器人作为一种特殊装备，在细心维护保养下，可反复使用，发挥其效能。消防机器人具有人工智能，可根据现场实际情况，自主判断实际危险情况来源，进行数据收集、处理、传输反馈、灭火等工作。

高空项目难点在于拆除主体复杂，需要多维度检测才能保证施工安全。因此施工现场引进智能无人机巡航系统，可实现 360°多维度、全天候监控。智能无人机定时高空巡察施工现场，对高处作业点进行信息采集，自动回传至信息管理平台。

中国石化某建设公司多次承担不同装置、不同类型的除役工作。以和其他公司联合完成的某化工厂整体拆除的智能工程为例，该化工厂始建于1978年，厂区占地面积 $1.28 \times 10^6 \, m^2$。拆除时，对拆除装置进行数据分析，设计吊车站位布置，一般分段切割后用吊车拆除。大型塔器经测算，具备拆除空间的，拆除过程中运用大数据载荷式移位、整体定向放倒。该方法在节约成本的同时提高了安全性。采用了智能液压破碎剪技术，在施工现场引进了智能无人机巡航系统，为安全除役提供保障的同时，还可及时获得现场信息，提高了工作效率。智能无人机巡航画面见图8-4。

图8-4　智能无人机巡航画面

在某除役工程中应用了消防机器人。该项目占地 $1.85 \times 10^5 \, m^2$。拆除工作是利用科技化技术对老厂区气柜火炬及老汽提装置进行智能拆除施工。拆除范围包括地面上的全部建（构）筑物、设备、设施等。消防机器人的应用大大减少了消防人员的工作量。

第三节　除役阶段安全环保管理要点

危险化学品生产装置除役阶段全过程的安全环保管理划分为除役初始阶段安全环保管理、除役实施（即拆除施工）阶段安全环保管理和除役收尾阶段安全环保管理。文献［5，6］详述了除役阶段安全环保管理方法。

一、除役初始阶段安全环保管理

装置交付拆除前，应对拆除装置、设施进行封闭化管理，与其他装置、设施有效隔离。对拆除区域隔油池、水封井、地沟地漏等进行冲洗并有效封堵，划出安全隔离作业区。对含有易燃易爆、有毒有害介质的设备和管道进行置换、吹扫、清洗等工艺处理，且处置合格。

1. 除役初始阶段安全环保管理要求

应制定除役项目安全保障方案。方案中应包含除役安全风险评估和风险控制措施内容，并经企业技术负责人审核批准。应组织项目部、监理单位、第三方安全监督机构进行安全条件确认，并开具装置设施交出单。

现场清查和识别拆除活动现场的遗留物料及残留污染物、遗留设备、遗留建（构）筑物等污染场地土壤风险点，填写《企业拆除前现场清查登记表》。必要时，采用探测雷达等技术手段确定地下管线、埋地设备设施。针对放射性、易制毒、易制爆、易燃易爆等危险物质的废弃，应制定专项安全处置方案，并依法合规处理。

应依据除役活动环境污染风险识别结果，以及除役后的土地及设施的使用或规划用途，组织编制企业除役活动污染防治工作方案。该方案应明确遗留物料、残留污染物清理和安全处置工作内容，确保在除役活动过程中不新增加环境污染风险，消除拟保留在原址的设施和设备的环境污染风险。根据拆除活动及污染防治需要，将拆除活动现场划分为拆除区域、设备集中拆解区、设备集中清洗区和临时储存区等，实现污染物集中产生、集中收集，防止和减少污染扩散。不同区域应设立明显标志标识，标明污染防治要点、应急处置措施等，并绘制拆除作业区域分布平面图。

2. 现场施工 HSSE 控制措施

应组织施工人员进行除役施工前的安全环保培训，经常性地开展安全教育活动，提高员工 HSSE 意识及自我防范能力。针对安全生产作业过程中的普遍问题或重大问题、阶段工作特点，利用安全分析会进行专题研究，制定解决方案。

培训内容包括：编制 JSA 分析表、正确使用各类个人防护用品、正确设置安全警示和标识、特殊工种及安全监督人员的专业培训、作业许可证的申领和使用、脚手架的搭设标准和程序作业、狭窄空间及封闭空间内的操作规程、动火作业规程、用火安全规程、高处作业规程、施工机械维护及环境保护等。

班前进行安全交底，在布置工作内容时进行安全环保风险识别分析，编制

JSA 分析表，对可能出现的危险，确定有效的操作方法及制定避免事故发生的措施。

确保员工正确使用各类个人防护用品，保证人身不受伤害。所有现场工作的人员必须配备防冲击眼镜，在有可能出现飞溅物体时佩戴防护眼镜，如切屑、冲刷、撬、敲打等。

设置安全警示和标识，随时提醒现场人员注意潜在的危险，避免事故的发生。项目道路入口处设置安全宣传牌，包括：项目 HSSE 组织机构图、安全生产方针。设置安全标志牌，包括：禁烟标志、注意安全标志、当心车辆标志和其他指令系列标志牌等。

做好特殊工种及安全监督人员的资格认定及日常管理工作。现场作业的所有特殊工种和项目的安全监督人员都必须经过国家政府部门的专业培训，并取得特殊工种操作证或岗位资格证书。项目建立特殊工种管理档案，将所有在项目工作的特殊工种操作证复印件存盘，以备随时进行检查。

严格执行作业许可证制度。作业前，首先由专业人员对作业环境进行检查，确认合格后，方可允许进行作业。作业过程中，安全人员随时对现场作业环境进行监测，如发现异常有权停止作业。特殊环境下的作业必须预先制定作业方案并取得批准方可进行作业。

加强脚手架施工和使用、高处作业及临边孔洞防护的管理。所有架设人员持证上岗，严格按脚手架的搭设标准和程序作业。架设队根据委托书组织搭设，着重做好基础、结构、作业面、临边孔洞防护及上下通道的处理。搭设过程中，悬挂"未完架设"标志牌。搭设完成后，项目部组织架设和使用单位检查验收，对照脚手架标准和委托要求逐项检查，验收合格后方可使用。

做好施工机械的日常维护保养工作，保证其性能良好，严格执行操作规程。施工机械经安全检查合格后方可投入现场使用。落实安全责任制，操作人员持政府部门颁发的上岗证上岗，并严格按设备操作规程进行操作。操作主管人员负责确保防护设施满足操作需要且全部到位。

做好现场环境保护工作，作业中做好粉尘浓度的控制。视风力和土质情况，遇有地表土因风力形成扬尘后要及时组织人力洒水。对作业引起的粉尘，在作业前应采取相应的施工技术措施，要有棚、罩等预防粉尘污染环境。

二、除役实施阶段安全环保管理

除役实施阶段即为拆除施工阶段。装置拆除前，应组织施工单位、监理单位、第三方安全监督机构进行拆除工程内容交底。施工总承包单位应编制专项拆除工程方案，经施工单位技术负责人、项目总监理工程师、企业或受让方技术负责人签批后，方案生效。

拆除工程方案中应含有组织机构、拆除内容、拆除工序、风险评估、安全控制措施、应急预案等内容。施工单位应当严格按照拆除方案施工，不得擅自修改、调整方案。如因设计、外部环境等因素影响确需修改的，修改后的方案应重新审批。

1. 除役实施阶段安全环保管理要求

拆除方案实施前，项目技术负责人应当向现场管理人员和作业人员进行书面安全技术交底。应制定拆除顺序图，明确拆除步骤和要点，施工单位负责组织审查，监理总工程师审批后方可进入下一道工序。拆除过程对环境、设备、管线内气体进行不间断检测，发现残余物等异常情况时，应立即停工并按变更管理制度实施变更管理。拆除过程发现的残余物料应进行安全转移、回收处理；发现的废物应按照有关规定无害化处理，需转移运输的，应委托有相应资质的单位承运。

拆除工程实施过程中实行全工序安全条件确认制度。各项工序开工前，监理单位应组织施工单位开展安全条件确认，并书面报告企业，方案审查批准后方可实施。使用爆破等高风险方式进行拆除装置和设施的，应委托第三方安全评价机构进行风险评估。

拆除工程现场的消防通道、行车通道及应急逃生通道应保持畅通。消防设施拆除应为最后工序，消防水系统在施工期间应保证正常运行。

拆除工程实施过程中的环境保护管理包括防止废水、固体废物、遗留物料和残留污染物污染场地土壤，防止大气环境污染、防止水环境污染以及防止噪声污染等。

采取措施防止固体废物污染场地土壤。拆除活动中应尽量减少固体废物的产生，对遗留的固体废物、拆除活动产生的建筑垃圾、第Ⅰ类一般工业固体废物、第Ⅱ类一般工业固体废物、危险废物需要现场暂存的，应当分类储存，储存区域应当采取必要的防渗漏（如水泥硬化）等措施，并分别制定后续处理或利用处置方案。

识别和登记拆除生产设施设备、构筑物和污染治理设施中遗留物料、残留污染物，妥善收集并明确后续处理或利用方案，防止泄漏、随意堆放、处置等污染场地土壤。

拆除过程中应采取必要的废气收集处理措施，收集挥发或半挥发遗留物料放空、清洗时排出的废气，并送至收集罐回收利用；不能回收的须进行净化处理，尾气送焚烧炉做无害化焚烧处理。设置防尘、集尘、降尘措施，防止和减少大气环境污染。

采取有效的措施防止废水污染场地土壤和水环境。拆除过程中应设置雨污分类收集系统，遗留在现场的废水，清洗、清理过程中产生的废水，以及生活污水、雨水等，不得直接排放，应分类收集和处理。拆除活动现场不具备处置条件的，应送相关有相应技术能力的单位进行处置。物料放空、拆解、清洗、临时堆放等区域，应设置适当的防雨、防渗、拦挡等隔离措施，必要时设置围堰，防止废水外溢或渗漏。对现场遗留的污水、废水以及拆除过程产生的废水等，专门制定后续处理方案。

拆除活动应使用低噪声、低振动的机具，采取隔音与隔振措施，避免或减少施工噪声和振动。拆除现场噪声排放不得超过《建筑施工场界环境噪声排放标准》（GB 12523）规定的排放限值。

2. 现场施工 HSSE 控制措施

在拆除施工现场，作业行为包括焊接和气割作业、吊装作业、高空作业、动火作业等。

（1）焊接和气割作业　经过相关培训，焊接和气割作业人员取得相关部门颁发的操作证方可上岗。作业人员必须正确佩戴防护眼镜、面罩及防护手套等来保护自己免受伤害。作业时，必须清除周围可燃物，并设专人监护，工作完毕，必须将火源彻底熄灭。在狭窄空间及封闭空间内进行相关作业时，使用风机进行通风，坚决禁止直接使用氧气供氧。安全人员随时对作业空间内的氧气含量、有毒气体含量进行检测，以防止作业人员窒息。不使用时，关闭压缩气瓶阀门。气瓶必须立放，并有防震圈及防晒措施，特别是乙炔瓶。气瓶与明火距离不小于10m。焊接时必须有从焊接设备上引出的单独接地电缆并连接到被焊工件上靠近焊口处。每天工作结束后关掉所有的焊接设备。

（2）吊装作业[7]　50t 以上吊装物品必须编制专项吊装方案，吊装时按方案执行。起重吊装作业前，应根据吊装方案的要求划定危险作业警戒区域，设置警戒线，悬挂或张贴明显的警戒标志，防止无关人员的进入，并设置专职人员在警戒线区域范围进行实地监护。吊装前，应检查：施工机具的规格和布置与方案是否一致并便利操作；机具的合格证以及清洗、检查、试验的记录是否完整；工件的基础，地脚螺栓的质量、位置是否符合工程要求；施工场地是否坚实平整，基础周围回填土的质量是否合格；工件运输所经道路是否按要求平整压实；桅杆是否按规定调整到一定的倾角，拖拉绳能否按分配受力；供电部门是否能保证正常供电；指挥者及施工人员是否已经熟悉其工作内容；备用工具、材料是否齐备；辅助人员是否配齐。确保所有准备工作就绪到位，经检查合格后，方可起吊。同时密切关注天气预报，严禁在风力六级及以上进行吊装作业，不得在风力五级及以上时进行大、中型工件吊装。

起重机应由专职司机操作，司机必须受过专业训练。起重工必须是取得劳动部门合格证件的人员。工作前应检查各控制器的转动装置、制动器闸瓦、传动部分润滑油量、钢丝绳磨损情况及电源电压等，如不符合要求，应及时修整。起重机的变幅指示器、力矩限制器以及各种行程限位开关等安全保护装置，均须齐全完整、灵敏可靠。司机应以充沛的精力进行工作，严禁酒后操作、带病工作，不得在操作中与其他人员闲谈及做与工作无关的动作和事情。

起重机和扒杆首次起吊或重物重量变换后首次起吊以及每次作业前都应进行试吊。不要吊起后立即提升到所需高度，要先进行试吊，做到慢起钩（以达到减小惯性），重物离地面50cm左右时稍停，检查起重机或臂杆的工作状态，功能能否满足要求，认为没有问题时再继续起升，严禁做快速回转。试吊中检查全部机具、地锚受力情况，发现问题应先将工件放回地面，故障排除后重新试吊，确认起重机、臂杆稳定，制动可靠，重物吊挂平衡牢固后，方可正式吊装。吊装时应动作平稳。多台卷扬机共同工作时，启、停动作要协同一致，避免工件振动和摆动。就位后应及时找正、找平，工件固定前不得解开吊装索具。

司机得到指挥人员明确的信号后方可开始操作，动作前先鸣铃示意。如发现信号不清，不要随意操作。起吊过程中要密切注意起重物件的绑扎是否牢固合理，防止吊重物在空中坠落和空中翻转。当挂好钢丝绳索具，起升吊钩钢丝绳绷紧时，操作人员要立即远离被吊重物，不能在起重臂杆、受力索具附近及其他有危险的地方停留，防止重物坠落和臂杆塌落伤人。吊装过程中如因故障停止吊装，必须及时采取安全措施，并加强现场警戒，尽快排除故障，不得使工件长时间处于悬吊状态。当吊重物处于空中制动器失灵时，操作司机必须发出报警信号，采取果断措施，将重物下降到无人的空旷处。

起重机工作时必须严格按照额定起吊重量起吊，不得超载，不得斜拉重物、拔除地下埋物。起重机在吊重自由下降时，因重力的作用对起重机产生大的冲击力，会造成机车的失稳倾翻，所以在非重力下降式起重机中，不得带载自由下降。

拖拉绳跨过道路时，距路面高度不得低于5m，并加醒目标志。与带电线路的距离应符合电气安全规程，并搭设护线架以保证安全。

在吊装作业中设一个指挥者。指挥者应把信号向全体工作人员交代清楚，必要时可进行预演。哨音必须准确、响亮，旗语应清楚。工作人员如对信号不明确时，应立即询问，严禁凭估计、猜测进行操作。在某些吊装作业中，为了正确、及时地下达信号，可在指挥者领导下，设一个分指挥分管若干岗位的指挥工作，但须分工明确，紧密配合。

指挥者应站在能看到吊装全过程并被所有施工人员都能看到的位置上，以利于直接指挥各个工作岗位，否则应通过助手及时传递信号。指挥者及操作人员应使自己的视觉、听觉不受阻碍。

凡参加吊装的施工人员，必须坚守岗位，并根据指挥者的命令进行工作。吊装过程中，任何岗位出现故障，必须立即向指挥者报告，没有指挥者的命令，任何人不得擅自离开岗位。

施工人员不得攀拖拉绳或其他绳索上下，任何人不得随同工件或吊装机具升降。特殊情况必须随同升降时，应采取可靠的安全措施，并经有关负责人批准。

（3）高处作业　从事高处作业人员应接受高处作业安全知识的教育，特种高处作业人员应持证上岗。2m以上高处作业必须佩戴安全带且正确使用。

高处作业时，施工人员使用的工具、零件等，应放在工具袋内或其他妥善部位，工具应拴上保险绳，防止脱手坠落。上下传递时应系绳吊上或放下，高处作业区内严禁抛掷物件。

（4）动火作业　动火作业需办理施工票、火票，施工人员随身携带特种作业许可证，现场动火施工时，必须有专业监火人员进行监护，严格执行"三不动火"制度。

氧气瓶严禁在高温区放置，使用经年检过并贴有合格证的氧气表、乙炔表。氧气、乙炔瓶间距应大于5m，瓶与火点投影间距大于10m。

切割、焊接作业时会溅出火花，因此要在周围易燃物上面等处铺上一层防火石棉布。作业前对密闭空间内进行气体检验，施工点及施工人员四周及脚底用石棉布遮挡；作业时用石棉布做防火花飞溅措施。在施工现场周围配备足够的灭火器及水桶，以用于应急灭火。

三、除役收尾阶段安全环保管理

除役收尾阶段应做好现场清理工作、设备档案管理工作以及除役物资处置或处置工作。

1. 清理现场

拆除活动结束后，应对现场内所有区域进行检查、清理，确保所有除役物资得到合理处置，不留场地土壤污染隐患，并做好后续污染地块调查工作的衔接。

拆除活动过程中，对识别出的遗留物料、残留污染物、遗留设备、建（构）筑物等场地土壤污染风险点所在区域或发现土壤颜色、质地、气味等发生明显变化的疑似土壤污染区域，以及因物料或污染物泄漏而受到影响的区域等，都应当绘制疑似场地土壤污染区域分布平面示意图并附文字说明，保留拆除活动前后现场照片、录像等影像资料，为拆除结束后工作总结及后续污染地块调查评估提供基础信息和依据。

2. 设备档案管理

对构成重大危险源的装置设施，除役后应及时到当地政府备案的安全监管部门核销。对于报废的特种设备，按规定到当地政府特种设备监管部门注销。企业应负责除役后设备设施的处置、收运、档案管理工作，详细记录其种类、数量、去向、用途等情况，确保依法合规处置。

3. 除役物资处置

除役物资包括清理出的化学品（物料），拆除的设备、建（构）筑物及其他设施（电缆、仪表等），按照可利用与不可利用进行分类处理。

可利用的除役物资处理请参见本章第五节。不可利用的除役物资作为废物处理，包括废弃的危险化学品、废弃的建筑垃圾、废弃的仪表等，应进行分类处理处置。

废弃的危险化学品应当按照《固体废物污染环境防治法》《废弃危险化学品污染环境防治办法》等法律法规及时有效处置。废弃的建筑垃圾应当按照环境污染风险性进行及时有效处理处置。具有高环境风险及潜在环境风险的建（构）筑物拆除过程产生的建筑垃圾，按照固体废物进行管理；一般性建（构）筑物拆除产生的建筑垃圾，按照《城市建筑垃圾管理规定》执行。带有放射源的仪表应按照放射源废物管理要求及时有效处置；不带有放射源的仪表应当按照废弃的电子产品管理要求及时有效处置。

第四节 场 地 修 复

除役危险化学品生产装置在役期间大多涉及有毒有害、腐蚀性、易燃易爆等性质的物料，且多是系统老化、管理水平较低的装置，在生产过程中存在跑冒滴漏的现象，可能对原址场地的土壤及地下水造成污染。危险化学品生产装置在除役拆除后，其原址场地面临二次开发利用的安全问题，场地开发利用的环境安全、健康风险和社会风险都非常突出，需要根据未来规划用地类型，充分摸清区域场地的污染概况及环境风险，对污染场地进行修复，以保障危险化学品生产装置除役拆除后场地的二次开发与安全利用。

一、危险化学品生产装置所在场地污染特点

危险化学品在发展生产、改变环境和改善人民生活中发挥着不可替代的积极作用，但因其具有易燃、易爆、有毒、有害和腐蚀性等特点，对人身安全、设备、环境构成较大威胁。改革开放以来，随着我国经济的快速发展，我国对能源和化工产品，尤其是危险化学品的需求急速增加，但受生产力发展水平和从业人员素质等因素的制约和影响，危险化学品安全生产基础比较薄弱，由危险化学品引发的环境污染事故时有发生。交通事故、环境违法、设备故障和操作不当是引发危险化学品环境污染事故的主要原因。其中，环境违法、设备故障和操作不当都涉及危险化学品生产装置所在场地的环境安全。因此，危险化学品生产装置所在场地的土壤及地下水所遭受的潜在污染不容小视。

从物质的性质看，污染土壤及地下水的危险化学品大致可分为无机污染物和有机污染物两大类。无机污染物主要包括各种有毒金属及其氧化物、酸、碱、盐类、硫化物和卤化物等。有机污染物主要包括有机农药、酚类、氰化物、石油等。

大气污染、水污染和废物污染等问题一般都比较直观，而危险化学品生产装置所在场地中土壤及地下水的污染具有隐蔽性，往往要通过对土壤及地下水样品进行分析化验，或通过研究暴露于场地中的人、畜及植物的健康状况才能确定。因此，危险化学品生产装置所在场地从产生污染到出现问题通常会滞后较长的时间。

污染物在土壤及地下水中的迁移速率较低，这使得危险化学品生产装置所在场地土壤及地下水中的污染物不容易扩散和稀释。因此，土壤污染具有很强的地域性，污染物容易不断积累而超标。无机危险化学品中所含重金属对土壤的污染基本上是一个不可逆转的过程，土壤无法自我修复。同时，许多有机危险化学品的污染也需要较长的时间才能降解。因此，危险化学品生产装置所在场地的污染在短时间内是不可逆转的。

危险化学品生产装置所在场地中潜在污染具有隐蔽性和滞后性、累积性及不可逆转性等特性，装置除役后的环境修复难度大。由于危险化学品的危险特性，整个修复工艺及装备需经过特殊设计，才能保障顺利完成修复的同时防止

危险化学品再次进入环境。

二、场地修复的法律要求

危险化学品生产装置所在场地中土壤及地下水的修复秉承"谁污染，谁治理""谁破坏，谁恢复"的原则。

《土壤污染防治行动计划》中明确指出：需明确治理与修复主体。按照"谁污染，谁治理"原则，造成土壤污染的单位或个人要承担治理与修复的主体责任。责任主体发生变更的，由变更后继承其债权、债务的单位或个人承担相关责任；土地使用权依法转让的，由土地使用权受让人或双方约定的责任人承担相关责任。责任主体灭失或责任主体不明确的，由所在地县级人民政府依法承担相关责任。

《土壤污染防治法》明确指出，任何组织和个人都有保护土壤、防止土壤污染的义务。土地使用权人从事土地开发利用活动，企业事业单位和其他生产经营者从事生产经营活动，应当采取有效措施，防止、减少土壤污染，对所造成的土壤污染依法承担责任。实施风险管控、修复活动前，地方人民政府有关部门有权根据实际情况，要求土壤污染责任人、土地使用权人采取移除污染源、防止污染扩散等措施。土壤污染责任人负有实施土壤污染风险管控和修复的义务。土壤污染责任人无法认定的，土地使用权人应当实施土壤污染风险管控和修复。因实施或者组织实施土壤污染状况调查和土壤污染风险评估、风险管控、修复、风险管控效果评估、修复效果评估、后期管理等活动所支出的费用，由土壤污染责任人承担。

《水污染防治行动计划》指出，落实排污单位主体责任。各类排污单位要严格执行环保法律法规和制度，加强污染治理设施建设和运行管理，开展自行监测，落实治污减排、环境风险防范等责任。中央企业和国有企业要带头落实，工业集聚区内的企业要探索建立环保自律机制。

《水污染防治法》指出，企业事业单位违反本法规定，造成水污染事故的，除依法承担赔偿责任外，由县级以上人民政府环境保护主管部门依照本条第二款的规定处以罚款，责令限期采取治理措施，消除污染；未按照要求采取治理措施或者不具备治理能力的，由环境保护主管部门指定有治理能力的单位代为治理，所需费用由违法者承担；对造成重大或者特大水污染事故的，还可以报经有批准权的人民政府批准，责令关闭；对直接负责的主管人员和其他直接责任人员可以处上一年度从本单位取得的收入百分之五十以下的罚款。

三、场地修复技术

首先应根据原危险化学品生产装置的分布特点、未来产业布局和空间结构及市场需求等，对危险化学品生产装置除役后的场地提出初步的土地再利用规划。根据《土壤环境质量　建设用地土壤污染风险管控标准（试行）》（GB 36600—2018），城市建设用地根据保护对象暴露情况的不同，可划分为以下两类：

第一类用地：包括国家标准《城市用地分类与规划建设用地标准》（GB 50137—2011）规定的城市建设用地中的居住用地（R）、公共管理与公共服务用地中的中小学用地（A33）、医疗卫生用地（A5）和社会福利设施用地（A6），以及公园绿地（G1）中的社区公园或儿童公园用地等。

第二类用地：包括 GB 50137 规定的城市建设用地中的工业用地（M），物流仓储用地（W），商业服务业设施用地（B），道路与交通设施用地（S），公用设施用地（U），公共管理与公共服务用地（A）（A33、A5、A6 除外），以及绿地与广场用地（G）（G1 中的社区公园或儿童公园用地除外）等。

不同的用地类型对应不同的场地调查、修复及风险管控标准，是后续场地修复工作的基础，为修复技术的选择限定了范围、指明了方向。常用的场地修复技术有以下几种[8-11]。

（1）异位固化/稳定化技术　异位固化/稳定化技术是向土壤中添加固化/稳定化药剂，经充分混合，使其与污染介质、污染物发生物理、化学作用，将污染土壤固封为结构完整的具有低渗透系数的固化体，或将污染物转化成化学性质不活泼的形态，降低污染物在环境中的迁移和扩散。

异位固化/稳定化技术主要适用于重金属及砷化合物等污染物，有时也用于石棉、部分氰化物和有机污染物，一般不适用于单质汞、挥发性氰化物、挥发性有机污染物。其适用性以及修复效果受土壤物理性质（机械组成、含水率等）、化学特性（有机质含量、pH 值等）、污染特性（污染物种类、污染程度等）的影响。为此，应针对不同类型的污染物选择不同的固化/稳定化药剂，并基于土壤类型确定不同污染物浓度时的最佳固化/稳定化药剂添加量。

修复系统主要包括土壤预处理系统、固化/稳定化药剂添加和混合搅拌系统、检测验收系统。

优点：技术成熟、应用广泛、处理时间短。

局限性：不降低污染物总量，不适用于以总量为验收标准的修复情形；一般需配合阻隔技术使用，并进行长期监控；需根据规划和地块用途协调落实阻隔回填区域，且未来存在被扰动的风险；对于场地地下基础复杂的地块，工程施工成本较高。

（2）水泥窑协同处置技术　水泥窑协同处置技术是利用水泥回转窑内的高温、气体长时间停留、热容量大、热稳定性好、碱性环境、无废渣排放等特点，在生产水泥熟料的同时，焚烧固化处理污染土壤。

水泥窑协同处置技术主要适用于重金属、挥发及半挥发性有机污染物等，如石油烃、农药、多环芳烃、多氯联苯等。对重金属入窑浓度有限制，需满足《水泥窑协同处置固体废物环境保护技术规范》（HJ 662—2013）的相关要求。确定污染土壤的添加比时，需考虑污染土壤中氯、氟和硫的含量。必要时需对水泥窑进料系统和尾气处理系统进行改造。

修复系统主要包括预处理系统、上料系统、水泥回转窑及配套系统、尾气处理系统和监测系统。系统运行关键参数应通过检测分析确定。在利用水泥窑协同处置污染土壤前，分析各批次污染土壤的污染物质成分含量。分析指标包括：污染土壤的含水率、烧失量、成分，碱性物质含量，重金属含量，污染物质成分，氯、氟、硫元素含量。根据生产水泥质量要求，综合确定污染土壤的投加比例。

优点：技术成熟，适用范围较广，原场地周转较快，对有机污染物处置彻底，可实现资源化。

局限性：需协调水泥厂进行处置，耗能较大，对于含水率高、热值低的土壤需要消耗更多能量。

（3）异位热脱附技术　异位热脱附技术通过直接或者间接加热，将污染土壤加热至目标污染物的沸点以上，通过系统温度和物料停留时间有选择地促使污染物气化挥发，使目标污染物与土壤颗粒分离、去除。

异位热脱附技术主要适用于石油烃、挥发性有机物、半挥发性有机物、多氯联苯、呋喃、杀虫剂等污染物。不适用于腐蚀性有机物、高活性氧化剂和还原剂含量较高的土壤，亦不适用于汞、砷、铅等复合污染土壤。

修复系统主要包括预处理系统、加热脱附系统、尾气处理系统。除上述主要系统外还应配备净化土壤后处理系统及控制系统等。

异位热脱附技术应用前，需要识别土壤污染物的类型及其浓度，了解土壤质地、粒径分布和含水率等参数，确定场地信息、处理土壤体积、项目周期和处理目标等。还需要考虑是否有足够的空间进行土壤预处理，公用设施（燃料、水、电）是否满足要求等。

优点：处理量大，修复效果好，修复效率高。

局限性：黏土含量高或含水率较大的土壤需进行预处理，处理效率受土壤性质影响较大；设备耐高温、耐磨损要求高，安装调试时间较长，设备设施成本高，需协调能源来源；小体量污染土壤修复项目的技术经济性较差；能耗高。

（4）异位化学氧化技术　异位化学氧化技术是向污染土壤添加氧化剂，通过氧化作用，使土壤中的污染物转化为无毒或毒性相对较小的物质。常见的氧化剂包括高锰酸盐、过氧化氢、芬顿试剂、过硫酸盐和臭氧。

异位化学氧化技术主要适用于石油烃、苯系物、酚类、甲基叔丁基醚、含氯有机溶剂等污染物。一般不适用于重金属污染的土壤修复。该技术的适用性以及修复效果在一定程度上受土壤物理性质、化学特性、污染特性的影响。应针对不同类型的污染物，选择适用的氧化剂，并基于土壤类型，研究确定最佳氧化剂添加量。修复系统主要包括以下几种。

① 预处理系统　对开挖出的污染土壤进行破碎、筛分或添加土壤改良剂等。

② 药剂混合系统　将污染土壤与药剂进行充分混合搅拌。按照设备的搅拌混合方式，可分为两种类型：采用内搅拌设备，即设备带有搅拌混合腔体，污染土壤和药剂在设备内部混合均匀；采用外搅拌设备，即设备搅拌头外置，需要设置反应池或反应场，污染土壤和药剂在反应池或反应场内通过搅拌设备混合均匀。

③ 防渗系统　反应池或具有抗渗能力的反应场，能够防止外渗，并且能够防止搅拌设备对其损坏。

优点：技术成熟，国内应用较广泛。适用污染物范围较广，工艺简单，修复费用较低。

局限性：可能会产生有毒有害的中间产物；需关注药剂残留问题及使用安全问题。

（5）阻隔技术　阻隔技术是将污染土壤或治理后的土壤置于防渗阻隔填埋场内，或通过敷设阻隔层阻断土壤中污染物迁移扩散的途径，使污染土壤与四周环境隔离，避免污染物与人体接触或随降水、地下水迁移进而对人体和周围环境造成危害。按其实施方式，可以分为原位阻隔覆盖和异位阻隔填埋。

阻隔技术主要适用于重金属、有机污染物及复合污染土壤。用于腐蚀性、挥发性较强的污染物时，环境风险相对较大。在使用阻隔技术前，应调查场地土壤及污染物特性及场地水文地质情况，并进行相应的可行性测试，评估该技术是否适用。

修复系统主要由土壤阻隔系统、土壤覆盖系统、监测系统构成。其中，土壤阻隔系统主要由可阻止气体和液体进行迁移的防渗阻隔材料构成，从而将污染介质限制在特定区域内；土壤覆盖系统一般由高渗透性的砂砾石与低渗透性的黏土组成，也可与人工合成材料衬层、砂石层等组合；监测系统主要是评估阻隔技术的运行状况及性能，其监测内容和频次取决于阻隔系统的具体类型。

优点：技术成熟、应用广泛、成本较低、实施周期短。

局限性：存在污染物泄漏风险；阻隔回填所占用区域影响场地的开发利用；阻隔回填区应避开地质条件较差的区域。

（6）原位固化/稳定化技术　原位固化/稳定化技术是通过一定的机械力在原位向污染介质中添加固化/稳定化药剂，在充分混合的基础上，使其与污染介质、污染物发生物理、化学作用，将污染介质固封在结构完整的具有低渗透系数固态材料中，或将污染物转化成化学性质不活泼形态，降低污染物在环境中迁移和扩散。

原位固化/稳定化技术主要适用于重金属及砷化合物等污染物，有时也用于石棉、氰化物及部分有机污染物。一般不适用于单质汞、挥发性氰化物、挥发性有机污染物。

修复系统主要由挖掘、翻耕或螺旋钻等机械深翻松动装置系统、试剂调配及输料系统、工程现场取样监测系统以及长期稳定性监测系统等组成。

在进行修复前，应评估污染场地应用该技术的可行性，并为下一步工程设计提供基础参数。测试评估内容包括：固化/稳定化药剂选择，需考虑药剂间的干扰以及化学不兼容性、金属化学因素、处理和再利用的兼容性、成本等因素；分析所选药剂对其他污染物的影响；优化药剂添加量；污染物浸出特征测试；评估污染介质的物理化学均一性；确定药剂添加导致的体积增加量；确定性能评价指标及施工参数。

优点：技术成熟、应用广泛、处理时间短、费用低；无须进行开挖。

局限性：不降低污染物总量，不适用于以总量为验收标准的修复；一般需配合阻隔技术使用，并进行长期监控；修复效果存在一定的不确定性；存在未来被扰动的风险。

（7）土壤洗脱技术　土壤洗脱技术是采用物理分离或增效洗脱等手段，通过添加水或合适的增效剂，分离重污染土壤组分或使污染物从土壤相转移到液相的技术。经过洗脱处理，可以有效地减少污染土壤的处理量，实现减量化。

土壤洗脱技术主要适用于重金属和部分半挥发性有机污染物，不适用于含有挥发性有机污染物或污染废渣的土壤。

技术应用前期需要了解：土壤粒径组成，土壤类型、土壤质地和含水率，污染物类型和浓度，土壤有机质含量，土壤阳离子交换量，土壤 pH 及缓冲容量等。

优点：污染土壤减量化效果明显；可有效降低土壤中污染物总量；实施费用低。

局限性：需配合其他技术处理洗脱后剩余的高污染土壤；系统构成复杂，占地面积大；需协调落实污水排放去向；小体量及细颗粒含量较高土壤的技术经济性较差。

（8）常温解吸技术　常温解吸技术利用土壤中污染物易挥发的特点，将污染土壤进行一定预处理，常温下促进土壤中污染物的解吸和挥发，并最终通过废气处理系统将挥发出来的污染物去除。

常温解吸技术主要适用于处理易挥发的有机污染物。不适用于重金属和挥发性较弱的有机污染物。其适用性以及修复效果在一定程度上受土壤理化性质的影响。高黏性土的机械扰动需配套使用专门破碎设备。

该技术的两个关键系统为污染物解吸系统和废气收集处理系统。

优点：简单易行，修复费用低，修复周期短。

局限性：存在较大的二次污染风险；适用污染物范围较窄，对于沸点较高、饱和蒸气压低的污染物解吸效率较低；当土质黏度较高、含水率大于25％时，施工难度较大；当环境温度较低、湿度较大时，处理效率较低，修复时间长；修复作业环境差。

（9）原位化学氧化技术　原位化学氧化技术是通过向土壤污染区域注入氧化剂，通过氧化作用，使土壤中的污染物转化为无毒或毒性相对较小的物质。常见的氧化剂包括高锰酸盐、过氧化氢、芬顿试剂、过硫酸盐和臭氧。

原位化学氧化技术主要适用于石油烃、苯系物（苯、甲苯、乙苯、二甲苯等）、酚类、甲基叔丁基醚、含氯有机溶剂等污染物。一般不适用于重金属污染土壤。

选用原位化学氧化技术前需充分了解原位化学氧化反应原理和传质过程。应用技术之前，需通过实验室研究确定药剂处理效果和投加量，并进行现场中试试验优化设计参数，确定药剂扩散半径、注药流量、土壤结构分布、污染去除率、反应产物等，并验证药剂配比的可行性。还可以通过建立场地概念模型、反应传质模型等方法对系统的设计和运行加以指导。

修复系统主要包括药剂制备/储存系统、药剂注入井（孔）、药剂注入系统（注入和搅拌）、监测系统等。系统设计时，需重点考虑注入井布设的间距和深度、药剂注入量、监测井布设的间距和深度等。还要注意工人的培训、化学药剂的安全操作以及修复产生废物的管理。

优点：无须进行开挖，国内多地有一定应用。

局限性：修复效果不确定性相对较大，可能出现污染"反弹"和局部污染区域修复不彻底的问题；可能会产生有毒有害的中间产物；黏性土壤为主的污染场地的修复效果较差；需关注药剂残留问题及使用安全问题。

（10）原位热解吸技术　原位热解吸技术是通过热交换将污染介质及其所含的有机污染物加热到足够的温度，以使有机污染物从污染介质上得以挥发或分离的过程。

原位热解吸技术主要适用于处理石油烃、挥发性及半挥发性有机物、多氯联苯、呋喃、杀虫剂等。不适用于腐蚀性有机物、高活性氧化剂和还原剂含量较高的土壤，一般不适用于汞、砷、铅等的复合污染土壤。修复效果受场地土壤物理性质及污染特征的影响较大。在确定使用该技术前，应调查场地地下水赋存条件、土壤质地、含水率、渗透性、均一性、热容量，污染物种类及污染程度等。对于地下水含量丰富的污染场地，需确保止水措施效果。施工前应合理估算修复工期与费用，进行相应的可行性测试，综合评估是否适用该技术。

修复系统主要包括动力系统、加热系统、控制系统、引导-拖拽系统、废气及废水处理系统。

优点：对场地扰动小，二次污染风险相对较小，无须进行开挖。

局限性：修复周期长、成本较高、工艺复杂、运行维护要求较高；修复效果不确定性相对较大，可能出现局部污染区域修复不彻底的问题；黏土含量高或含水率较大的土壤会在处理过程中结块而影响处理效果，增加处理费用。

（11）生物堆技术　生物堆技术是对污染土壤堆体采取人工强化措施，促进土壤中具备目标污染物降解能力的土著微生物或外源微生物的生长，降解土壤中的污染物。

生物堆技术主要适用于石油烃类等易生物降解的有机污染物。一般不适用于重金属、难降解有机污染物污染土壤的修复。其适用性以及修复效果在一定程度上受土壤理化性质、污染特征等因素的影响。在修复前，应对其适用性和效果进行评估并获取相关修复工程设计参数，测试参数包括：土壤中污染物初始浓度、污染物生物降解系数（或呼吸速率）、土著微生物数量、土壤含水率、营养物质含量、渗透系数、重金属含量等。

生物堆主要由土壤堆体系统、抽气系统、营养水分调配系统、渗滤液收集处理系统以及在线监测系统组成。其中，土壤堆体系统具体包括污染土壤堆、堆体基础防渗系统、渗滤液收集系统、堆体底部抽气管网系统、在线监测系统、营养水分调配系统、顶部进气系统、防雨覆盖系统。抽气管网系统包括抽气风机及其进气口管路上游的气水分离和过滤系统、风机变频调节系统、尾气处理系统、电控系统、故障报警系统。营养水分调配系统主要包括固体营养盐溶解搅拌系统、流量控制系统、营养水分投加泵及设置在堆体顶部的营养水分添加管网。渗滤液收集系统包括收集管网及处理装置。在线监测系统主要包括土壤含水率、温度、二氧化碳和氧气在线监测系统。

优点：无二次污染，费用较低，不破坏污染土壤的生态功能，污染土壤可二次利用。

局限性：处理周期长，对存在重金属污染的复合污染土壤处理效果不佳；黏土类、高浓度污染土壤修复效果较差。

(12) 原位生物通风技术　原位生物通风技术是通过向土壤供给空气，并依靠土壤微生物的好氧活动，降解土壤污染物，同时利用土壤中的压力梯度促使挥发性有机物、降解产物流向抽气井，被抽提去除。可通过注入热空气、营养液、外源高效降解菌剂的方法对污染物去除效果进行强化。

原位生物通风技术主要适用于挥发及半挥发性有机物。一般不适用于重金属和难降解有机物。在修复前，应进行相应的可行性测试，评估生物通风技术是否适合于场地的修复并为修复工程设计提供基础参数，测试参数包括：土壤温度、土壤湿度、土壤 pH 值、营养物质含量、土壤氧含量、渗透系数、污染物浓度、污染物理化性质、污染物生物降解系数（或呼吸速率）、土著微生物数量等。

优点：修复成本低、二次污染风险小，无须进行开挖。

局限性：处理周期长；不适用于土壤渗透系数较小的场地。

四、场地修复案例

中国石化某建设有限公司目前致力于打造以"场地修复"为核心内容的"装置拆除、场地修复、资源利用"一体化产业链，并在国内一系列项目中进行了相应探索，完成了数项大型场地修复项目。以下案例由其提供。

1. 某新城土壤污染治理项目

该新城土壤污染治理项目是全国首例大型石油化工污染场地修复工程，修复后将建设公务员住宅。项目占地面积为 $100.32 \times 10^4 \, \text{m}^2$，污染土方量约为 $45.5 \times 10^4 \, \text{m}^3$。污染土壤中的污染物为 1,2-二氯乙烷、氯仿、氯乙烯等 11 种挥发性有机物。因为污染物具有较强的挥发性，因此修复技术采用常温解吸技术。污染土壤在清挖后被运输至密闭大棚，经筛分、破碎等预处理，再采用翻抛、强制对流通风等手段，使污染物从土壤中分离。

整个项目在约 1 年的时间内全部完成，修复成果经中国环境科学研究院检验，合格率为100％。

2. 某焦化厂保障性住房地块污染土壤治理项目

该焦化厂污染土壤经治理后将建设保障性住房。项目占地面积为$34.2 \times 10^4 \, m^2$，污染土方量约为$180 \times 10^4 \, m^3$，污染深度最深达18m。污染土壤中的污染物主要为苯和多环芳烃。该项目修复工程量巨大，污染程度重，污染物种类复杂，对修复技术的要求高。

针对易挥发的苯，该项目采用常温解吸技术，密闭大棚内的翻抛、强制对流通风使苯从土壤中分离。针对不易挥发且难降解的多环芳烃，则采用异位热脱附技术，其设备见图8-5。污染土壤在热脱附滚筒中通过直接热交换被加热到足够的温度，使多环芳烃从污染土壤上得以挥发或分离。修复的尾气经尾气处理系统收集和处理，达标后排放。常温解吸技术结合异位热脱附技术实现了该场地修复的高效性和经济性。

图 8-5　异位热脱附设备

整个项目在约2年的时间内全部完成，修复成果达到国家标准。

第五节　资源化利用

除役装置产生的废旧物资包括建筑垃圾、钢材、金属、塑料、橡胶、电器、电池、电力设施、电线电缆、木材等，根据目前废旧物资的利用情况，本节仅对钢材和铜的资源化利用、废电线电缆拆解利用以及建筑垃圾资源化利用进行简要的介绍。

一、钢材和铜的资源化利用

1. 废钢材综合加工利用

废钢材综合加工利用是通过对废钢材进行分类、剪切、破碎、表面剥离等处理后，生产出高品位、高纯度钢铁精料。其工艺过程为：由抓钢机将分拣后的可破碎废钢送至带式输送机上料；上料到双辊筒碾压机对物料进行碾压平整后进入锤击式破碎机进行破碎，将轻薄料加工成外径为 10cm 左右的废钢碎片；之后经磁选，含铁废料运输至破碎线成品库房，不含铁废料再进行人工分拣将有色金属分拣出来存放于有色金属料场，剩余的废塑料、废橡胶等废料存放于非金属料场。分拣工艺流程如图 8-6 所示。

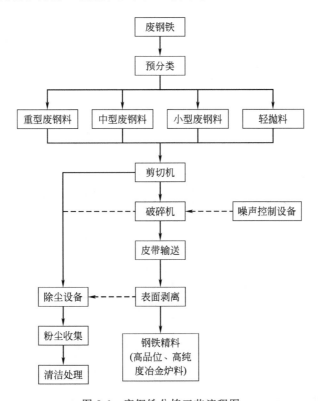

图 8-6　废钢铁分拣工艺流程图

分选生产线采用手工加机械化的工艺路线。首先手工分选出体积大的废料并按照废铜、废铝、废钢铁分类，然后再分选体积小的废料并分类。通过磁选分离出废钢铁，剩余混合料采用机械洗涤振动筛进行预处理，干净的碎料返回人工分选。最终分选分类之后的各种废金属，根据情况直接作为产品销售，或打包出售，废杂铜、废杂铝等进入有色金属再生环节。

2. 废铜综合加工利用

废铜综合加工利用有火法冶金和湿法冶金两种处理办法，通过直接再生和间接再生的方法生产再生精铜和直接熔炼成铜合金使用。由于装置拆解得到的废铜种类较多，品位复杂，为提高废铜的利用效率，使用前对其进行严格分类。高品位纯废铜和牌号明确的废铜合金如铜裸线等，直接熔炼成铜锭和相应的铜合金锭；对于混杂严重、夹杂物很多的铜废料，如含碎电线等，采用鼓风炉→转炉→阳极反射炉三段法流程生产再生铜，最后生产电解铜。废铜再生流程见图 8-7。

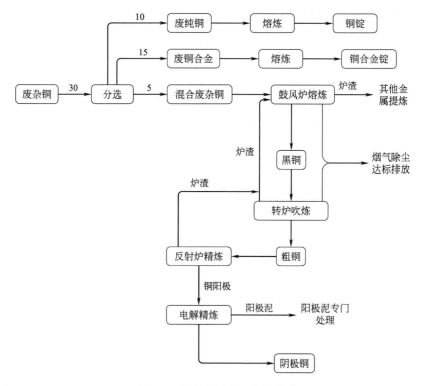

图 8-7　铜废料再生工艺流程

流程中鼓风炉脱去炉料中大部分锌，转炉除去黑铜中铅、锡等杂质。所得的电解阳极泥及炉渣可用于提取金、银等贵金属。设备操作容易，生产率较高，原料综合利用好，产生的烟尘成分简单，容易处理，得到的粗铜品位高。但存在过程复杂、设备多、投资大等缺点。可根据废铜的成分改变处理工序，对高锌杂铜和高铅、锡杂铜采用二段法处理铜废料。

鼓风炉熔炼需消耗焦炭、石灰石和石英等。产生的废渣和阳极泥需进行专门处理。烟气净化系统采用无填料淋洗塔洗涤之后经布袋除尘器，能实现净化尾气的目的，收集到的烟尘可根据主要成分不同采用硫酸或者盐酸浸出法处理。

再生铜可进一步进行深加工，生产铜材、铜合金材及少量电解铜箔产品。

二、废电线电缆拆解利用

废电线电缆的处理最复杂的工序就是除去绝缘包裹层，目前工业上有机械分离法、低温冷冻法、化学剥离法及热分解法等。机械分离法设备简单，对环境无污染。

废电线电缆分类后，根据废铜线直径选择不同的加工方式。对于直径大的电线电缆采用导线剥皮机加工，直径小的导线采用铜米机加工。得到的废铜根据成分用于不同的用途：优质的废铜（纯紫铜）可代替电解铜使用，一般混杂的废铜可用于生产铜的原料，废铜合金经过分类之后可以直接用于铜合金的生产。

三、建筑垃圾资源化利用

混凝土是施工建筑的主要材料，废弃混凝土的再生利用是绿色建筑与生态可持续发展的趋势。其处置工艺是对拆除过程产生的建筑垃圾进行破碎、筛分、分选等一系列处置，生成可用于回填的还原土及高品质再生骨料。还原土可用于不良地基的换填及基坑回填，或用于城市绿化；再生骨料可用于生产再生水泥制品、再生道路无机混合料和堆山造景等，达到资源化利用的目的[12,13]。

建筑垃圾处置系统包括：建筑垃圾处置工艺系统、再生骨料综合利用工艺系统、场区总平面布局（包括各功能区的划分、交通组织）、电控系统、环境保护等内容。除还原土及高品质再生骨料外，分离出的金属类也可再生利用，分离出的塑料、木屑、布类等送往生活垃圾处置设施进行消纳处理。该系统可使建筑垃圾资源化率达到95%以上。

中国石化目前这种建筑垃圾处置系统处置规模为 $5 \times 10^5 \, t/a$，再生骨料综合利用系统中再生砌块生产线年产能 $3.5 \times 10^4 \, m^3$，再生市政砖生产线年产能 $1.4 \times 10^5 \, m^2$，再生道路材料生产线生产规模为 $3 \times 10^5 \, t/a$。

危险化学品生产装置除役安全是危险化学品生产企业面临的新课题，如何安全拆除老旧生产设备及设施，同时避免安全事故和环境污染的发生，以及原生产场地的土壤修复和拆除物资最大化资源化利用，都是企业乃至全社会必须持续研究的问题。相信经过不断努力，危险化学品生产企业一定能提高公众形象，成为保护碧水蓝天的使者。

参考文献

［1］ 胡亿沩，陈庆，杨梅．危险化学品安全技术实用手册［M］．北京：化学工业出版社，2018.

［2］ 李合林．危险化学品生产、储运和废弃中安全问题及对策［J］．石油化工安全技术，2006（06）：10-13+ 57，58.

［3］ 叶凯．冶金企业大型危险化学品设备设施拆除的精细化安全管理［A］.2013年中国金属学会冶金安全与健康年会论文集，2013：11.

［4］ 焦瑞．镇海炼化分公司溶剂油装置正式退出生产序列［J］．炼油技术与工程，2017，47（04）：27.

［5］ 中国石化安［2018］401号．中国石化装置设施拆除安全管理办法［Z］.2018-10-9.

［6］ 环保部78号．企业拆除活动污染防治技术规定［Z］.2018-01-03.

［7］ 梁子轩．润滑脂油罐装置拆除及吊装施工风险分析［J］．石化技术，2019，26（01）：146，147.

［8］ 刘五星，骆永明，滕应，等．石油污染土壤的生物修复研究进展［J］．土壤，2006（05）：634-639.

［9］ 马妍，董彬彬，杜晓明，等．挥发及半挥发性有机物污染场地异位修复技术的二次污染及其防治［J］．环境工程，2017，35（04）：174-178.

［10］ 商盈．工业污染场地土壤修复技术研究［J］．环境与发展，2019，31（02）：107，108.

［11］ 张瑜，金海峰，于遥．污染土壤修复技术选择与策略探究［J］．南方农业，2019，13（06）：180，184.

［12］ 解强，罗克洁，赵由才．城市固体废弃物能源化利用技术［M］．北京：化学工业出版社，2018.

［13］ 纪峰，何兵．废弃混凝土的再生利用及其研究进展［J］．绿色环保建材，2018，131（01）：49.

索 引

其他